Zacharias Zaster präsentiert:

Steuern machen Spaß! Vor allem die, die du nicht bezahlen musst!

Wie du von der steuerlichen Schwere in die Leichtigkeit kommst – Eine befreiende Geschichte für Unternehmer und Arbeitnehmer: Steuern optimieren, Steuern sparen und entspannt Vermögen aufbauen

von Johannes Lemminger

ForwardVerlag

ForwardVerlag

Steuern machen Spaß!
Vor allem die, die du nicht bezahlen musst!

ForwardVerlag, Paderborn
WWW.FORWARDVERLAG.DE

1. Auflage

Autor: Johannes Lemminger

Kontakt: info@forwardverlag.de
Umschlaggestaltung: @magicdesign
Druck: mediaprint solutions GmbH

ISBN: 978-3-98755-078-2

Inhaltsverzeichnis

1

Vorwort: Startschuss ins Steuerglück

Wenn du ein klassisches Steuerbuch erwartest, muss ich dich leider direkt enttäuschen, denn dann hast du mit meinem Zaster-Buch definitiv einen Fehlkauf gemacht. Doch wenn du dieses Buch mit der Hoffnung gekauft hast, nicht das nächste schwer verdaubare Steuerbuch mit zig Paragraphen und komplizierten Schaubildern entschlüsseln zu müssen, dann gratuliere ich dir zu deinem Kauf! Vor der tatsächlichen Umsetzung meines Zaster-Buches war ein typisches Steuerbuch geplant. Ein Buch, welches sicher auch gut geworden wäre. Der Haken daran? Es hätte dir vielleicht einen Mehrwert gebracht, aber mir keinen Spaß. Ich hätte das Buch nur für dich geschrieben. Jetzt hältst du mein Zaster-Buch in Händen und ich habe es für uns beide, für dich **und** mich, geschrieben. Auf diese Weise konnte ich meine persönlichen Erwartungen an mich selbst hier voll und ganz erfüllen. Ob ich auch deine Erwartungen erfülle, darfst du mir gerne per Mail mitteilen oder mich mit einer Buchrezension wissen lassen - meine Kontaktdaten findest du, ebenso wie 19 QR-Codes zu hilfreichen Downloads, Tools und Webseiten, am Ende des Buches. Ich freue mich über jedes Feedback und du dich sicherlich über jeden Scan!

Heutzutage sprießen zahlreiche, selbsternannte, Steuergurus wie Pilze aus dem Boden, versprechen dir den Himmel auf Erden und ziehen dir mit unverschämt hohen Honoraren das Geld aus der Tasche. Und jetzt komme ich: Ich möchte dir in meinem Buch die wahre Magie deiner Steuern näherbringen. Ganz einfach, unkompliziert und spielerisch. Du musst nämlich nicht in ein fernes Land auswandern, um wenig bis gar keine Steuern zu zahlen, denn auch Deutschland bietet zahlreiche attraktive Möglichkeiten - und die zeige ich dir hier.

In meinem Buch lernst du mich und mein Alias Zacharias Zaster kennen. Es ist eine Geschichte, die uns verbinden wird. Warum ich Zacharias hier mit einbaue? Er ist mir ein treuer Begleiter und stets eine große Hilfe. Durch ihn habe ich zum ersten Mal Spaß am Thema Steuern. Denn obwohl ich Steuerberater bin, konnte ich Steuern bis vor ein paar Jahren nicht leiden und habe mithilfe von Zacharias Zaster für mich einen wunderbaren Weg gefunden, das zum Positiven zu verändern. Er hat einen wesentlichen Teil dazu beigetragen, dass aus meiner früheren Schwere so viel Leichtigkeit geworden ist. Nur durch Zacharias Zaster ist es zu diesem, für mich nie für möglich gehaltenen, Steuerbuch gekommen. Ich bin zwar seit meinem Studium 1997 mit dem Thema Steuern vertraut, habe 2005 meinen Steuerberater bestanden und bin seit 2008 als Steuerberater selbständig. Da könnte man meinen, ein Steuerbuch sei gar nicht so weit hergeholt. Doch wie so oft im Leben ist nichts, wie es scheint. Ich dachte tatsächlich 20 Jahre lang, dass ich meinen Job liebe. Bis zum 17.04.2017. Der Tag, an dem sich alles veränderte. Der Tag, an dem ich meinen Schmerzpunkt erreichte. Der Tag, an dem nichts mehr war wie vorher.

Völlig unerwartet hatte ich nach 20 Jahren die Erkenntnis: „Ich liebe das, was ich tue, gar nicht." Steuern haben mich nie begeistert. Ganz im Gegenteil, ich habe sie gehasst. Was als extremer Schockmoment begonnen hat, hat mein Leben unbeschreiblich ins Positive verändert. Mit der Hilfe von Zacharias kann ich heute sagen: „Ich liebe Steuern und habe Spaß daran - auf eine ganz andere Art und Weise wie damals."

Mit der Geschichte von Zacharias Zaster und der magischen Macht, die auch in deinen Steuern steckt, erwartet auch dich viel Leichtigkeit. Ich zeige dir diesen steuerlichen Königsweg, den ich liebevoll den „Zaster-Weg" nenne und den es in dieser Ausprägung und Dimension in fast keinem anderen Land unserer Erde gibt. Erfahre, wie du mit Hilfe deines Finanzamtes dein Vermögen vermehren kannst und tatsächlich sogar Geld geschenkt bekommst! Vielleicht geht es dir am Ende meines Buches wie mir heute und du sagst mit viel Freude nicht mehr „Steuern? NEIN, danke!", sondern „Steuern? JA, bitte!".

Ich wünsche mir, dass auch dir mit meinem Buch ein Licht aufgeht, welches bisher gar nicht zum Anschalten gedacht war, dass du eine noch nie dagewesene Leichtigkeit in diesem Thema entdeckst und dass mein Buch der Startschuss für deine schönste Reise wird. Glaub mir: Das ist absolut möglich, egal wie viel dir jetzt gerade vor diesem Thema graut. Gehe mit Zacharias und mir auf eine Reise, die mit Fremdbestimmung beginnt und in deiner Selbstbestimmung endet. Du wirst erkennen, dass wir Menschen die unnötige Gabe haben, uns das Leben so unglaublich schwer zu machen. Ich wünsche mir, dass du mit meinem Buch die Leichtigkeit in dir entdeckst und deine Steuern am Ende aus einer ganz anderen Perspektive betrachtest.

Viel Freude beim Lesen, Durchatmen und Umsetzen.

Mit viel Wertschätzung

Johannes Lemminger alias *Zacharias Zaster*

2
Von der Last zur Leichtigkeit

Steuerparadies Deutschland

„Ich habe wohl schon wieder die Zeit vergessen", schießt es Stefan durch den Kopf. Er wandert durch die vertrauten Hallen und Gänge seines Unternehmens, doch alles ist dunkel. Die Beleuchtung muss von der Zeitschaltuhr bereits ausgeschaltet worden sein und das Licht der Außenlaternen zeichnet obskure Schatten an die Wände. Wie lange hat er gearbeitet, fragt sich Stefan mit einem schlechten Gewissen. Anna wird enttäuscht sein, dass er schon wieder so spät nach Hause kommt.

„Wenn sie nicht schon im Bett liegt", denkt er. „Ich sollte mich besser beeilen."

Doch was ist das? Er verharrt, lauscht und traut seinen Ohren kaum. Schallendes Lachen und laute Musik dringen aus der Lagerhalle, in der Toiletten, Badewannen und Duschen auf ihren Einbau beim Kunden warten.

Er eilt die Flure entlang, um der Sache auf den Grund zu gehen. Als er durch die Eingangstür tritt, kann er seinen Augen nicht glauben. Der meterhohe Raum ist zum Schauplatz eines grotesken Spektakels geworden. Anstelle von wohlgeordneten Toilettenschüsseln, Duschköpfen und Badewannen findet er dort eine seltsame Versammlung vor: Seine Mitarbeiter haben sich um eine Toilettenschüssel versammelt, die sie in einen Schokobrunnen verwandelt haben. Eine verführerische, aber absurde Verschwendung. Ohne ihren Chef zu bemerken, tunken sie Erdbeerspieße in die umfunktionierte Toilettenschüssel und genießen offensichtlich den Schabernack. Ist das der Leiter der Buchhaltung, Herr Dietmar, der in einer Badewanne, gefüllt mit Geldnoten, badet und diese in dicken Bündeln in die Luft wirft? Das können doch keine echten Banknoten sein? Ist der Wohlstand ausgebrochen, ohne dass Stefan es gemerkt hat? Hat er in den letzten Wochen mehr erwirtschaftet, als er dachte? Zugegebenermaßen war er in letzter Zeit sehr beschäftigt und die

Kalenderblätter waren gefallen wie Laub im Herbst. Oder hatte er etwa verpasst, dass schon wieder eine Betriebsfeier anstand?

Verwirrt und verärgert greift Stefan Herrn Dietmar am Arm.

„Was soll der Unfug?", herrscht er ihn an, aber Herr Dietmar scheint seine Worte nicht zu hören. Als Stefan auf dessen Hände schaut, sieht er ein paar Geldscheine sich wie bunte Schmetterlinge daraus winden und davonflattern.

„Was zur Hölle ...?", packen ihn Ungläubigkeit und Grauen. Das Grauen hält ihn im Griff, als er weiter durch das Labyrinth läuft, zu dem seine Lagerhalle geworden ist, und schließlich wieder im Bürobereich landet. Doch dieser ist jetzt überflutet. Das Wasser steht kniehoch und überall liegen nagelneue Duschköpfe herum, aus denen Wasserfontänen sprudeln. Auf der Wasseroberfläche schwimmen Gummienten und dazwischen lassen sich seine Einkaufsleiterin Frau Hoffmann und sein leitender Monteur Herr Arnulf auf knallbunten Luftmatratzen umhertreiben. Sind denn hier alle außer Rand und Band geraten? Da muss er wohl hart durchgreifen! Er will sich auf einen der Tische schwingen, doch er stolpert über einen umgefallenen Bürostuhl und landet rücklings auf dem Boden im Wasser.

Während er versucht, sich aufzurappeln, baut sich vor ihm eine bedrohliche Gestalt auf. Sie hat Schuppen, eine lange Schnauze, einen breiten Schwanz, der unruhig hin- und herzappelt, und trägt eine karierte Krawatte, so wie die, die sein zuständiger Finanzbeamte sich stets umbindet. Herr Drachenstein hat ihm erst gestern eine Aufforderung zur Steuervorauszahlung geschickt, bei der es ihm ganz anders geworden ist. Das Ungeheuer deutet mit einer Klaue auf ein Schild mit der Aufschrift „Zahlungen fällig" und kommt behäbig, aber unausweichlich auf ihn zu. Stefan kann seinen Blick nicht abwenden, als die angsteinflößende Gestalt das Maul öffnet, wobei sie eine Reihe scharfer Zähne entblößt, zwischen denen Fetzen hängen, von denen Stefan lieber nicht wissen will, woher sie stammen, und ihn auffordert:

„Zahlen, Stefan, zahlen!"

Wie ein Echo hallen die Worte in seinem Kopf wider. Ein eisiger Schauer durchfährt ihn, als die Gestalt ihn aus unerbittlichen gelben Krokodilaugen ansieht.

„Die Zahlungsforderungen wachsen dir über den Kopf, Stefan", knurrt Herr Drachenstein gierig und gehässig. „Du wirst wohl deine Kinder verkaufen müssen, um sie zu begleichen." Mit der Zunge fährt er sich über die ledrigen Lippen.

Stefan ist wie gelähmt. Er weiß gar nicht, woran er zuerst denken soll. Wie viel sind denn seine Kinder überhaupt wert? Eine Welle der Erleichterung durchflutet ihn, als seine Frau Anna am anderen Ende des Büros auftaucht. Sie trägt ein Kleid aus fließendem Wasser, Tropfen fallen davon herab und landen in dem See, zu dem Stefans Büros geworden ist. Als er zu ihr waten will, stellt er fest, dass sich Schlingpflanzen um seine Knöchel und Waden gewickelt haben. Er zerrt an einer, reißt sie aus und wundert sich, als er statt der Pflanze eine Rechnung in den Händen hält. Währenddessen schlendert Anna über das Wasser gelassen auf ihn zu. Wie macht sie das? Er streckt die Hand nach ihr aus, doch anstatt ihm hochzuhelfen, grinst sie ihn nur an und setzt sich auf den Rücken von Herr Drachenstein. Zusammen schwimmen sie davon, während das Wasser im Büro beginnt, anzusteigen. Innerhalb von Sekunden steht es ihm bis zum Hals und als er zu schreien versucht, füllt es seinen Mund und erstickt seinen Schrei.

Schweißgebadet erwacht Stefan. Sein Herz hämmert gegen seinen Brustkorb, als wolle es dessen Umfang erweitern. Die Dunkelheit des Zimmers umhüllt ihn und es dauert einen Moment, bis er sich wieder seiner realen Umgebung bewusst wird. Er reibt sich die Augen, um die letzten Spuren des Alptraums wegzuwischen. Zaghaft greift er nach dem Wecker auf seinem Nachttisch: erst 5.13 Uhr. Er dreht sich um und blickt zu seiner Frau Anna, hoffentlich hat er sie nicht geweckt. Doch Annas Atemzüge gehen ruhig und gleichmäßig. Sie trägt auch kein Kleid aus Wasser mehr, das beruhigt ihn.

Was soll er jetzt tun? Nach diesem Schreck kann er nicht mehr schlafen. Er hat ohnehin früh aufstehen wollen, um noch ein paar E-Mails abzuarbeiten, bevor er zu einem Vortrag aufbricht. Was war das noch für ein Vortrag? Irgendetwas zum Thema Steuern. Als ob die ihm nicht schon genug Kopfzerbrechen bereiten würden. Tom, der ewige Strahlemann und einer seiner ältesten Freunde, hat ihn überredet. Er hat in höchsten Tönen davon geschwärmt, das muss wohl eine tolle Veranstaltung sein. Eigentlich hat Stefan für solche Sperenzchen zu viel um die Ohren, aber da Tom seinen ganzen Charme eingesetzt hat, konnte er nicht Nein sagen. Und das Thema klang spannend. „Steuern machen Spaß“, wenn er sich recht erinnert. Damit meint der Organisator wohl, dass das Finanzamt es spaßig findet, Steuern einzutreiben – die Beamten dort sind schließlich die Einzigen, die das Thema amüsant finden.

Noch schlaftrunken geht er ins Bad. Immerhin begrüßen ihn die warmen Fliesen unter seinen Füßen, als er den Raum betritt, den er selbst geschaffen hat. Ein Meisterwerk seiner „Stefan Mayer Sanitärinstallationen e. K.“. Da hatte er sich einmal etwas gegönnt. Seine müden Augen finden einen Moment der Erleichterung in der wunderschönen Umgebung, die er kreiert hat. Natürlich hätte er sich am liebsten den Marmor aus Florenz geleistet, den sie für ihre betuchtesten Kunden einbauen, aber dafür hatte sein Portemonnaie nicht ganz gereicht. Immerhin taucht ein großer Kronleuchter mit goldenen Verzierungen das Badezimmer, eine Oase des Komforts, in sanftes, goldgelbes Licht. Die Dusche mit Tropenbrause ist ein Beispiel seiner

Handwerkskunst: Jede Fliese sitzt perfekt an der Wand und das Glas der Kabine funkelt wie ein Diamant. Die perfekt temperierte Dusche weckt seine Lebensgeister etwas. Das Wasser, das seinen Körper sanft streichelt, erzeugt einen beruhigenden Dampf, der den Raum mit einem zarten Duft von Lavendel und Zitrusfrüchten erfüllt. Die Dusche verfügt über eine ausgeklügelte Technologie, die den Wasserdruck präzise nach seinen Vorlieben reguliert und die Beleuchtung in beruhigenden Farben gestaltet, je nach Länge der Duschzeit.

Hier ist die Welt noch in Ordnung. Wenn er genauer darüber nachdenkt, ist das vielleicht der einzige Ort, an dem die Welt noch nicht aus den Fugen geraten ist. Wo ihm niemand reinredet, weder seine Frau noch das Finanzamt. In sein flauschiges Handtuch gewickelt stellt er sich schließlich vor den antiken Spiegel, dessen vergoldeten Rahmen kunstvolle Verzierungen schmücken, und greift nach seiner Zahnbürste. Als er den Wasserhahn aufdreht, schießt das Wasser aus vergoldeten Armaturen. Jeder Hebel strahlt Eleganz aus. Seine Erscheinung in dem großen, beleuchteten Spiegel wirkt im Kontrast dazu müde und zerknittert. Er streckt die Schultern nach hinten, drückt den Rücken durch und zieht den Bauch ein, doch es hilft nichts – seine Formen haben sich definitiv etwas gerundet. Mit Schrecken stellt er fest, dass er seine Zehen nur noch sehen kann, wenn er sich nach vorne lehnt. Er sollte die Mitgliedschaft beim Fitnessstudio wieder aufnehmen, dafür könnte er vielleicht eine Stunde hier oder dort herausschälen. Früher war er leidenschaftlicher Windsurfer, aber allein das Zusammensuchen des Equipments und die Suche nach den richtigen Windbedingungen würden schon zu viel Zeit fressen. Als Unternehmer muss er seine Zeit effizient nutzen. Das ist einer der vielen Tipps gewesen, die ihm sein Vater an die Hand gegeben hat, als er Stefan die Firma vor etwas mehr als zehn Jahren übertrug.

In der Küche setzt er die Kaffeemaschine in Gang und widmet sich zunächst kurz den aktuellen Neuigkeiten. Eine der Regierungsparteien möchte Steuererhöhungen durchsetzen. Sie wollen den Spitzensteuersatz erhöhen. Geht's noch? Der ist doch schon hoch genug! Wie viel Steuern soll er denn noch zahlen? Er scrollt lieber schnell weiter. Das klingt schon unterhaltsamer: Elon Musk hat sich schon wieder einen neuen Privatjet zugelegt. Jetzt stehen schon vier in seiner Garage. So ein Unternehmer müsste man sein! Kohle ohne Ende und Steuern maximal auf den Bahamas zahlen. Oder gar nicht. Er wandelt zwar nicht in denselben Unternehmersphären, aber immerhin hat er vor, das Ticket für das heutige Seminar von der Steuer abzusetzen. Schon allein aus Rache an Herrn Drachenstein, nach dem Alptraum, den dieser ihm mal wieder beschert hat.

Genug Zeitung gelesen, jetzt geht es an die Arbeit. Der frühe Unternehmer fängt den Kunden. Er wechselt in sein Arbeitszimmer und öffnet seinen

Laptop. Unmotiviert und behäbig klickt er sich durch die neuen E-Mails, gestern Nachmittag ist er bei allem Trubel nicht mehr dazugekommen. Einige Rückfragen seiner Assistentin zu Kundenterminen, eine Anfrage eines Hotels für die Reparatur einer Sanitäranlage, einige E-Mails seiner Mitarbeiter, die Fragen zum Inventarstatus des Badewannen-Modells „Nestis" im Lager stellen. Eigentlich liest er nur auf CC mit, aber diese Fragen kann er schnell beantworten. Das ist doch ein Klacks! Also schreibt er eine schnelle Bestätigung, dass die drei Badewannen auf Lager sind und von den Mitarbeitern mit auf die Montage genommen werden können.

Nach einigen E-Mails hat er so viele Erfolgserlebnisse eingesammelt, dass er sich für die wichtigste Aufgabe des Tages gewappnet fühlt: Der Bestätigung an Herrn Drachenstein, dass er die Steuervorauszahlung kommende Woche leisten werde. Es kostet ihn einige Überwindung, bis er endlich auf „Senden" klickt. Gefühlt hat er doch erst letzten Monat ans Finanzamt geblecht und jetzt sind sie schon wieder mit neuen Forderungen um die Ecke gekommen. Ein Blick auf die Uhr sagt ihm, dass es auch schon beinahe Zeit ist, zum Vortrag aufzubrechen. Tom wird ihn abholen – er hat darauf bestanden, ihm unbedingt sein neues E-Auto zeigen zu wollen. Musste ganz schön viele Scheine dafür hingeblättert haben, aber gut, er hat es ja. Seine mittlerweile sieben Bäckereien scheinen in letzter Zeit echt gut zu laufen, irgendetwas mischt er wohl in den Teig, das seine Backwaren unwiderstehlich macht. Er beteuert zwar, dass seine Umsätze nicht übermäßig gewachsen sind, aber Stefan wundert sich, woher sonst die ganze Kohle kommt. Stefan ist gespannt, was er ihm wohl diesmal für spannende Geschichten auftischen wird. Tom sorgt immer für beste Unterhaltung und aktuell haben sie einiges aufzuholen. Tom war über den Winter mal wieder für ein paar Monate auf den Kanaren und es ergab sich noch keine Gelegenheit, sich ausgiebig auszutauschen. Seit zwei Jahren verschwindet Tom im Winter länger in den Süden.

„Solche Mitarbeiter müsste man haben, denen man monatelang den Betrieb überlassen kann, ohne dass man Angst haben muss, dass sie das Lager abfackeln", schwärmt Stefan in Gedanken. Vielleicht hat Tom aber auch einfach nur zu viel Vertrauen und es wird sich eines Tages rächen, dass er regelmäßig verschwindet. Ob die Mitarbeiter es wohl mit der Hygiene noch so genau nehmen, wenn der Chef kaum da ist?

In der Küche hört er mittlerweile seine Kinder toben und zwischen ihren Rufen die fröhliche Stimme seiner Frau. Schnell noch die E-Mail mit dem Angebot für den Hotelkunden fertig machen, dann kann er sich vielleicht noch kurz von seinen Kindern verabschieden, bevor sie zur Schule müssen. Er versinkt kurz in den Zeilen, als es auch schon klingelt – das muss Tom sein. Hastig stopft er den Laptop in seine Tasche, vielleicht ergibt sich in den Pausen des Vortrags die Gelegenheit, sich noch um ein paar Dinge zu kümmern. Er drückt seiner Frau einen Kuss auf den Mund und seinen Kindern auf die Wange und ist auch schon zur Tür hinaus. Tom strahlt ihn an wie ein Sonnengott.

„Schön dich zu sehen, altes Haus! Steig ein, die Beschleunigung musst du erleben!"

Und schon brausen sie davon. Zugegebenermaßen drückt es Stefan ganz schön in den Sitz, als Tom aufs Gaspedal steigt. Tom erzählt ihm voller Überschwang von seiner Auszeit auf den Kanaren – der Winter dort ist wohl angenehm warm gewesen.

„Und wie läuft es mit der Firma?", kann Stefan sich nicht verkneifen, nachdem er einigen begeisterten Ausführungen über aussichtsreiche Wanderungen auf Teneriffa gelauscht hat. Vielleicht spricht auch der Neid aus ihm, ein bisschen mehr Sonne hätte seiner Stimmung im Winter gut getan.

„Mit der Firma läuft es hervorragend und dabei verkaufe ich kaum mehr Brötchen", antwortet Tom gut gelaunt. „Ich habe einen neuen Steuerberater, den sollst du heute kennenlernen, daher der Ausflug. Der hat mich wirklich gut beraten! Seit ich mit ihm zusammenarbeite, habe ich endlich Zeit für die wichtigen Dinge im Leben und gerade habe ich von den Gewinnen des letzten Jahres zwei neue Immobilien gekauft."

Na, da ist Stefan ja mal gespannt. So viel geballte gute Laune am Morgen überfordert ihn. Wie um alles in der Welt hat Tom außerdem gleich zwei Immobilien kaufen können? Waren das etwa Gartenhäuschen?

Sie rollen beim Hotel vor, in dem der Vortrag stattfindet. Ein Banner neben dem Eingang verkündet: „Steuern machen Spaß! Vor allem die, die du nicht bezahlen musst!" Da ist er ja genau richtig. Wenn das sein Steuerberater Herr Vogel sähe! Der alte Herr betrachtet Steuern als ernsthafte Angelegenheit, genau wie sein Vater. So sehr Herr Vogel auch mit seiner Rolle als Steuerberater verwachsen ist, Spaß scheint er nun wirklich nicht dabei zu empfinden. Wenn doch, hat er Stefan bisher zumindest nicht daran teilhaben lassen.

Auf dem Weg in den Vortragsraum kommen sie an einigen Männern und Frauen in Stefans Alter vorbei, mit ein paar Ausschlägen nach oben und unten. Scheinbar alles Unternehmer, zumindest legen sie ein selbstbewusstes Auftreten an den Tag, das darauf hindeutet, dass sie es gewohnt sind, die Dinge selbst in die Hand zu nehmen. Die Herren und Damen sind in der Kleidung bunt gemischt und insgesamt wirkt alles sehr locker und leger. Alles andere als steif. Die meisten Besucher scheinen bester Laune zu sein und herzliche Begrüßungen schwappen durch den Raum.

Stefan stibitzt sich ein belegtes Brötchen vom Frühstücksbuffet und verspeist es in wenigen Happen, während Tom die Runde macht und einigen die Hand schüttelt. Er scheint mal wieder alle zu kennen. Der Mann neben Stefan lächelt ihn freundlich an und sie stellen sich vor.

„Zacharias, freut mich dich kennenzulernen. Wir duzen uns hier alle, nachdem wir ja sogar mit dem Finanzamt per Du sind“, verkündet er. Stefan willigt ein. Auch Zacharias scheint eine Vitamin-D-Pille gefrühstückt zu haben, jedenfalls strahlt er voller Energie. Seine sportliche Figur steckt in einem klassischen Polo-Shirt und einer lässigen Leinenhose, in dem er genauso gut an der Riviera einen Cocktail trinkend am Steuer einer Yacht stehen könnte. Wieder einmal fragt sich Stefan, woher diese Unternehmer Zeit für Sport nehmen. Wenn man auch noch Familie hat, bleibt doch nichts mehr übrig.

„Wie geht es dir, Stefan? Tom hat so viel Gutes über dich erzählt“, beginnt Zacharias die Unterhaltung, während sie gemeinsam durch den Flur zum Vortragsraum schlendern. Stefan lacht leicht.

„Hoffentlich war nichts allzu Peinliches dabei, wir kennen uns ja schon seit der Schule. Mir geht es gut, danke. Die Sonne heute Morgen macht wirklich einen Unterschied.“

„Das stimmt, sie bringt uns alle auf Trab. Tom hat erwähnt, dass du dein eigenes Sanitärunternehmen hast, nicht wahr?“, fragt Zacharias neugierig.

„Ja, das ist richtig. Wir sind auf die Installation, Reparatur und Wartung von sanitären Anlagen spezialisiert“, erklärt Stefan.

„Wie groß ist dein Team?“, fragt Zacharias weiter. Stefan zögert einen Moment und überlegt, wie er die Wahrheit am besten formulieren könnte. Immerhin haben drei seiner Mitarbeiter im letzten Quartal gekündigt.

„Wir sind momentan ein Team von ungefähr 20 Mitarbeitern“, gibt er schließlich zurück, 17 ergibt aufgerundet immer noch 20. „Es ist manchmal eine Herausforderung, das Team zu koordinieren, aber ich gebe mein Bestes.“

„20 Mitarbeiter klingen nach einer anständigen Größe. Da kann man viel bewegen“, bemerkt Zacharias.

„Ja, definitiv. Es gibt immer viel zu tun und ich werde demnächst weitere Mitarbeiter einstellen“, sagt Stefan. Zacharias muss ja nicht wissen, dass die neuen Mitarbeiter nur diejenigen ersetzen sollen, die gegangen sind. Zacharias nickt zustimmend.

„Oh, Aufbruchsstimmung! Das freut mich für dich! Vielleicht kannst du mir später noch mehr darüber erzählen. Ich bin immer daran interessiert, wie Unternehmer ihre Firmen aufbauen und führen.“

„Natürlich, gerne“, erwidert Stefan mit einem Lächeln, während sie den Vortragsraum erreichen. Die Unterhaltung mit Zacharias hat ihn kurzzeitig auf andere Gedanken gebracht. Er kann ja tatsächlich stolz darauf sein, was er sich erarbeitet hat.

„Na dann hoffe ich, dass dich mein Vortrag inspirieren wird“, sagt Zacharias und entschwindet auch schon in Richtung Bühne.

„Der ist ja sympathisch!“, denkt Stefan. Er ist in der Kürze des Gesprächs gar nicht darauf gekommen, dass er mit dem Redner selbst spricht. Nun ist Stefan tatsächlich gespannt, wohin dieser Vortrag wohl führen wird. Er entdeckt Tom ein paar Reihen weiter vorne und lässt sich auf den Stuhl neben ihm fallen. Er nutzt die verbleibenden paar Minuten, um ein paar Nachrichten seiner Mitarbeiter zu beantworten, die gerade den täglichen Jour fixe abgeschlossen haben. Hoffentlich geht auf Montage alles gut. Sicherheitshalber stellt er sein Handy auf Vibration. Dann tritt auch schon Zacharias auf die Bühne und alle Augen richten sich auf ihn.

Steuern, ja bitte!

„Herzlich willkommen, meine Damen und Herren! Ich bin Zacharias, euer Kapitän auf der Reise ins Steuerparadies", beginnt Zacharias mit energiegeladener Stimme. „Ihr rackert euch ab für eure Unternehmen und doch werfen sie nicht die Früchte ab, die sie euch bieten könnten. Viele von euch arbeiten immer mehr, gefühlt bleibt aber nicht mehr bei euch hängen. Der Einzige, der von eurer Mehrarbeit zu profitieren scheint, ist das liebe Finanzamt. Das berühmt berüchtigte Hamsterrad sagt euch jeden Morgen lächelnd: ‚Hallo, bitte einsteigen für eine weitere rasante Fahrt.'"

„Das klingt vielversprechend", denkt Stefan, bringt es doch seine Lage auf den Punkt. Die Frage ist nur, welches Wunderheilmittel Zacharias ihm verabreichen will? Große Reden schwingen ist nicht schwer. Zacharias stützt sich auf das Rednerpult und blickt auf die versammelten Gesichter.

„Dabei geht es auch anders, wenn ihr die Segel entsprechend setzt. Wenn ihr das Hamsterrad verlasst und euch auf die Reise begebt. Euer Unternehmen ist wie ein Segelboot. Die Segel sind eure Ideen, eure Leidenschaft und eure harte Arbeit. Ihr setzt sie ein, um voranzukommen, eure Ziele zu erreichen und eure Träume zu verwirklichen. Ihr habt das Segelboot eurer Träume gebaut, doch oft bleibt am Ende des Tages nur wenig übrig, wenn die Steuerforderungen beglichen sind. Was nützt das schönste Segelboot, wenn die Winde der Steuerlasten es beinahe zum Kentern bringen?"

Zacharias Haare weisen helle Strähnen auf, wahrscheinlich weil er wirklich mehr Zeit damit verbringt, über die Meere zu schippern, als in die Tastatur zu tippen, vermutet Stefan. Zacharias tritt einen Schritt näher an den Rand der Bühne.

„Steuern zu verstehen und zu eurem Vorteil einzusetzen ist gleichbedeutend mit dem Trimmen der Segel. Sobald ihr Steuern optimiert, kommt ihr bei gleichem Wind deutlich schneller voran. Und müsst nicht mehr zulassen, dass euer hart verdientes Geld durch Steuerforderungen, Abgaben und andere finanzielle Verpflichtungen schwindet."

Er lässt eine kurze Pause entstehen, um die Worte wirken zu lassen.

„Heute, meine Unternehmerfreunde, heute seid ihr hier, um zu lernen, wie ihr eure Segel richtig trimmt. Wie ihr die richtigen Entscheidungen trefft, um schnell und kraftsparend voranzukommen."

Zacharias lässt seinen Blick über das Publikum schweifen.

„Ihr könnt die Winde nicht ändern, die Gezeiten und die Strömung nicht aufhalten, aber ihr könnt euer Segel so einstellen, dass ihr stets den besten Kurs haltet."

Stefan hält Zacharias Enthusiasmus für übertrieben, diese ganzen Segelmetaphern sind ihm doch etwas zu viel. Wer solch blumigen Reden schwingt, kann nur ein Blender sein, oder? Stefan kommt sich vor wie auf einem Markt und Zacharias ist der Marktschreier, der sich größere Verkaufschancen ausrechnet, je üppiger er übertreibt.

„Liebe Unternehmer, erlaubt mir, euch eine unverblümte Wahrheit zu offenbaren: In unserer Gesetzgebung gibt es nur zwei Gruppen, die steuerlich wirklich begünstigt werden: Unternehmer und Immobilienbesitzer. Wenn ihr also das Glück habt, beiden dieser Gruppen anzugehören, stehen euch in Deutschland alle steuerlichen Tore offen."

Jetzt kommt Stefan nicht umhin, sich angesprochen zu fühlen. Immerhin ist er definitiv Unternehmer und vor drei Jahren in sein eigenes Haus gezogen. Außerdem besitzt er noch eine Wohnung, die er sich mit Unterstützung seines Vaters in den ersten Arbeitsjahren angespart hat. Nur von Steuervorteilen hat er bisher nichts mitbekommen.

„In Deutschland werden Spitzeneinkommen mit beinahe 50 Prozent besteuert – 50 Prozent! Wenn ihr die notwendigen Überlebensregeln nicht kennt, landet ihr in der Steuerhölle und werdet vom Finanzamt mit dem Dreizack aufgespießt. Wenn ihr aber die Regeln der Steueroptimierung und -gestaltung anwendet, verwandelt sich Deutschland in ein wahres Steuerparadies für euch. Lasst mich euch versichern, dass dies keine Übertreibung ist, sondern absolute Realität."

Zacharias wendet sich zur freien Wand hinter ihm, auf die er eine Visualisierung unterschiedlicher Steuersätze projiziert hat. Nach dem blumigen Einstieg wird es nun endlich konkreter. Stefan wartet nur darauf, dass Zacharias goldenes Segelboot auf den Felsen der Realität aufschlägt.

„In Deutschland gelten unterschiedliche Steuersätze und Tarife", erläutert Zacharias. „Wir haben den progressiven Einkommensteuertarif und den linearen Steuertarif bei Kapitalgesellschaften. Und wisst ihr was? Ihr könnt diese unterschiedlichen Steuertarife zu eurem Vorteil nutzen. Manchmal ist das einfacher, als ihr denkt. Ihr könnt zum Beispiel Einnahmen dort erzielen, wo die Steuersätze niedrig sind, und Ausgaben dort, wo die Steuersätze höher sind, trotzdem tun es viele nicht. Richtig punkten könnt ihr vor allem dann, wenn ihr Immobilien in Kombination mit Kapitalgesellschaften und oder einer Stiftung besitzt."

Immobilien besitzt Stefan ja, nur sind die natürlich Teil seines Privatvermögens. Es handelt sich ja um Wohneigentum, keine Büro- oder Lagerräume. Die kann Zacharias also nicht meinen in diesem Kontext, oder? Und eine Kapitalgesellschaft hat er ohnehin nicht, er ist ja Einzelunternehmer. Wie sein Vater auch schon. Daran etwas zu ändern, hat er noch nie in Erwägung gezogen und Stiftungen sind doch nur etwas für Superreiche, zumindest habe ich das noch nie in einen anderen Zusammenhang gebracht. Ok, der ein oder andere Superreiche, dürfte hier im Publikum sein. Nun ist Zacharias zwar konkreter geworden, aber nicht gerade klarer in seinen Aussagen. Stefan fragt sich erneut, ob er hier richtig ist. Wo hat Tom ihn da nur hineingezogen? Zacharias zeigt auf eine Grafik, die die Einkommensteuersätze darstellt.

„Einen Freibetrag gibt es grundsätzlich nur beim progressiven Einkommensteuertarif, also bei eurem privaten Einkommen. Für alle Einkommen über dem Freibetrag fällt der Eingangssteuersatz an, der schnell zum Spitzensteuersatz ansteigt. Es wäre also sinnvoll, wenn ihr innerhalb dieses Freibetrags bleibt. In diesem Bereich spart ihr euch die Steuer komplett."

Zacharias wendet sich wieder dem Publikum zu.

„Für Unternehmen fallen in Deutschland unterschiedliche Steuern an – die Körperschaftsteuer und die Gewerbesteuer. Sie werden ab dem ersten Euro fällig, den euer Unternehmen erwirtschaftet. Der Vollständigkeit will ich an dieser Stelle erwähnen, dass der Steuersatz bei der Familienstiftung 15% beträgt, da gibt es grundsätzlich keine Gewerbesteuer und 5.000 Euro Freibetrag gibt es obendrauf. Nun, hier kommt ein wichtiger Punkt: Es gibt Schnittpunkte, an denen sich die Einkommensteuer, die Körperschaftsteuer und Gewerbesteuer treffen." Er macht eine kurze Pause und hebt den Finger. Jetzt kommt sich Stefan doch etwas vor wie im Klassenzimmer, bei dem er sich so gefreut hat, es hinter sich zu lassen. Er mochte es noch nie, jemandem anderen gegenüber Rechenschaft ablegen zu müssen. Gleichzeitig findet er Zacharias Ausführungen mehr als interessant und gar nicht mehr so sehr aus der Luft gegriffen.

„Warum ist das für euch wichtig? Weil ihr ab diesem Punkt überlegen könnt, eine Kapitalgesellschaft zu gründen."

Ein verschmitztes Lächeln zeigt sich auf Zacharias Gesicht.

„Ich möchte euch eine interessante Möglichkeit vorstellen: Eine reine Immobilien-GmbH, die ausschließlich Vermietungen vornimmt. In der zahlt ihr nämlich lediglich einen Steuersatz von 15 Prozent. Ihr habt richtig gehört – 15 Prozent anstatt einem Spitzensteuersatz von weit über 40 Prozent auf eure Privateinkünfte! Das liegt daran, dass ihr unter bestimmten Voraussetzungen keine Gewerbesteuer bezahlen müsst. Ich wiederhole, keine Gewerbesteuer! Klingt verlockend, oder?"

Damit hat Zacharias nun wirklich die ungeteilte Aufmerksamkeit aller Unternehmer im Raum. Das muss Stefan erst einmal auf sich wirken lassen. Er rechnet kurz nach: 15 Prozent statt 40 Prozent auf seine Privateinkünfte zu zahlen, würde bedeuten, mehr als 25 Prozent Steuern zu sparen! Wie Zacharias das darstellt, klingt das so einfach. Aber so einfach kann das wohl kaum sein. Wenn es zu gut klingt, um wahr zu sein, ist es das auch.

Mit diesem Tipp hat ihn sein Vater schon des Öfteren vor unternehmerischen Schnellschüssen bewahrt. So leicht wird er nicht auf diesen Zacharias hereinfallen. Der will ihm doch nur irgendein weiteres Seminar andrehen.

„Ganz so einfach ist das natürlich nicht, denn hier wollen gewisse Regeln beachtet werden – Regeln, die im Detail komplex sind und für die Befreiung von der Gewerbesteuer durchaus knifflig werden können. Aber keine Sorge, dafür bin ich ja da. Gemeinsam mit meinem Team führe ich euch da durch. Die wichtigste Erkenntnis ist erst einmal, dass ihr in Zukunft eine Kapitalgesellschaft gründen könnt, um in Immobilien zu investieren und dabei auch noch Steuern zu sparen. Bisher fühlt ihr euch vermutlich wie ein Getriebener, dem Finanzamt hilflos ausgeliefert."

Stefan muss an seinen Traum von letzter Nacht zurückdenken. Mit seiner Aussage trifft Zacharias zumindest bei ihm voll ins Schwarze.

„Mithilfe dieser Kapitalgesellschaft – anders gesagt, mithilfe eurer Immobilien-GmbH – könnt ihr ein ganz anderes Spiel spielen. Mit der Hilfe der Kapitalgesellschaft könnt ihr den Spieß umdrehen, sodass ihr das Steuer in der Hand haltet. Plötzlich bestimmt ihr, wie ihr eure Steuern abführt. Und natürlich wählt ihr den klügsten Weg. Wie hört sich das für euch an? Selbstbestimmt statt fremdbestimmt? Das wollen wir doch alle."

Zacharias tritt energisch vor und seine Augen funkeln vor Begeisterung. Oder vor Wahnsinn? Stefan ist sich da nicht so sicher.

„Eine Immobilien-GmbH ist nur eine von vielen Möglichkeiten, die sich euch als Unternehmer bieten. Ihr seid die Kapitäne eurer eigenen Segelboote. Ich bin hier, um euch dabei zu unterstützen, eure Segel so zu setzen, dass ihr den vollen Nutzen aus den steuerlichen Möglichkeiten ziehen könnt, die euch zur Verfügung stehen. Denn Veränderung beginnt mit Wissen und Wissen ist der Wind in den Segeln eures Unternehmertums."

War ja klar, dass sie unweigerlich wieder bei Segelmetaphern landen würden, denkt Stefan. Immerhin ergibt die blumige Beschreibung nun mehr Sinn in Kombination mit den konkreten Zahlen zur Immobilien-GmbH, die Zacharias präsentiert hat.

Zacharias lässt seinen Blick über die versammelten Gäste schweifen.

„Lasst uns gemeinsam auf diese Reise gehen, meine Unternehmerfreunde. Es freut mich, euch heute hier versammelt zu sehen. Die meisten von euch treten ihre Reise ins Steuerparadies gerade erst an – diese Unternehmer heiße ich besonders herzlich willkommen. Bitte steht einmal kurz auf, damit wir euch begrüßen können."

Ungefähr zwei Drittel der Teilnehmer stehen auf und blicken sich neugierig um. Stefan erkennt in den Augen der anderen seine eigene Unsicherheit wieder. Auch manch anderer scheint sich zu fragen, in welchem Film er hier gelandet ist. Sie setzen sich wieder.

„Andere von euch kenne ich bereits seit einiger Zeit und die Höhe eurer Steuerersparnisse umso besser. Auch für euch Eingeweihte habe ich heute noch ein paar neue Tipps und Inspirationen. Was mich persönlich besonders freut, ist nicht nur, wie viele Steuern ihr mittlerweile spart und gestaltet, sondern wie positiv sich diese Veränderung auch auf den Rest eures Lebens ausgewirkt hat. Denn eure Steuerersparnisse stellen nur die Spitze des Eisberges dar, das Offensichtliche. Die Veränderung geht viel tiefer und hat viele positive Auswirkungen auf euer Leben. Über eure Steuern findet ihr ein anderes Leben. Ein Leben voller Leichtigkeit." Zacharias wirkt weiterhin ganz in seinem Element. In welcher Sekte ist Stefan hier eigentlich gelandet? Er wirft einen zweifelnden Blick zu Tom hinüber, der ihm aufmunternd zulächelt.

„Du wirst schon sehen, gib dem Ganzen mal eine Chance", scheint sein Blick zu sagen. Zum Glück würde sich Stefan als rationalen Mensch bezeichnen und lässt sich von niemandem über den Tisch ziehen. Letzten Endes kennt er sein Unternehmen am besten und kann selbst entscheiden, was für seinen Betrieb das Beste ist. Sein Handy vibriert in seiner Hosentasche. Unauffällig versucht er, an das Gerät heranzukommen. In der sitzenden Position kann er das Handy zunächst gar nicht aus seiner Hosentasche friemeln. Als er es schließlich in der Hand hält, sieht er eine unbekannte Nummer auf dem Bildschirm. Auch wenn es ihm schwer fällt, beschließt er, die Nummer später zurückzurufen und steckt das Handy wieder ein. Immerhin ist es keiner seiner Mitarbeiter oder bekannten Kontakte, da müsste er sofort zurückrufen, weil es bestimmt ein Notfall ist.

Er wendet seine Aufmerksamkeit wieder der Bühne zu.

„Wir haben heute die Gelegenheit, eine ganz besondere Erfolgsgeschichte zu hören, die euch inspirieren und motivieren wird. Daher möchte ich unseren geschätzten Freund Tom auf die Bühne bitten!", verkündet Zacharias nun.

Tom erhebt sich und setzt ein breites Lächeln auf.

„Tom hat eine beeindruckende Reise hinter sich, die zeigt, wie man mit Entschlossenheit, Engagement, einem neuen Mindset und einem starken Team außergewöhnliche Erfolge erzielen kann. Ich begleite Tom seit beinahe drei Jahren und konnte miterleben, wie er sich selbst und seine Unternehmensstruktur von Grund auf neu aufgesetzt hat. Tom, teile bitte deine Geschichte mit uns!"

Anhaltender Applaus füllt den Raum, als Tom mit seinem beschwingten Schritt die Bühne betritt. Er nimmt das Mikrofon in die Hand und blickt auf das Publikum, das gespannt auf seine Worte wartet.

„Vielen Dank, Zacharias, für die warme Einführung", beginnt Tom mit einem herzlichen Lächeln. „Und vielen Dank an euch alle, dass ihr heute hier seid."

Er schaut direkt zu Stefan hinüber.

„Ich freue mich sehr, meine Erfahrungen, meine Einsichten, Lektionen und meinen Wandel mit euch zu teilen."

Tom beginnt, seine Geschichte zu erzählen – von den bescheidenen Anfängen, als er mit einer kleinen Bäckerei in Randlage anfing. Über die Herausforderungen, sich gegen die etablierten lokalen Bäcker durchzusetzen, sein Team aufzubauen und Stammkunden zu gewinnen. Stefan kennt diese Geschichte in allen Details – er ist ja dabei gewesen und hat seinen Freund durch die Höhen und Tiefen des frühen Unternehmertums begleitet.

Zacharias Versprechen von absurd hohen Steuerersparnissen lässt ihn nicht mehr los. Was soll außerdem dieses Gerede, dass geringere Steuern nur die Spitze des Eisberges darstellen? Dass es eigentlich um tiefgreifenden persönlichen Wandel geht? Das klingt nun wirklich esoterisch und betrifft ihn auch gar nicht, er ist schließlich glücklich mit seinem Leben.

Wobei, ist er das wirklich? Tom und viele der anderen Unternehmer hier scheinen mehr Leichtigkeit als er zu besitzen. Eine solche Entspanntheit würde er auch gerne an den Tag legen, auch als vollbeschäftigter Unternehmer. Seine Gedanken tragen ihn mit sich davon.

Tue ich nicht schon alles?

In Stefans Kopf überschlagen sich die Gedanken. Wenn Zacharias Vorschlag mit dieser Immobilien-GmbH zum Beispiel wirklich umsetzbar ist und die versprochenen Ergebnisse liefert, warum hat er noch nie davon gehört? Und ist das überhaupt legal? Das Gedankenkarussell in seinem Kopf dreht Runde um Runde und seine Gedanken kreisen immer schneller. Sein Vater war unter den Mitarbeitern immer für seine penible Art bekannt.

Wäre dem wirklich so etwas entgangen? Außerdem ist da noch sein treuer Steuerberater Herr Vogel, der das Unternehmen in- und auswendig kennt – schließlich hat er auch ihn von seinem Vater übernommen. Nun gut, Herr Vogel kommt langsam in die Jahre – bis zur Rente fehlt ihm nicht mehr viel. Ob er noch auf dem neuesten Stand ist? Fachlich ist er ein wandelndes Lexikon. Er weiß immer sofort eine Antwort auf Stefans Steuerfragen, mögen sie noch so abstrus erscheinen. Wobei Stefan bei seinen weit schweifenden Antworten oft auch nur Bahnhof versteht und die Sache dann lieber sein lässt, als sich im Detail aufklären zu lassen. Die Frage ist, ob Herr Vogel auch das richtige Steuer-Mindset mitbringt, von dem Zacharias gesprochen hat. Es bringt ihm ja nichts, wenn er sich tiefer mit den Themen beschäftigt, die Zacharias angesprochen hat, sein Steuerberater aber nicht an Bord ist. Ein Teil von ihm wehrt sich gegen die Vorstellung, dass es noch ungenutzte Möglichkeiten geben könnte, die er bislang nicht erkannt hat. „Aber ich tue doch schon alles", flüstert die Stimme in seinem Kopf. „Ich mache so viel und trotzdem komme ich nicht weiter. Egal, wie viel ich hineinstecke, es ist nie genug."

Er reflektiert sein Leben und die harte Arbeit, die er seit zehn Jahren in seinem Betrieb verrichtet. Als er den Betrieb von seinem Vater übernommen hat, hat er einiges an Arbeit hineingesteckt, um das Unternehmen in die Gegenwart zu befördern. Die Anforderungen an Sanitär- und Installationsdienste hatten sich verändert und Stefan war stolz darauf, dass er das Geschäft an die neuen Bedürfnisse angepasst hatte. Heutzutage erwartet der Kunde E-Mail-Anhänge anstatt Angebote per Post, wie sie sein Vater noch verschickt hat. Auch intern haben sie viel Papierkram reduziert und die Prozesse digitalisiert, sodass alle Mitarbeiter schnell darauf zugreifen können. Seinem Vater gingen viele dieser Veränderungen zu weit, aber die Ergebnisse – insbesondere die Kostenersparnisse – haben ihn letzten Endes überzeugt.

Zunehmend hat Stefan aber das Gefühl, dass ihm diese Neuerungen lediglich geholfen haben, nicht den Anschluss zu verlieren. Einen Vorsprung haben sie ihm nicht verschafft. Er fühlt, dass er auf der Stelle tritt. Er sieht laufend andere Unternehmer, die scheinbar viel erfolgreicher sind als er. Nun also auch Tom. Ein Hauch von Neid durchzieht seine Gedanken, gemischt mit einem Gefühl der Frustration. Dabei ist Tom sein Freund, natürlich gönnt er ihm den Erfolg und seinen Winterurlaub auf den Kanaren. Aber er hat sich schon gefragt, ob da alles mit rechten Dingen zugeht. Fair fühlt es sich jedenfalls nicht an, wenn man bedenkt, dass sie im gleichen Alter sind. Tom hat keine Kinder, dadurch ist er natürlich nicht ganz in der gleichen Situation wie Stefan. Ohne Familie riskiert man leichter etwas. Stefan muss an seine Frau und seine Mädchen denken – für sie arbeitet er so hart. Es gibt ihm ein gutes Gefühl zu wissen, dass seine Familie hauptsächlich wegen seines unermüdlichen Arbeitseinsatzes ein so komfortables Leben führen kann. Wenn er weniger Steuern abführen müsste, könnten sie sich natürlich noch mehr leisten. Parallel will er sich selbst beweisen, was für ein toller Unternehmer er ist. Sich und seinem Vater. Und der hat es noch nie unterstützt, große Risiken in kauf zu nehmen. Was eher gegen komplexe Steuersparpläne spricht.

„Aber dem Herrn Vogel zahle ich schon viel Geld", denkt er verärgert. „Wofür eigentlich, wenn er die Chancen, von denen Zacharias spricht, noch nicht mal kennt?"

Gefühlt sind die Stundensätze mit jedem weiteren Lebensjahr seines Steuerberaters mit in die Höhe gestiegen. Die finanzielle Belastung, die er durch die Unternehmensausgaben und Steuerberatung trägt, wiegt schwer auf seinen Schultern. Dadurch kommt diese ständige Unsicherheit mit dem Druck, dass er das mit den Steuern auch richtig macht und das Finanzamt auch ja keine Nachzahlung einfordert.

So prallen alte Gewohnheiten und Überzeugungen auf die aufregenden Möglichkeiten, die Zacharias präsentiert, in seinem Kopf aufeinander, während er in seinem Sitz weiter auf Tom schaut, als wäre er in einer Stummfilm-Vorstellung. Das passiert ihm ab und zu, wenn er die Welt um sich vor leichter Überforderung vorübergehend ausschalten muss. Er hat nun schon eine Weile gar nicht wahrgenommen, was Tom eigentlich von sich gibt. Zeit, den Ton wieder anzuschalten.

Das Steuer-Spiel verstehen

Tom hat gerade ein Wort gesagt, das er aus seinem Mund noch nie vernommen hat. Burnout? Jetzt sollte er wirklich besser zuhören. Stefan kann sehen, dass es Tom Überwindung kostet, dieses Wort zu verwenden.

„Genau, Burnout", setzt Tom fort, als hätte er Stefans Gedanken gehört. „Dabei hätte ich nie gedacht, ein Burnout-Kandidat zu sein. Und ja, ich hatte Erfolg – von einer kleinen Bäckerei in der Randlage habe ich es geschafft, sieben Bäckereien aufzubauen. Auf dem Papier mag das beeindruckend klingen, aber hinter den Kulissen lag alles in Schutt und Asche. In meiner Euphorie, mein Geschäft zu erweitern, merkte ich nicht, wie der Stress und die ständige Arbeit mein Leben bestimmten. Ich glaubte, dass ich einfach noch mehr arbeiten müsste, um erfolgreicher zu sein. Und ja, ich hatte einen gewissen Erfolg. Doch je mehr Bäckereien ich eröffnete, desto mehr Arbeit fand ihren Weg in mein Leben. Die Tage wurden länger, die Nächte kürzer und meine Partnerschaft sowie meine Freundschaften begannen zu bröckeln."

Die wenigen Male, die Stefan sich in den letzten Jahren mit Tom getroffen hat, haben sie oft darüber geredet, wie wenig Zeit sie daheim verbringen. Und sich gegenseitig versichert, dass das zu erwarten ist, wenn man als Unternehmer expandiert. Stefan war nicht bewusst, dass es Tom damals so schlecht ging. Er kann es kaum glauben, wie gut Tom seinen Stress überspielt hat. Stefan kennt ihn seit Jahrzehnten und durchschaute dennoch nicht, unter welchem Druck Tom stand. Andererseits kennt er das von sich selbst, er ist mittlerweile Meister darin, nach außen entspannt zu wirken. Muss ja nicht jeder mitbekommen, dass in seinem Betrieb viel los ist. Nur seine Frau durchschaut ihn fast immer, wenn er zu verbergen versucht, wie sehr seine Gedanken um die Arbeit kreisen.

„Ich verlor den Blick für das, was wirklich zählte. Ich war auf der Überholspur, ohne zu bemerken, dass ich auf dem Weg war, mich selbst zu überholen. Die Zeit auf der Arbeit nahm zu, während die Zeit für meine persönlichen Beziehungen abnahm. Eines Tages, als ich erschöpft vor dem Spiegel stand, blickte mich ein fremder Mann an. Ich erkannte mich nicht mehr. Noch schlimmer war, dass ich mich so verbraucht fühlte, dass ich fast alles hingeschmissen hätte." Tom lächelt traurig. Stefan fühlt mit ihm, kann sich aber gleichzeitig den Gedanken nicht verkneifen, dass Tom vielleicht auch nicht dafür geeignet ist, Unternehmer im klassischen Sinne zu sein. Es ist ihm stets vieles in den Schoß gefallen. Während Stefan in den Sommerferien bei seinem Vater aushalf, fuhr Tom mit seinen Freundinnen in den Urlaub. Wenn man nicht aus einer Unternehmerfamilie kommt, ist es natürlich schwerer, sich an das Arbeitspensum eines Unternehmers zu gewöhnen.

„Doch dann traf ich Zacharias. Seine Perspektive eröffnete mir einen neuen Weg. Er zeigte mir, dass es nicht nur darum geht, mehr zu arbeiten, sondern intelligenter zu arbeiten. Ich habe gelernt, dass Erfolg nicht zwangsläufig mit endlosen Stunden Arbeit einhergehen muss. Es geht auch anders. Mit der Unterstützung von Zacharias habe ich Leichtigkeit in mein Leben gebracht. Eine Leichtigkeit, die ich nicht für möglich gehalten habe. Es ist kein Entweder-oder, wie ich immer glaubte, sondern ein Sowohl-als-auch. Leichtigkeit und Erfolg sind gleichzeitig möglich, wenn wir die Weichen richtig stellen."

Tom gerät nun richtig in Fahrt, die Begeisterung in seiner Stimme ist kaum noch zu überhören. „So kam ich an den Wendepunkt meiner unternehmerischen Reise. Es begann mit einem Schritt, der mich zunächst einige Überwindung kostete und aus reiner Not geboren war, da ich mein Pensum einfach nicht mehr erfüllen konnte. Dieser Schritt bestand darin, meinen Mitarbeitern mehr Verantwortung zu übertragen. Anfänglich war es schwer, die Kontrolle abzugeben, aber ich merkte schnell, dass sie aufblühten, sobald sie die Chance erhielten, ihre Fähigkeiten und Ideen einzubringen. Das Resultat war erstaunlich: Nach anfänglichen Abstimmungsproblemen liefen die Dinge reibungsloser als je zuvor. Dann beschloss ich, mich selbst und meine Mitarbeiter auf die Probe zu stellen: Würde die Firma ohne meine physische Anwesenheit genauso gut laufen? Ich packte meine Koffer und verabschiedete mich für einen ganzen Monat auf die Kanaren. Das war keine gewöhnliche Reise, es war eine Reise der Rehabilitation, eine Reise zurück zu mir selbst."

Hat Stefan es doch gewusst, dass mehr hinter Toms sich häufenden Winterurlauben auf den Kanaren steckte als der Wunsch nach Sonne und Meer! Einen Burnout als Erklärung hätte er allerdings nicht vermutet. Er dachte, es handele sich eher um eine Beziehungskrise.

„Auf den Kanaren fand ich endlich Raum für Ruhe und Reflexion. Mit Zacharias an meiner Seite begann ich, eine Strategie für mein Unternehmen aufzusetzen. Eine sogenannte ITHAKA-Strategie, die Zacharias entwickelt hat und wegen der ihr heute hier seid. Die Erfahrung, dass ich deutlich mehr Verantwortung an meine Mitarbeiter abgeben konnte, gab mir die Kraft, mich tiefer mit meinem Unternehmenskonstrukt auseinanderzusetzen. Mit der Unterstützung von Zacharias gründete ich eine Immobilien-GmbH, wie Zacharias sie bereits angesprochen hat. Damit konnte ich die Anmietung meiner Bäckereien in eine gewinnbringende Investition verwandeln. Ich hatte davor meine Bäckereien von einer anderen GmbH angemietet. Und dann habe ich sie einfach selbst gekauft. Das war zunächst ein finanzieller Kraftakt. Zum

Glück hat Zacharias unser Ansinnen bei der Bank so überzeugend dargelegt, dass sie im Handumdrehen den Kredit gewährt haben. Mittlerweile zahle ich also Miete an meine eigene Immobilien-GmbH. Beziehungsweise an mich selbst, wie Zacharias immer so schön sagt. Das brachte einen enormen Aufwärtsschwung! Ich begann langsam die Früchte meiner harten Arbeit zu ernten. Und nun, in dieser aufregenden Phase meiner ITHAKA-Reise, stehe ich vor einem weiteren bedeutenden Schritt. Ein Versorgungswerk steht auf unserer Agenda – eine Möglichkeit, meine betriebliche Vorsorge zu optimieren und langfristig zu sichern. Nicht nur für mich, sondern auch für alle meine Mitarbeiter. Dazu kann Zacharias euch die Hintergründe erläutern."

Er legt eine kurze Pause ein und trinkt ein Schluck Wasser, bevor er fortfährt. Das begeisterte Lächeln weicht einer ernsteren Miene, aber Toms Augen strahlen noch immer.

„Ich möchte euch mit meiner Geschichte inspirieren, nicht immer nur mehr, sondern smarter und damit effizienter zu arbeiten. Hebel an den richtigen Stellen anzusetzen, um euer bestehendes Unternehmen zu optimieren. Heute stehe ich hier vor euch als lebender Beweis, dass das möglich ist. Ich habe nicht nur meine Bäckereien erfolgreich weitergeführt und meine Gewinne gesteigert, sondern finde auch wieder deutlich mehr Zeit für meine Partnerschaft und meine Freundschaften. Ich habe gelernt, dass Erfolg nicht auf Kosten unserer eigenen Zufriedenheit und unseres Glücks erreicht werden sollte. Und das Wichtigste: Ich habe gelernt, dass ich nicht alleine auf dieser Reise bin."

Am Ende seiner Geschichte erntet Tom anhaltenden Applaus. Er bleibt einen Moment gerührt stehen und bedankt sich anschließend mit einer kleinen Verbeugung. Zacharias kehrt strahlend auf die Bühne zurück und umarmt Tom fest, bevor er das Mikrofon wieder entgegennimmt.

„Vielen Dank, Tom, für das Teilen deiner Reise. Deine Geschichte zeigt, wie wichtig es ist, sich mit dem Steuersystem auszukennen und es zu seinem Vorteil einzusetzen. Wie ihr sehen könnt, sind Steuern nur der Anfang. Toms ganzes Leben hat sich verändert, als er sich auf seine ITHAKA-Reise begab. Wer von euch in diesem Raum hätte gedacht, dass Steuern eine solch positive Macht ausüben können?"

Zacharias lässt seinen Blick durch den Raum schweifen, bevor er fortfährt.

„Es gibt neben der bereits erwähnten Immobilien-GmbH weitere Instrumente, die ihr einsetzen könnt. Kommen wir nun also zur betrieblichen Alternative zur staatlichen Rentenversicherung, ‚pauschaldotierte Unterstützungskasse' oder ‚PdUK' genannt."

Stefan muss schlucken. Das ist genau der Grund, warum er sich mit dem Thema Steuern so ungern befasst: Bei diesen langatmigen Begriffsbezeichnungen wird ihm oft schwindelig oder er hat am Ende des Satzes vergessen, worum es am Anfang ging. „Pauschaldotierte Unterstützungskasse“ – das muss man erst einmal aussprechen können.

„Ich nenne sie am liebsten einfach PUK, da verknotet sich die Zunge deutlich weniger. Richtig aufgesetzt und umgesetzt, verwandelt ihr die PUK in ein echtes Steuersparmonster. In Deutschland eröffnet euch dieses Instrument ungeahnte Möglichkeiten, zum Beispiel könnt ihr . . .“

In diesem Moment vibriert sein Handy erneut. Es ist seine Einkaufsleiterin Frau Hoffmann. „Dacht‘ ich's mir“, denkt er, „Mein Unternehmen braucht mich!“ Bei ihm passiert halt immer etwas, die Räder stehen nie still. Diese pauschaldotierte Sonstwas kann ihn mal, sein Betrieb geht vor. Schnell steht er auf und läuft geduckt aus dem Raum.

Ich muss viel arbeiten, um viel zu verdienen

Das Gespräch mit Frau Hoffmann dreht sich um Lieferengpässe bei den hochmodernen „AquaLux"-Badewannen, die für das exklusive Luxus-Spa-Projekt „Wellnessoase" benötigt werden. Dieses Projekt stellt das prestigeträchtigste Vorhaben für sein Unternehmen dieses Halbjahr dar, das Spa-Hotel wird bereits nächsten Monat eröffnen und kann ihnen potenziell viele weitere Aufträge derselben Größenordnung einbringen. Bei ihrem Zulieferer gibt es unerwartete Produktionsverzögerungen, was das ganze Projekt in die Schieflage bringt. Die für das Projekt vorgesehenen Badewannen sind frühestens in zwei Monaten lieferbar, doch das ist viel zu spät! Um den Kunden nicht zu verlieren, muss Stefan sich etwas einfallen lassen. Mit Frau Hoffmann hat er einige alternative Badewannenmodelle besprochen, deren Verfügbarkeit und Liefertermine sie nun prüfen wird. Auch die unbekannte Nummer hat er zurückgerufen, aber niemanden erreicht. Vielleicht war es auch nur ein Spam-Anruf.

Er schließt gerade das Gespräch mit seiner Mitarbeiterin ab, als die anderen Teilnehmer auch schon aus dem Raum strömen. Stefan steckt sein Handy wieder ein und zieht eine Schnute. So ein Mist, er hat den Hauptteil des Vortrages verpasst, für den er sich extra einen Vormittag im Terminkalender freigeschaufelt hat! Hoffentlich kann Tom ihm eine Zusammenfassung geben, sodass sein Ausflug hierher nicht ganz umsonst war. Außerdem hat er jede Menge Fragen an ihn. So einfach, wie er seine „Transformation" in seinem Vortrag beschrieben hat, kann sich das nicht abgespielt haben. Er steckt bestimmt mit Zacharias unter einer Decke, schließlich sind sie Freunde, und er hilft ihm wohl, seine Steuerberatungsdienste zu verkaufen. Tom kommt aus dem Vortragsraum auf ihn zu.

„Na, wie fandest du den Vortrag? Konntest du etwas mitnehmen?", fragt er neugierig. Stefan weicht zunächst ein wenig aus.

„Dein Bericht war wirklich inspirierend, Tom. Du hast das alles so überzeugend präsentiert. Und ich bin beeindruckt, wie du dich aus deinem tiefen Loch herausgearbeitet hast. Aber ich wusste gar nicht, wie miserabel es dir ging. Tut mir leid, dass ich dir offensichtlich nicht helfen konnte."

„Mach dir keinen Kopf. Ich habe dir nichts davon erzählt, weil ich mich in Grund und Boden geschämt habe", erwidert er. „Ich war an einem Punkt, an dem ich fast aufgegeben hätte. Ich dachte, ich habe scheinbar nicht das Zeug zum Unternehmer. Die ständige Arbeit hat mich fast verschlungen, bis ich realisiert habe, dass es einen anderen Weg gibt. Dich könnte ich mir im Übrigen auch gut auf den Kanaren vorstellen, anstatt ständig in deinem Hamsterrad gefangen zu sein, denkst du nicht auch?"

Darüber muss Stefan lachen, aber er ist nicht sicher, ob aus Erheiterung oder Verzweiflung. Er, auf den Kanaren? Das ist in seinen Träumen eine schöne Vorstellung, aber doch keine realistische Option. Seine Gedanken sind noch immer am Schwirren.

„Es ist nicht so, dass ich nicht glaube, dass du Erfolg hast mit deiner neuen Herangehensweise, Tom. Aber ich bezweifle, dass das für mich genauso funktionieren könnte. Ich habe meinen Betrieb von meinem Vater übernommen, der immer auf Perfektion bestanden hat. Wie soll ich alles im Blick behalten, wenn ich gar nicht da bin? Und ich frage mich, ob ich überhaupt die Flexibilität habe, Dinge anders anzugehen. Ich mache das jetzt seit zehn Jahren so und habe unsere Zahlen stetig verbessert. Jahr für Jahr haben wir mehr Umsatz erwirtschaftet. Es fühlt sich riskant an, alles auf den Kopf zu stellen."

Stefan ist von sich selbst überrascht, offensichtlich ist das ein emotionales Thema für ihn. Es kratzt zugegebenermaßen an seinem Ego, dass da jemand kommt, der ihm sagt, dass er sein Unternehmen nicht auf die richtige Art und Weise führt. Dass es angeblich so viel leichter gehen kann. Tom legt vertraulich eine Hand auf Stefans Arm.

„Stefan, ich verstehe deine Bedenken. Ich sage auch nicht, dass du alles von heute auf morgen ändern sollst, aber mal über die Möglichkeiten nachdenken, kann nicht schaden, oder? Fang langsam an, hör dich unter den Unternehmern hier um, sprich mit Zacharias. Stell mir so viele Fragen, wie du möchtest. Ich habe nicht eines schönen Tages einfach den Stift fallen lassen, ich habe langsam meine Arbeitsstunden reduziert, bis nur noch das Wichtigste übrig blieb. Frag dich zum Beispiel mal: Wie viele deiner Arbeitsstunden investierst du in Dinge, die nicht wirklich entscheidend sind und dein Unternehmen kaum voranbringen?"

Stefan muss schlucken. Wirft Tom ihm gerade indirekt vor, dass er seine Arbeitszeit ineffizient einsetzt? Darüber muss er später nachdenken. Dadurch, dass er so viel arbeitet, abends noch schnell eine E-Mail klärt oder beim Frühstück eine Bestellung bestätigt, hat er das Gefühl, im Flow zu bleiben und schneller voranzukommen, weil er eben schneller reagiert als die Konkurrenz. Zudem hilft es ihm, der ungeheuren Menge an Aufgaben Herr zu werden. Der frühe Vogel fängt den Wurm, nicht derjenige, der erst einmal ausschläft und sich dann umschaut, was überhaupt zu tun ist.

„Es mag sein, dass ich meine Zeit noch besser nutzen könnte, da ist immer Spielraum nach oben. Aber irgendwie muss der Betrieb ja wachsen und das geht nur, wenn ich mehr arbeite. Neue Projekte verfolge. Neue Kunden akquiriere. Ich muss mehr verdienen, sonst werde ich mein Haus nie abbezahlen. Mein Problem ist eher, dass mein Profit nicht in demselben Maß wächst wie mein Einsatz. Am Ende zahle ich vor allem mehr Steuern, sodass weniger bei mir hängen bleibt."

„Hast du dir schon einmal überlegt, dass du umso mehr Steuern gestalten und optimieren kannst, je mehr du verdienst?", wirft plötzlich Zacharias ein, der sich nun zu ihnen stellt.

„Ich kenne viele Menschen, die sich über ihre Steuern beklagen. Die unter Umständen sogar absichtlich weniger Geld verdienen, um weniger Steuern zahlen zu müssen. Sie wollen weniger Umsatz machen, schließlich müssten sie sonst mehr Steuern bezahlen. Das wollen sie auf Teufel komm raus verhindern und ja, das ist tatsächlich eine Möglichkeit, die funktioniert. Aber stell dir mal vor, wie es wäre, wenn du es andersherum angehst: Je mehr du verdienst, desto besser kannst du deine Steuern optimieren, gestalten und steuern. Du kannst mehr verdienen und gleichzeitig weniger Steuern zahlen."

Stefan ist irritiert: Er soll mehr verdienen und gleichzeitig weniger Steuern zahlen? Wie soll das denn funktionieren? Das steht doch in krassem Gegensatz zu allem, was Herr Vogel ihm über das Steuersystem erzählt hat.

„Wenn mein Vortrag die eine oder andere Frage bei dir hinterlässt, kannst du gerne in meiner Kanzlei vorbeikommen und wir besprechen das in aller Ruhe."

Stefan nickt nur und murmelt ein Versprechen, es sich zu überlegen. Bestimmt wird dieses „Vorbeikommen" ein nettes Beratungshonorar für Zacharias bringen. Die er über irgendeine Immobilien-GmbH oder was auch immer so abführt, sodass er weniger Steuern zahlt. Am Ende spart dann wohl vor allem Zacharias Steuern, nicht er.

„Das freut mich zu hören", antwortet Zacharias und wendet sich Tom zu: „Tom, hast du schon alles gepackt für unseren Griechenland-Segeltörn?"

Stefan kann es nicht glauben: Die zwei planen einen Segeltörn? Auf dem Wasser hat man doch nicht einmal Netzempfang! Die Netzqualität ist das Erste, was er bei möglichen Urlaubsorten recherchiert. Damit hat sich ja wohl auch bestätigt, wo seine Teilnahmegebühr für das heutige Seminar reinvestiert wird. Tom lacht und nickt nur. „Die Vorbereitungen für den Segeltörn stehen ganz oben auf meiner Liste, Zacharias. Ich kann es kaum erwarten." Zacharias verabschiedet sich, um mit den anderen Teilnehmern zu plaudern, und Tom und Stefan machen sich auf den Weg zum Auto.

Die Firma funktioniert nicht ohne mich

Kaum dass sie im Auto sitzen, kann Stefan sich nicht mehr zurückhalten.

„Tom, eine Sache will mir nicht aus dem Kopf: Hattest du wirklich das Gefühl, dass deine Bäckereien genauso gut liefen, als du auf den Kanaren warst?"

Tom schmunzelt, während die Beschleunigung sie wieder in die Sitze drückt.

„Das war natürlich der Punkt, der mir vor meiner Abreise am meisten Sorge bereitet hat. Und natürlich gab es Abstimmungsprobleme. Einmal hat einer meiner Mitarbeiter einen großen Fehlkauf getätigt. Stell dir vor, er hat so viel Sahnecreme bestellt, wie wir normalerweise in einem Monat verbrauchen. Zuvor musste er sich bei Bestellungen mit mir abstimmen, aber ich hatte ihm die Autonomie gegeben, Bestellungen bis zu einer bestimmten Größenordnung selbst zu tätigen. Anstatt ihm die Kosten vom Gehalt abzuziehen und ihn runterzuputzen, gestalteten wir eine Sonderaktion, in der wir mit Sahnecreme gefüllte Croissants anboten. Letzten Endes konnten wir die Sahnecreme fast komplett verkaufen und den Rest haben die Mitarbeiter mit nach Hause genommen. Ich würde sogar so weit gehen, dass die Fehlbestellung sich für uns positiv ausgewirkt hat. Denn gemeinsam den Fehler auszubaden, hat uns als Team stärker zusammengeschweißt und die Kunden waren auf die Sahnecreme-Croissants ganz versessen. Einmal die Woche gibt es bei uns jetzt Croissants mit Sahnecreme. Früher hätte ich nie gedacht, dass ein solcher Fehler etwas Positives an sich haben könnte und wäre eher verzweifelt, doch durch die konstruktive Herangehensweise wendete sich das Blatt."

Auf solche Situationen hat Stefan keine Lust. Er könnte bei der Gefahr nicht ruhig schlafen, dass seine Mitarbeiter potenziell den ganzen Laden an die Wand fahren! Toms Mitarbeiter konnten zwar die Situation noch retten, aber sowas lässt sich ja nicht immer so drehen. Was, wenn etwas wirklich Schlimmes passiert?

„Ich weiß ja nicht, Tom. Irgendjemand muss den Laden zusammenhalten und die Richtung vorgeben, sonst fliegt er einem um die Ohren. Das mache ich lieber selbst, dann weiß ich wenigstens, was Sache ist. Meinen Mitarbeitern traue ich das nicht zu. Die kennen sich in ihrem Bereich aus, aber sie haben nicht das Gesamtgeschehen im Blick."

„Natürlich, deine Mitarbeiter haben bisher auch keinen Anreiz, ganzheitlich zu denken. Belohnst du sie dafür, dass sie über die Grenzen ihrer eigenen Position hinausdenken? Dass sie Verantwortung übernehmen für Aufgaben, die eigentlich deine wären?"

„Natürlich nicht, ich bin ja schon froh, wenn sie ihre Hauptaufgaben ordentlich erledigen!", entfährt es Stefan.

„Das ist verständlich, Stefan. Aber hier liegt der Schlüssel zur Veränderung. Du wirst überrascht sein, wie viele deiner Mitarbeiter in der Lage sind, mehr Verantwortung zu übernehmen und über den Tellerrand hinauszudenken, wenn sie die Gelegenheit dazu bekommen. Klar, es wird anfangs eine gewisse Überwindung kosten, loszulassen und nicht jeden Schritt zu kontrollieren. Aber du wirst sehen, wie positiv sich das auf das Engagement deiner Mitarbeiter auswirken kann."

„Aber was ist, wenn es Mitarbeiter gibt, die dafür einfach nicht geeignet sind? Die einfach nicht die Fähigkeiten haben, mehr Verantwortung zu tragen?", runzelt Stefan die Stirn.

„Das ist eine berechtigte Sorge. Manche Mitarbeiter können oder wollen nicht mehr Verantwortung übernehmen. An diesem Punkt musst du als Führungskraft die Entscheidung treffen, wer in dein Unternehmen passt und wer nicht. In meinem Betrieb hat sich auch schnell herausgestellt, dass viele Mitarbeiter mehr Verantwortung übernehmen wollten, andere aber gar nicht. Zum Beispiel habe ich meine Filialleiter angeregt, dass sie sich untereinander austauschen, anstatt immer mich zu fragen. Wenn eine Bäckerei mit einer Herausforderung zu kämpfen hat, hat die andere sie vielleicht schon gelöst."

„Und das hat funktioniert?", fährt Stefan ihm dazwischen.

„Natürlich nicht von Anfang an", erklärt Tom. „Einer meiner Bäckereileiter kam damit eben partout nicht klar, er machte lieber sein eigenes Ding, anstatt sich mit anderen auszutauschen und sich im Zweifel reinreden zu lassen. Also trennten sich unsere Wege. Ich glaube, er hat seine eigene Bäckerei aufgemacht, damit er alles so machen kann, wie er es will. Der Filialleiter, den ich nach einem ausführlichen Selektionsprozess für ihn eingestellt habe, fügt sich auch viel besser in mein Team ein. Auf jeden Fall funktionieren die Absprachen bei mir jetzt wunderbar. Und ja, um deine ursprüngliche Frage zu beantworten, es läuft tatsächlich besser als vorher. Seitdem nicht mehr alles über meinen Schreibtisch gehen muss, lösen die Mitarbeiter und Filialleiter Probleme schneller und teilweise auch besser – meistens ohne mich überhaupt behelligen zu müssen. Es gibt dieses wunderbare Sprichwort: ‚Wenn du schnell gehen willst, dann gehe alleine. Wenn du weit gehen willst, solltest du mit anderen zusammen gehen.'"

„Ein schönes Sprichwort löst doch keine realen Probleme", schießt es Stefan durch den Kopf. Er versucht, ruhig zu bleiben, da er weiß, dass er bei diesen Themen eine kurze Zündschnur hat. Möglichst ruhig sagt er daher: „Das mag sein, aber meine Mitarbeiter sind ohnehin schon am Anschlag, die haben doch gar keine Zeit, zusätzliche Verantwortung in andere Aufgaben zu investieren."

„Natürlich haben viele Mitarbeiter bereits viel zu tun. Genau deshalb ist es so wichtig, dass du sie ermutigst, sich gegenseitig zu unterstützen und

Verantwortung zu teilen. Denk mal darüber nach – wenn ein Mitarbeiter eine Lösung für ein Problem gefunden hat und diese Lösung mit anderen teilt, spart das letztendlich Zeit und Mühe für das gesamte Team. Kurzfristig führt es zu mehr Kommunikation und längeren Bearbeitungszeiten, diese Prozesse müssen sich erst einspielen. Sobald sich die neuen Strukturen etabliert haben, geht alles langfristig schneller voran."

Das klingt alles schön und gut, aber sein Betrieb läuft nun einmal, wie er ihn im Laufe eines Jahrzehnts aufgesetzt hat. Seine Mitarbeiter werden sich kaum von einem Tag auf den anderen komplett eigenverantwortlich verhalten.

„Wie hast du denn sichergestellt, dass deine Mitarbeiter diese Rollen annahmen? Also wie hast du sie zu mehr Eigenverantwortung motiviert?"

„Naja, indem ich zunächst überhaupt Anreize dazu schuf, zum Beispiel kleine Belohnungen oder Anerkennungen für Mitarbeiter, die sich besonders engagieren. Das Beste ist, dass du diese Anreize sogar steuerlich optimieren kannst. Hast du gewusst, dass deine Mitarbeiter 10.000 Euro im Jahr als steuerfreien Sachbezug erhalten können?"

Das hat Stefan natürlich nicht gewusst und schüttelt den Kopf.

„Du kannst diese Anreize so gestalten, dass deine Mitarbeiter keine Sozialversicherungsabgaben darauf zahlen – dadurch erhalten sie mehr Netto vom Brutto, was beinahe zwangsläufig zu höherer Motivation führt. Zacharias hat mir da einige Tipps gegeben. Solche Anreize sind Teil der Nettoentgelt-Optimierung – Zacharias nennt sie ‚NEO-Bausteine'."

„Wieder so ein Wort", denkt sich Stefan. Wenn man dazu NEO-Bausteine sagt, klingt das allerdings deutlich attraktiver als „Nettoentgelt-Optimierung". Was Marketing betrifft, weiß dieser Zacharias auf jeden Fall, was er tut.

„Ziemlich coole Sache, du sparst Steuern und motivierst vor allem dein Team ungemein. Genauso wichtig wie entsprechende Anreize zu schaffen, ist eine offene Kommunikation. Setz dich mit deinem Team zusammen und erkläre, warum du Veränderungen in Richtung mehr Eigenverantwortung anstrebst. Zeig ihnen, wie es langfristig zu einem reibungsloseren Arbeitsablauf führen kann."

„Und wer leitet dann die Firma? Du oder deine Mitarbeiter? Wer bestimmt dann überhaupt noch, wo es langgeht? Ob es überhaupt vorangeht? Viele Köche verderben schließlich den Brei und am Ende fährst du weniger ein als vorher."

„Stefan, ich verstehe deine Ängste", zeigt sich Tom geduldig. „Die Vorstellung, nicht mehr an jeder Entscheidung beteiligt zu sein, klingt nach Kontrollverlust. Vor allem, wenn du es bereits seit zehn Jahren auf andere Art gewohnt bist. Mir hat das auch am Anfang Bammel bereitet, aber ich versichere dir, dass es nicht darum geht, dich überflüssig zu machen. Im Gegenteil, du wirst in der Lage sein, dich mehr auf strategische und langfristige Aspekte deines Unternehmens zu konzentrieren. Mir macht meine Arbeit deutlich mehr Spaß, seitdem ich eben nicht mehr bei jeder operativen Kleinigkeit mitentscheide. Stattdessen denke ich mir jetzt neue Konzepte aus, wie mein Betrieb weiter wachsen kann. Dadurch sind ganz neue Gedanken in mir entstanden. Nächsten Monat veranstalten wir beispielsweise unseren ersten Backwettbewerb, darauf freuen sich schon alle."

„Das freut mich für dich."

Tut es wirklich, aber in Toms Geschichten klingt immer alles vorrangig nach Spaß. Stefan traut der Sache einfach nicht.

„Aber was ist, wenn meine Mitarbeiter irgendwann denken, dass sie mich nicht mehr brauchen? Oder dass sie es besser ohne mich können? Was, wenn sie ihr Wissen mitnehmen und einen Konkurrenzbetrieb aufmachen, der mir meine Kunden wegschnappt, so wie dein Filialleiter?"

Wenn er ehrlich mit sich selbst ist, ist das wohl seine Hauptsorge. Die Firma ist schließlich sein Lebensinhalt! Seine Familie ist ihm natürlich auch wichtig, aber der Betrieb, das ist sein Familienvermächtnis, seine Daseinsberechtigung. Sein Ein und Alles. Er weiß ohnehin nicht, wo er sonst arbeiten soll. Er kennt doch nur seinen Betrieb, er hat nie woanders gearbeitet.

„Darauf will ich gerade hinaus: Deine Mitarbeiter werden dich auch weiterhin brauchen, aber du wechselst die Rolle. Du wirst ihr Mentor, ihr Visionär und ihr Leitstern. Deine Präsenz wird immer noch von großer Bedeutung sein, aber sie wird sich auf die Dinge konzentrieren, die wirklich den Unterschied machen – die strategische Ausrichtung des Unternehmens, die Entwicklung neuer Ideen und die Förderung eines positiven Arbeitsumfelds. Mitarbeiter kündigen umgekehrt vor allem, weil sie mit ihrem Chef nicht zufrieden sind. Eine ernsthafte Konkurrenz ist mein ehemaliger Filialleiter, der sich selbständig gemacht hat, für mich übrigens nicht, er steht ganz am Anfang und tut sich schwer, seine Mitarbeiter zu motivieren. Eben weil er sich weigert, sie auch mal schalten und walten zu lassen. Nach allem, was ich weiß, hat ihm gerade wieder ein Bäcker gekündigt, weil er so frustriert war, dass ihm ständig von oben reingeredet wurde."

Stefan seufzt, lehnt seinen Kopf gegen die Kopfstütze und schaut aus dem Fenster. „Es ist schwer, sich das vorzustellen. Seit so vielen Jahren habe ich das Gefühl, dass ich alles selbst machen muss, um sicherzustellen, dass es richtig gemacht wird."

„Das verstehe ich, aber denk mal darüber nach: wenn du wirklich alles selbst machen musst, was passiert dann, wenn du ausfällst? Wenn du krank wirst oder eine Auszeit benötigst? Dein Unternehmen sollte nicht von einer einzigen Person abhängig sein. Wenn du beginnst, die Verantwortung zu teilen, schaffst du eine nachhaltigere Struktur, die auch in deiner Abwesenheit gut funktioniert. Wir haben beide schon so viel gearbeitet in unserem Leben. Wann nimmst du dir mal Zeit, zu leben? Wenn du in Rente gehst? Wer weiß, was bis dahin alles passiert? Ich will nicht den Teufel an die Wand malen, aber es gibt nun mal keine Garantien. Was ist mit den Dingen, für die du zu alt bist, wenn du dann in Rente gehst? So jung wie jetzt wirst du nie wieder sein. Aktuell erlaubst du dir nicht einmal die Zeit, überhaupt herauszufinden, was du außer dem Betrieb noch alles lernen und umsetzen möchtest. Wer weiß, was für Seiten du an dir entdecken würdest, wenn du dich einmal im Detail mit dir selbst befasst. Wenn du dein Unternehmen umstrukturierst, kannst du beides: Deinen Unternehmertraum leben und gleichzeitig dir selbst treu sein."

Wenn Stefan für einen Moment in Betracht zieht, dass das tatsächlich im Bereich des Möglichen liegt, ist das eine schöne Vorstellung.

„Übrigens ist Zacharias kein Steuer-Guru, er sieht die Sache aus einem anderen Blickwinkel, aus einer anderen Motivation und bei mir und meinen Mitarbeitern hat mir seine Unternehmensmethode TEMP®[1] extrem viel geholfen. Damit habe ich zusammen mit meinen Mitarbeitern unser Unternehmen weiter entwickelt. Wie würde Zacharias sagen: ‚Der Mitarbeiter ist der Weg zu deiner persönlichen Freiheit!'."

„Was meinst du mit der Unternehmensmethode TEMP®?"

„Den TEMP®-Schnelltest für Unternehmer."

„Aha. Und was ist das?"

„In diesem Test bewertest du die vier Bereiche: Teamchef – T, Erwartungen deiner Kunden – E, deine Mitarbeiter – M und deine Prozesse – P. Dieser Test hat mir die Augen geöffnet und seitdem wird unser Testergebnis von Jahr zu Jahr besser. Du erhältst eine Schulnote von eins bis sechs. Von einer 4,1 sind wir mittlerweile bei einer 2,3 angekommen. Das nächste Ziel ist die Eins vor dem Komma. Du glaubst gar nicht, was für ein schönes Gefühl das ist!

„Und was hast du dafür gezahlt?"

„Nichts. Das Einzige, was er dich kostet, ist radikale Ehrlichkeit zu dir selbst", strahlt ihn Tom an.

[1]eingetragenes Warenzeichen der tempus GmbH

Von der Schwere in die Leichtigkeit

Stefan starrt daraufhin in Gedanken versunken aus dem Fenster. Die Landschaft zieht an ihm vorbei wie sein Leben. Er wird nicht immer alles auf später verschieben können, da hat Tom natürlich recht. Und er kann auch in der Intensität nicht weitermachen, wenn er ehrlich zu sich selbst ist, sonst ist er schon vor der Rente ein Wrack. Er sieht seinen Vater vor sich, der es ordentlich im Rücken hat und meist leicht gebeugt geht.

„Vielleicht hast du recht. Mit der Rente hast du auf jeden Fall einen wunden Punkt getroffen. Getroffen und versenkt. Es ist auch ein guter Impuls, dem Thema Steuern eine Chance zu geben. Inwiefern Steuern Spaß machen sollen, ist für mich noch nicht greifbar, aber ich könnte mich ja mal genauer damit befassen. Ich könnte es einfach mal ausprobieren, meinen Betrieb etwas anders zu strukturieren. Ich werde zumindest einmal darüber nachdenken und den von dir angesprochenen Unternehmer-Test machen. Wenn es bei dir funktioniert hat, kann das ja wohl nicht so schwer sein“, scherzt er und denkt einen Moment später:

„Habe ich das gerade wirklich gesagt? Wie genau will ich das denn ausprobieren? Und was, wenn ich in Zacharias Unternehmer-Test mit einer glatten Sechs abschneide?“

Nun gut, das wird er sich noch überlegen. Und dieses Versprechen zurückziehen, falls nötig. Niemand kennt sein Unternehmen schließlich so gut wie er. Niemand weiß so gut wie er, was seinem Betrieb gut tut und was nicht.

„Genau. Und du wirst sehen, dass die Freiheit und Entlastung, die du durch das Delegieren gewinnst, dir Raum für Wachstum und Weiterentwicklung geben werden – sowohl für dich als auch für dein Unternehmen. Wolltest du nicht schon ewig mal wieder Windsurfen gehen?“

„Und wie!“, schwärmt Stefan wehmütig. „Aber wann? Als der Betrieb größer wurde und die Verantwortung wuchs, wollte ich meine wenige freie Zeit lieber meiner Familie widmen. Da war kein Platz mehr für Hobbys wie Windsurfen. Mein Vater sagte immer: ‚Du musst erwachsen werden, Junge.‘ Und ich dachte, er meinte damit, dass ich nicht den Tag mit Spiel, Spaß und eben Windsurfen vergeuden dürfe. Diese Einstellung hat sich irgendwie zementiert und inzwischen liegt eine fette Staubschicht auf meinem Brett.“

Stefan blickt an sich herab.

„Meiner Figur würde es sicherlich nicht schaden, wieder mehr Sport zu treiben.“

Tom wirft ihm einen Seitenblick zu und zwinkert ihm zu.

„Siehst du, so viele gute Gründe. Und wenn es dir hilft, deine Entscheidung zu rechtfertigen: Selbst dein Unternehmen wird davon profitieren. Das

Windsurfen könnte dir helfen, mehr Energie und Kreativität zu sammeln, die du dann wieder in deinen Betrieb stecken kannst. Es geht darum, eine Balance zu finden – eine, die sowohl dir als auch deinem Unternehmen zugutekommt. Wenn du wüsstest, auf was für Ideen ich alles gekommen bin, während ich mir auf den Kanaren die Sonne auf den Bauch scheinen ließ!"

Stefan blickt wieder nachdenklich aus dem Fenster und nimmt sein Spiegelbild wahr. Müde sieht er aus. Tiefe Ringe zeichnen sich unter seinen Augen ab und seine Haut wirkt gegen Toms gebräunten Teint fahl und blass. Vielleicht ist es wirklich an der Zeit, alte Muster und tiefsitzende Gewohnheiten loszulassen und seinen Mitarbeitern mehr Vertrauen zu schenken. Er hat den Betrieb seit zehn Jahren auf dieselbe Weise geführt: Klare, präzise Vorgaben und stets ein Blick über die Schulter seiner Mitarbeiter. So wie auch schon sein Vater mit ihm umgegangen ist, als er ihn angelernt hat. Er hat im Zweifelsfall oftmals lieber selbst viele Aufgaben erledigt, um sein Bedürfnis nach Kontrolle und Perfektion zu befriedigen. Das ging dann auch viel schneller, als es jemand anderen machen zu lassen und danach stundenlang nachzubessern. Damit ist er weit gekommen. Sein Unternehmen ist über seine Stadt hinaus bekannt und seine Kunden sind zufrieden. Aber was, wenn er tatsächlich beides haben könnte: ein erfolgreiches Unternehmen und Zeit für sich und seine Hobbys? Der Gedanke lässt ihn unruhig werden und er rutscht auf dem Sitz hin und her. Schließlich gibt er sich Toms Hoffnung hin, auch wenn sie ihm weiterhin trügerisch erscheint.

„Du hast recht. Ich denke, es ist an der Zeit, dass ich mir selbst und meinem Team mehr vertraue. Zumindest ein bisschen mehr. Und eines Tages wage ich mich vielleicht mal wieder auf ein Windsurfboard, aber das muss ich mir erst erarbeiten."

Tom schlägt ihm freundschaftlich auf die Schulter. „Das klingt nach einem Plan, Stefan. Ich bin jetzt schon gespannt auf deine Note aus dem TEMP®-Unternehmertest. Ich werde dich danach fragen. Und vergiss nicht – ich und auch Zacharias, wenn du möchtest, stehen dir zur Seite, um dich zu unterstützen. Schade eigentlich, jetzt wo ich darüber nachdenke – die Segelcrew ist leider schon vollzählig, das könnte auch etwas für dich sein … Habe ich dir eigentlich von der ersten Reise mit Zacharias erzählt?"

Stefan schüttelt den Kopf. Tom schmunzelt und steuert den Wagen in eine Parkbucht, während er antwortet: „Das war eine ganz besondere Reise, nämlich eine Reise metaphorischer Art. Ich erzähle dir die Geschichte dahinter gerne. Aber nicht auf leeren Magen! Lass uns erst etwas essen", zeigt er auf ihr gemeinsames Lieblingsrestaurant, an dem sie soeben angekommen sind.

Der angenehme Geruch von dampfenden Nudeln, zerfließendem Käse, Tomatensoße und Basilikum steigt ihnen in die Nase, als sie sich an einen freien

Tisch begeben. Luigi begrüßt sie wie immer überschwänglich. Sie kommen bereits seit einem Jahrzehnt regelmäßig für geschäftliche und freundschaftliche Mittagessen bei ihm vorbei. Luigi ist ein charismatischer Mann in den besten Jahren. Sein dichter, schwarzgrauer Bart und sein stets freundliches Lächeln verleihen ihm ein markantes Aussehen. Er trägt immer eine weiße Kochschürze über seinem Hemd und lässt es sich nicht nehmen, hin und wieder aus Prinzip selbst noch die Pizzen in den Ofen zu schieben. Seine Augen strahlen eine Leidenschaft für gutes Essen aus und seine Hände sind stets geschäftig, während er dort einen Salzstreuer zurechtrückt oder einem Kellner ein Extra-Geschirr in die Hand drückt. Luigi ist nicht nur ein begnadeter Koch, sondern auch ein Geschichtenerzähler par excellence und seine Erzählungen über die Herkunft der verwendeten Zutaten sind ebenso lebhaft wie seine Persönlichkeit. Was Luigi ihm wohl erzählen würde, wenn Stefan ihn nach der Höhe seiner Steuerzahlungen fragen würde? Ob Luigi wohl auch schon mal bei Zacharias im Seminar war?

Stefan streicht diese Gedanken aus seinem Kopf und wirft einen Blick auf die erlesene Speisekarte, die vor ihm liegt. Ein Lächeln huscht über sein Gesicht, als er daran denkt, wie sehr er sich auf seine Pasta alla Norma freut. Als Tom kurz die Toilette aufsucht, nutzt Stefan die Gelegenheit, um seine Mails zu checken. Er weiß, dass das ein Stressfaktor ist, aber was, wenn doch etwas seine Aufmerksamkeit benötigt? Er hat seit beinahe einer Stunde nicht mehr seine E-Mails überprüft. Zum Glück hat er immerhin keine verpassten Anrufe. Seine Finger gleiten über den Bildschirm, während er die neuesten Nachrichten und Anfragen überfliegt. Ein paar kurze Antworten verfasst er direkt. Frau Hoffmann hat drei Alternativen für die „AquaLux"-Badewannen gefunden, die die Unternehmer hinter dem Luxus-Spa-Projekt „Wellnessoase" zufrieden stellen sollten. Er gibt ihr die Anweisung, die Verfügbarkeit dieser Alternativen anzufragen. In letzter Sekunde legt er sein Smartphone auf die Seite, als Tom auch schon um die Ecke biegt. Er lehnt sich zurück und versucht, gelassen zu wirken. Doch das Smartphone auf dem Tisch bleibt nicht unbemerkt und Tom grinst verschwörerisch.

„Stefan, du bist wirklich immer im Geschäft, oder?"

Stefan fasst sich verlegen an den Hinterkopf.

„Ach, das war nur eine schnelle Angelegenheit. Man muss ja auf dem Laufenden bleiben." Er klingt fast ein wenig rechtfertigend, als hätte er sich für sein Verhalten zu entschuldigen. Wie ein Schüler, der von der Lehrerin ertappt worden ist. Dabei gehört das doch zum Unternehmertum, oder nicht? Selbst und ständig. Schon sein Vater arbeitete unablässig, soweit er sich erinnern kann. Es schien, als würde sein Vater das Unternehmen fast rund um die Uhr am Laufen halten und zwar aus reiner physischer Kraft. Ohne seine Anwesenheit schien im Betrieb alles still zu stehen. Frühmorgens war er bereits in der Firma verschwunden und wenn Stefan abends mit seiner Mutter und seinen Geschwistern zu Abend aß, war sein Vater oft immer noch nicht zurück. Gemeinsame Momente erlebten sie vor allem am Wochenende und in den wenigen Urlauben, die sie sich gönnten.

Als Jugendlicher schwor er sich eigentlich, niemals dieselben Muster zu leben wie sein Vater. Nicht nur, dass sein Vater kaum Zeit für die Familie hatte, oft war er auch gestresst, wenn er abends doch einmal zum Abendessen daheim war. So wollte er nicht enden! Doch die Realität holte ihn ein. Wenige Jahre später musste er einsehen, dass er sich in das gleiche Fahrwasser begeben musste wie sein Vater, wenn er die Unternehmerkarriere im Familienbetrieb umsetzen wollte. Insbesondere am Anfang wollte er seinem Vater beweisen, dass er der Verantwortung gewachsen war, da konnte er nicht mal eben lang frühstücken und erst mittags im Büro eintrudeln. Und was hätten erst seine Mitarbeiter gesagt, wenn er – der junge Sohn vom Chef – auf einmal einen solchen Schlendrian vorgelebt hätte?

Luigi reißt ihn aus seinen Gedanken.

„Amici, schön euch wiederzusehen. Wie geht es euch? Das Gleiche wie immer?“

Sie grinsen und nicken. Bei Luigi ist die Welt noch in Ordnung.

Die ITHAKA-Reise

Als die Teller mit der dampfenden Auberginen-Pasta für Stefan und mit Ricotta gefüllten Ravioli für Tom vor ihnen stehen, führt Stefan das Gespräch wieder auf Toms Reise zurück.

„Was meintest du denn nun vorhin? Was für eine metaphorische Reise hast du unternommen?", fragt er, als er den ersten Bissen der köstlichen Pasta genossen hat.

„Ja, um dir das zu erklären, muss ich ein wenig ausholen. Ich weiß, dass du ein alter Skeptiker bist und das war ich auch, als ich Zacharias traf. Wahrscheinlich war ich sogar noch ein größerer Kritiker als du. Jaja, heute schwer vorstellbar, ist mir bewusst. Bevor ich Zacharias traf, habe ich teures Lehrgeld für ein Seminar eines selbsternannten Steuer-Gurus bezahlt. Der hat mir die Sterne vom Himmel versprochen und letztendlich hat er nur sein Konto gefüllt und mein Konto leerer gemacht. Zacharias hatte es bei mir also anfangs richtig schwer. Was mich letztendlich überzeugt hat, war, dass bei ihm Win-Win-Situationen und Mehrwert für beide Seiten am wichtigsten sind. Bei ihm dreht sich alles ums Miteinander und Füreinander, das habe ich von Anfang an gemerkt. Klar, er verdient auch an seinen Beratungen, aber das steht nicht im Vordergrund."

„Na, wenn du das sagst", fällt Stefan dazu nur ein. Er kann einfach nicht aus seiner Haut, Berater ist Berater. Wer berät, berät in die eigene Tasche. Das ist zumindest seine Erfahrung.

„Am ehesten überzeugen dich alten Skeptiker wahrscheinlich nur harte Fakten und meine persönliche Geschichte. Daher wollte ich auf jeden Fall erzählen, was ich mit Zacharias erarbeitet habe und wie ich mich so sprichwörtlich am eigenen Kragen aus dem Mist herausgezogen habe."

Stefan nickt und wartet gespannt.

„Du erinnerst dich vielleicht noch daran, wie es bei mir aussah", setzt Tom an. „Ich besaß gut funktionierende Bäckereien, geführt von meiner Einzelhandelsfirma. Auf den ersten Blick sah alles rosig aus – solide Gewinne, vernünftiges Wachstum. Aber diese vermeintliche Erfolgsgeschichte hatte eine düstere Kehrseite. Ich zahlte mehr als 40 Prozent Steuern auf meine Gewinne. Das kennst du ja, bei dir ist es genauso. Irgendwann fühlte es sich an, als würde ich mehr arbeiten, nur um dem Finanzamt mehr zu überlassen. Jedes Jahr kamen sie mit höheren Vorauszahlungsforderungen um die Ecke. Und da war noch so viel mehr. Gerade hatte ich begonnen, unser Haus zu bauen, also hatte die Bank auch ihre Hand im Spiel – Zinsen, Tilgung und all das. Ein Jahr später kaufte ich eine Wohnung, um fürs Alter vorzusorgen, und auch da rückte mir die Bank auf die Pelle. Mit jeder neuen Verantwortung kam vor allem eines dazu – mehr Verbindlichkeiten und mehr Stress. Das Hamsterrad schien kein Ende zu nehmen. Ich fühlte mich gefangen in einem System, das immer mehr von mir abverlangte. Dadurch stieg die Angst in mir. Was wäre, wenn in den Bäckereien irgendetwas schief lief? Dann wäre mein gesamtes Privatvermögen in Gefahr, dann wäre wirklich alles weg. Von heute auf morgen. In zehn Jahren aufgebaut, in einem halben Jahr verschwunden."

Stefan nickt verständnisvoll. Es hat sich bei Tom doch einiges mehr geändert, als er gewusst hat! Wie stark sich Tom von seiner Firma überfordert fühlte, wird ihm erst jetzt so richtig klar. Tom sinkt in sich zusammen, seufzt tief und für einen Moment ist er nicht mehr der energetische Tom, den es kaum an Ort und Stelle hält, sondern wirkt wie ein hageres Gespenst seiner Selbst.

„Ich hatte das Gefühl, ich hing an den Fesseln meiner eigenen Erfolge fest. Ich fragte mich: Wozu das Ganze überhaupt? Ich konnte diese Frage immer seltener beantworten. Es war wie ein Käfig, aus dem es scheinbar keinen Ausweg gab. Dann wurde das Bild erstmal noch einmal um einiges schwärzer, als ich diesen selbsternannten Steuer-Guru traf, der meine Situation schamlos ausnutzte. In dieser Phase griff ich wirklich nach jedem Strohhalm. Das Blatt wendete sich erst, als ich Zacharias traf. Er öffnete mir endlich die Tür zu einer neuen Denkweise."

Tom schiebt sich eine Ravioli in den Mund und fährt anschließend fort:

„Zacharias hat mir erstens mit dem Unternehmer-Schnelltest die Augen geöffnet und zweitens hat er auch ein höchst interessantes Konzept entworfen. Die ITHAKA-Strategie, um die es auch vorhin im Seminar ging. Mit dieser Strategie hat er mir geholfen, unternehmerische und private Leichtigkeit zu erreichen – durch Steueroptimierung und -gestaltung. Diese ITHAKA-Strategie hat er nach der Heimat von Odysseus benannt, dem griechischen Sagenhelden. Ich darf dein Geschichtswissen etwas auffrischen: Odysseus wurde auf Ithaka geboren und kämpfte in den Trojanischen Kriegen. Das Trojanische Pferd war seine Idee."

„Klar, ich weiß. Aber war nicht Odysseus auch der tragische Held, der sich verfuhr, als er siegreich heimkehren wollte? Der musste doch eine Reihe von Abenteuern bestehen, bevor er wieder in seiner Heimat landete, oder?"

„Genau, daher kommt das Wort Odyssee. Nach dem Trojanischen Sieg stach er mit zwölf Schiffen und Hunderten Männern in See. Das war eine wahre Irrfahrt. Von Zyklopen, denen Odysseus das Auge aussticht, damit sie nicht gefressen werden, über Zauberinnen, die sich in Odysseus verlieben. Nicht zu vergessen die Sirenen, denen sie nur entkommen, weil sie sich Wachs in die Ohren drücken. Im Laufe seiner Reise verliert er all seine Männer an sechsköpfige Ungeheuer, Stürme und kriegerische Auseinandersetzungen.

Dieser Odysseus muss schon ein Teufelskerl gewesen sein. Und letzten Endes kam er an, wenn auch alleine und ohne seine Schiffe."

„Und was hat das mit dir, Steuern und deinem Unternehmen zu tun?"

„Ich fühlte mich selbst wie auf einer Odyssee. Ein beschwerliches Unterfangen, das mich immer weiter von dem entfernte, was ich mir für mein Unternehmerleben vorgestellt hatte. Statt selbstbestimmt zu handeln, fühlte ich mich ferngesteuert von all den Forderungen, die von allen Seiten ständig auf mich einprasselten. Von meinen Mitarbeitern, vom Finanzamt, von der Bank und auch von meiner Partnerin und meinen Freunden. Nicht zu vergessen mein damaliger Steuerberater und meine Kunden, die ja auch ständig irgendetwas von mir wollten. Ich konnte immer nur kleine Kämpfe gewinnen, auf einer Insel hier und dort, doch letzten Endes blieb ich verloren. Ich hatte kein klares Bild vor Augen, wo meine Reise mich eigentlich hinführen sollte. Ich besaß weder einen Reiseführer noch einen inneren Kompass."

Stefan lauscht interessiert. Ihre Unternehmerleben mit der Irrfahrt eines griechischen Sagenhelden gleichzusetzen, erscheint ihm doch etwas anmaßend, aber er versteht die Metapher.

„Don Quichote und sein Kampf gegen die Windmühlen wäre auch ein treffender Vergleich", denkt er. Wofür kämpft er denn eigentlich? Wohin führt seine Reise? Er hat schon lange nicht mehr die Zeit gehabt, über diese Fragen im Detail nachzudenken. Erst einmal führt ihn seine Reise zu einem weiteren Bissen Auberginen-Pasta.

„Zacharias hat mir geholfen, diese Odyssee zu beenden. Er hat sich mein Unternehmen gemeinsam mit mir angeschaut. Wir sind wirklich alle Bereiche durchgegangen und haben auch meine privaten Ausgaben und Einkünfte durchleuchtet. Ich hielt privat und geschäftlich immer strikt getrennt, für Zacharias gehört das aber zusammen. Da tauchten Zahlungsströme auf, die ich teilweise selbst nicht mehr verstand. Ich besaß zwar einen gewissen Überblick – ich habe ja auch immer alle fälligen Zahlungen rechtzeitig beglichen – aber mir war nie klar gewesen, an welcher Stelle Geld aus meinem Unternehmen fließt, an wen und in welcher Höhe. An welcher Stelle sich meine Immobilien in das Gesamtkonstrukt einfügen. Wie alles ineinander greift. Auf einmal hatte ich es schwarz auf weiß. Das war der erste Schritt. Wollen wir uns einen Espresso gönnen?"

Stefan wirft einen kurzen Blick auf sein Handy, um die Uhrzeit zu überprüfen.

„Klar, wie immer", willigt er ein und versucht dabei, nicht zu gehetzt zu wirken, aber er muss langsam ins Büro zurück. Seine Mitarbeiter wundern sich bestimmt schon, wo er so lange bleibt. Unterdessen setzt Tom seine Erzählung fort:

„Das klingt jetzt vielleicht etwas abgedroschen und du weißt, dass ich mir nichts aus Floskeln mache, aber nach den Gesprächen mit Zacharias fiel es mir wirklich wie Schuppen von den Augen: Gewisse Dinge kann ich nicht ändern, ich muss gewisse Zahlungen leisten, die Bank oder das Finanzamt werden sich nicht in Luft auflösen. Heißt: Natürlich zahle ich Steuern auf meine Gewinne, natürlich muss ich für meine Immobilien Zins und Tilgung begleichen. Aber ich kann viel freier bestimmen, als ich dachte, wann ich all diese Zahlungen begleiche und vor allem in welcher Höhe sie fällig werden. In dem ich ein Unternehmenskonstrukt wähle, das auf mich und meine Gegebenheiten abgestimmt ist. Eine Unternehmensstruktur, die mir mehr Gestaltungsraum bietet. Da gibt es so viele Stellschrauben, derer ich mir vorher gar nicht bewusst war. Um bei den Griechen zu bleiben, schon Aristoteles hat gesagt: ‚Wir können den Wind nicht ändern, aber die Segel anders setzen.' Und gefühlt hat mit der ITHAKA-Strategie von Zacharias meine Odyssee ein glückliches Ende genommen. Ich weiß jetzt, wo mein Unternehmen hinsegelt. Die Strategie ist sozusagen mein persönlicher Reiseführer, mein Lebensbegleiter. Das hat mir schon einmal ein unglaubliches Gefühl der Ruhe gegeben. Gemeinsam haben wir sie dann umgesetzt. Und die ein oder andere Segelreise mit weiteren ITHAKA-Kunden unternommen, so wie die, die in einer guten Woche ansteht."

Stefan blickt nun zum dritten Mal, seit der Espresso gekommen ist, auf die Uhr. Das entgeht Tom natürlich nicht. „So, ich sehe, dass du unruhig wirst. Ich wollte dir ohnehin nur einen kleinen Einblick geben, damit du verstehst, dass ich nicht irgendeiner Sekte beigetreten bin, sondern mehr mein Unternehmen auf Vordermann gebracht habe. Und du könntest das auch, deshalb habe ich dich zu diesem Seminar geschleppt. Denn ich denke, dass du gefährlich nahe dran bist, dich im Unternehmensstrudel zu verlieren. So wie ich."

Stefan ist gleichzeitig gerührt und pikiert. Er schätzt Toms Fürsorge, will jedoch nicht als Opfer gesehen werden. Er hat sein Unternehmerleben bewusst so gewählt, wie es nun einmal aussieht. Er hat seine Gründe. Andererseits ist Tom einer der wenigen Menschen, denen er keine bösen Absichten unterstellen kann. Er wird sich das Ganze durch den Kopf gehen lassen. Für heute hat er sich genug mit Steuern befasst. Wenn Herr Drachenstein wüsste, dass er bereits einen ganzen Vormittag damit verbracht hat! Nun gibt es wirklich auch jede Menge anderer Dinge, um die er sich kümmern muss.

Sie zahlen, versprechen Luigi bald wieder zu kommen und machen sich auf den Weg. Stefan will all die neuen Eindrücke erst einmal sacken lassen. Für einen Vormittag ist es erst einmal genug griechisches Gerede gewesen. Es gibt schließlich auch noch andere wichtige Dinge zu besprechen! Also plaudern sie auf dem Rückweg über die letzten Spielergebnisse ihres Lieblingsvereins und verabschieden sich mit dem Versprechen, bis zum nächsten Wiedersehen nicht ganz so viel Zeit verstreichen zu lassen. Sie haben auch ausgemacht, dass sie beim nächsten Treffen Stefans Ergebnis im TEMP®-Unternehmertest besprechen werden. Tom war so hartnäckig, dass Stefan ihm am Ende hoch und heilig versprochen hat, diese zehn Minuten zu investieren.

Deine Chance zur Veränderung

Zurück im Büro schwappt wie gewohnt eine Welle an E-Mails über ihn hinweg. Alle Steuerthemen rücken erst einmal in eine angenehme Ferne. Zugegebenermaßen genießt er dieses Gefühl, von seinen Verpflichtungen hinweggespült zu werden, er kann sich darauf verlassen, dass im Betrieb immer viel los ist. Allein das rasche Klackern seiner Finger auf der Tastatur gibt ihm ein immenses Gefühl der Befriedigung.

Nachdem er den Vormittag weg war, vergeht der Nachmittag im Handumdrehen. Er führt einige Telefonate mit Kunden und mit seinem leitenden Monteur Herrn Arnulf, der ihn über den Fortschritt der Installationsprojekte des Tages auf den neuesten Stand bringt. Alles scheint so weit in geordneten Bahnen zu verlaufen. Lediglich bei einem Projekt hat sich eine Verzögerung ergeben, weil der Rohbau noch nicht weit genug fortgeschritten ist. Stefan passt den Plan entsprechend an. Anschließend setzt er sich mit seiner Assistentin Angelina zusammen, da sie um ein paar Minuten seiner Zeit gebeten hat. Angelina ist die einzige Mitarbeiterin, mit der er sich duzt. Aber auch nur, wenn sie unter sich sind. Das ist einfacher so, immerhin ist sie seine häufigste Ansprechperson.

Angelina ist sein Fels in der Brandung. Ihr Lächeln verrutschte nicht einmal, als vor ein paar Monaten wenige Kilometer vor ihrer Einfahrt ein LKW mit einer Lieferung für sie wegen eines Rehs eine Vollbremsung hinlegte und trotz umfassender Verpackung einige Duschwannen Sprünge erlitten, weil ein paar Gurte nicht hielten. Angelina hatte in aller Ruhe vorgeschlagen, ein paar zusätzliche Mitarbeiter ins Lager zu beordern. In Windeseile hatten sie geklärt, welche Duschwanne sie abnehmen konnten und welche nicht. Und das ist nur eines von vielen Beispielen. In schwachen Momenten denkt er, er müsste Angst um seinen Posten haben, wenn die Firma ihm nicht selbst gehören würde – sie ist so kompetent und lernt so schnell, dass sie vermutlich innerhalb kürzester Zeit für ihn einspringen könnte. Zum Glück scheint ihr ihre jetzige Rolle zu genügen.

Angelina klopft und tritt in sein Büro. Wie immer begrüßt sie ihn mit einem freundlichen Lächeln.

„Hallo Stefan, ich hoffe, dein Tag verläuft bisher reibungslos?“

„Danke Angelina, alles im grünen Bereich“, antwortet er und nimmt einen Schluck von dem Kaffee, den sie ihm freundlicherweise mitgebracht hat. Sie weiß genau, wie viel Milchschaum er um diese Zeit am Nachmittag bevorzugt.

„Du hattest mich um ein Treffen gebeten?"

„Ja, genau. Ich wollte mit dir über die Messe in Hamburg sprechen. Du hattest vorgeschlagen, dass wir diesmal Duftbäume in Form eines Wassertropfens für die Besucher anbieten, die man sich ins Auto hängen kann. Ich dachte, wir könnten auch gleich welche für unsere Mitarbeiter gestalten."

„Eine gute Idee, das sollte preislich kaum einen Unterschied machen, wenn wir ein paar mehr bestellen. Was hatten wir denn als Design festgelegt?"

Angelina zeigt ihm ein paar Designvorschläge.

„Wir wollten das Firmenlogo und den Firmennamen aufdrucken, in den Firmenfarben natürlich. So wie letztes Jahr, ganz klassisch." Sie stockt kurz und fügt schnell hinzu: „Ich hatte mir überlegt, dass wir noch einen Slogan hinzufügen könnten. Ich hätte da auch schon ein paar Vorschläge."

„Schieß los."

„Zum Beispiel: ‚Ihr Bad als Oase der Entspannung – von uns installiert', ‚Unsere Installationen machen Badeträume wahr' oder ‚Mit uns wird Ihr Bad zum Wohlfühlparadies.' Unsere Zusammenarbeit mit der „Wellnessoase" hat mich auf diese Idee gebracht. Schließlich wolltest du, dass wir uns in Zukunft mehr auf solche Kunden spezialisieren. Ich habe eine Liste mit zehn weiteren Vorschlägen vorbereitet."

Sie legt ihm ein ausgedrucktes Blatt Papier auf den Tisch, das er kurz überfliegt. Das sind alles gute Vorschläge, wie üblich. Er stimmt ihr zu, dass „Ihr Bad als Oase der Entspannung – von uns installiert" einen guten Klang hat und ihr Unternehmen gut widerspiegelt. Die anderen Vorschläge sind nicht schlecht, aber dieser Slogan ist der passendste. Er tut so, als ob er kurz überlegt. Normalerweise stimmt er ihren Vorschlägen letztendlich immer zu, weil sie gut sind. Aber er kann sie ja nicht wissen lassen, dass er gewissermaßen bei allem zustimmen würde. Sonst denkt sie noch, sie hätte das Ruder in der Hand. Andererseits ist der exakte Slogan für die Duftbäume nun wirklich nicht von großer Tragweite. Und hat Tom nicht vorgeschlagen, dass er seine Mitarbeiter mehr entscheiden lassen soll? Das ist doch eine hervorragende Gelegenheit für Angelina, mehr Verantwortung zu übernehmen.

„Das sollten wir auf jeden Fall machen mit dem Slogan. Ich schaue mir das an", sagt er. „Gibt es sonst noch etwas, das wir besprechen sollten?"

„Das war alles", sagt Angelina und erhebt sich aus ihrem Stuhl. Sie ist schon beinahe aus der Tür, als er noch hinzufügt: „Danke für deine kreativen Vorschläge, das sind wirklich tolle Sprüche."

Sie schenkt ihm ein noch breiteres Lächeln und entschwindet mit einem „Vielen Dank" aus dem Büro. Nun kann er Tom verkünden, dass er seine

Vorschläge bereits umsetzt und seine Mitarbeiter für ihre Eigeninitiative lobt. Er hofft nur, dass Angelina das Lob nicht zu Kopf steigt.

Nachdem Angelina sein Büro verlassen hat, schaut er auf seine Uhr. Stimmt, es ist bereits kurz vor Feierabend. Zumindest für seine Mitarbeiter. Er ist ja kein Unmensch, er kann nicht erwarten, dass sie nach offiziellem Arbeitsschluss noch so lange bleiben wie er. Es warten noch eine Handvoll unbeantworteter E-Mails und eine Überprüfung des „Wellnessoasen"-Projekts auf ihn. Allesamt nicht von großer Bedeutung, schließlich sind seine Kunden und Lieferanten ebenfalls bereits nach Hause gegangen. Er ertappt sich dabei, dass er sich vorstellt, auch schon Feierabend zu machen. Seine Frau würde sich freuen, dann könnten sie sich gemeinsam für das Abendessen bei Freunden heute Abend fertig machen. Die E-Mails könnte er auch am Wochenende abarbeiten, während seine Frau beim Yoga ist. Es würde wirklich niemand merken, wenn er jetzt nach Hause ginge. Alle anderen sind schon in den Feierabend entschwunden. Andererseits verstößt es gegen seine Prinzipien, E-Mails länger als ein paar Stunden liegen zu lassen. Als Angestellter könnte er sich das vielleicht leisten.

„Angestellte gehen nach Hause, wenn die Uhr Fünf zeigt. Unternehmer gehen nach Hause, wenn die Arbeit erledigt ist", hat ihm sein Vater stets eingebläut. Und es stimmt – nicht er entscheidet, wann er nach Hause gehen kann, sondern sein Arbeitspensum. Und es sind nun einmal noch E-Mails zu beantworten. Lieber kümmert er sich jetzt darum. Er ringt noch kurz mit sich, dann wendet er sich wieder seinem Computer zu. Immerhin ist es im Bürogebäude nun angenehm ruhig und er kann sich ohne Unterbrechung seiner Arbeit widmen, bis Anna anruft und ihn an ihre Abendpläne erinnert. Die „Wellnessoase" muss dann wohl bis Sonntag warten. In Windeseile packt er seine Sachen zusammen und verlässt beschwingten Schrittes sein Büro. Es gibt ihm schon auch ein gewisses Glücksgefühl, das Maximum aus diesem Arbeitsnachmittag herausgeholt zu haben. Niemand anderes hat in diesen Stunden so viel erreicht wie er.

Der Deutsche tut alles, um Steuern zu sparen

Es war wirklich ein schöner Abend mit Max und Emma, einem befreundeten Zahnärzte-Ehepaar, bei dem die ganze Familie ihre Zahnarzttermine absolviert. Die beiden sind mittlerweile langjährige Freunde der Familie. Während Anna und Stefan am darauffolgenden Morgen noch im Bett liegen, lassen sie den Abend Revue passieren. Für eine Zeit lang war Stefan mit seinem Kopf in einer ganz anderen Welt, während er und Anna den neuesten Geschichten aus dem Zahnarztalltag lauschten. Als Emma sich nach einem Update aus seinem Arbeitsleben erkundigte, wollte er zunächst gar nicht über den Betrieb reden. Er denkt ohnehin kaum an etwas anders. Er war ganz glücklich, einmal nichts mit der Arbeit am Hut zu haben. Andererseits schätzt er natürlich das Interesse seiner Freunde. Also schmückte er aus, was für ein großartiges Projekt sie mit der „Wellnessoase" gerade umsetzten und welche tolle Spa-Ausstattung sie sich dafür überlegt hatten. Jetzt freut er sich darauf, gemächlich in den Tag zu starten. Er hatte schließlich schon die ganze Woche über Trubel.

Um zwei Uhr nachmittags stehen sie wie üblich bei seinen Eltern vor der Tür, wie jeden Samstag. Der Geruch von frisch gebackenem Kuchen begrüßt sie, als sein Vater ihnen die Tür öffnet. Seine Mutter gesellt sich zu den Kindern in den Garten, die ihr auf dem Schaukelgerüst etwas vorturnen. Stefan und sein Vater setzen sich unter den Sonnenschirm auf die Terrasse. Bei einer Tasse Kaffee besprechen sie den Fortschritt des Familienunternehmens. Es ist eine samstägliche Tradition, die Stefan meistens schätzt und manchmal hasst. Sein alter Herr tat sich schwer damit, aus dem Betrieb auszusteigen, auch wenn seine Gesundheit ihm letzten Endes keine andere Wahl ließ; es wuchs ihm einfach über den Kopf. Es dauerte auch ein paar Jahre, bis er sich von seinem anstrengenden Arbeitsalltag wieder erholte. Mittlerweile ist er erstaunlich entspannt und ruhiger, als Stefan ihn vorher je erlebt hat. Ganz kann er aber nicht die Finger von seinem Unternehmen lassen, seinem Baby, das er auch weiterhin als seines erachtet. Praktischerweise hatte er für seinen einzigen Sohn seinen eigenen Namen gewählt, sodass das Unternehmen nicht einmal umbenannt werden musste, als Stefan es übernahm. So können sie sich beide weiter als Eigentümer fühlen. In ihren Gesprächen schwankt Stefans Meinung zwischen Dankbarkeit für die wertvollen Ratschläge seines Vaters und dem Drang, seinen eigenen Weg zu gehen. Sein Vater ist nun einmal gute dreißig Jahre älter als er und hat zu vielen Themen andere Vorstellungen. Die Diskussionen drehen sich oft um die richtige Strategie, das Unternehmen weiterzuentwickeln, um mit den Herausforderungen der modernen Geschäftswelt Schritt zu halten. Es ist ein Ringen zwischen Generationen, während der Duft von Kuchen in der Luft liegt und die Zeit langsamer vergeht.

Manche Dinge ändern sich aber auch nie in der Geschäftswelt und Stefan schätzt es, mit seinem Vater einen Gesprächspartner zu haben, der den Betrieb so gut kennt wie er selbst. Die samstäglichen Gespräche erinnern Stefan auch an die Wurzeln seines Unternehmens und daran, wie weit er gekommen ist.

Stefan ist sich nicht sicher, ob er seinem Vater von Zacharias Seminar erzählen soll, er versteht ja nicht einmal selbst genau, was er dort erfahren hat. Gleichzeitig will er einen wichtigen Schritt wie eine Veränderung der Struktur seines Betriebes ohne ein Gespräch mit seinem Vater nicht in Betracht ziehen, ansonsten würde der Familienfrieden für lange Zeit schief hängen. Er beschließt, sich langsam an das Thema heranzutasten.

„Ich habe mich diese Woche mit Tom über sein Unternehmen und unser Unternehmen unterhalten. Tom hat in seinem Betrieb einiges umgestellt und dadurch unter anderem ein erhebliches Steuersparpotenzial aufgedeckt. Daher dachte ich, dass es vielleicht Zeit wäre, dass wir uns mit dem Thema einmal genauer beschäftigen. Es könnte neue Möglichkeiten geben, von denen wir noch nichts wissen. Ich weiß, wir tun bereits einiges, um Steuern zu sparen: Wir schreiben unsere Fahrzeuge und Werkzeuge ab, auch die neuen Computer und die Lagereinrichtungen. Aber das sind doch alles nur Kleinigkeiten."

„Im Laufe der Zeit kommt da einiges zusammen", wirft sein Vater ein. „Wer den Pfennig nicht ehrt ..." „... ist den Taler nicht wert", beendet Stefan den Satz. „Natürlich, da stimme ich dir zu. Abschreibungen sind Standard und ich bin mir sicher, dass Herr Vogel sich damit bestens auskennt."

„Genau, da sind wir bestens aufgestellt mit Herrn Vogel, schließlich kennt er unser Unternehmen schon seit Jahren. Und es war seine Idee, für dich privat zusätzlich eine Rürup-Rente einzurichten. Mit der erhältst du doch zusätzliche Steuerminderungen, oder nicht? Das Höchste der Gefühle in Sachen Steueroptimierung, wenn du mich fragst."

Stefan überlegt einen Moment. Wie erklärt er das am besten seinem Vater? Er hat bisher vor allem Tom als Anhaltspunkt dafür, dass sie bisher wohl einige Einsparmöglichkeiten ungenutzt lassen.

„Ja, das stimmt. Aber vielleicht gibt es noch weitere Möglichkeiten, von denen wir profitieren könnten. Toms Erfahrungen haben mich über unsere bisherige Herangehensweise nachdenken lassen. Es wäre doch schade, wenn wir Chancen ungenutzt lassen würden, nicht wahr? Herr Vogel ist mittlerweile in fortgeschrittenem Alter, bist du dir sicher, dass er auf dem neuesten Stand ist, was Steueroptimierung und -gestaltung angeht?"

So, jetzt hat er es gesagt. Mal schauen, wie sein Vater reagiert. Er sieht ihm die Überraschung an.

„Ein anderer Steuerberater wird dir auch nichts anderes erzählen, nur kennt er das Unternehmen weniger gut. Ich empfand es stets als Vorteil, mit dem Finanzamt so wenig wie möglich zu interagieren, und das Gleiche würde ich dir auch empfehlen. Wenn das Unternehmen weiterhin wächst wie in den letzten Jahren, musst du dir doch keine Sorgen um Steuern machen! Die wachsen nun mal mit. Aber am Ende bleibt auch mehr für dich und die Firma übrig."

Damit ist erst einmal das letzte Wort gesagt. Er will seinen Vater nicht unnötig aufregen, er hat ohnehin einen viel zu hohen Blutdruck. Das liegt in der Familie. Die beiden Männer sitzen auf der Terrasse, ihre Tassen Kaffee vor sich und schauen in den Garten. Stefan muss sich definitiv noch besser informieren, um seinen Vater bei ihrem nächsten Treffen mit handfesten Vorschlägen zu konfrontieren. Er beschließt, das Thema zunächst für sich zu behalten und seinen Vater erst wieder darauf anzusprechen, wenn er es selbst durchstiegen hat. Er schwenkt über zum Thema der „Wellnessoase" und bringt seinen Vater auf den neuesten Stand.

Verantwortung abgeben

Der Samstagabend bietet eine seltene Gelegenheit für Zweisamkeit. Die Kinder lassen sie bei den Großeltern und Stefan und seine Frau haben Zeit für sich allein. Sie gönnen sich ein ruhiges Abendessen auf der immer noch angenehm warmen Terrasse. Während des Essens plätschert das Gespräch entspannt, aber oberflächlich dahin, bis Anna ihn mit forschendem Blick anschaut:

„Was beschäftigt dich, Stefan? Hat es mit diesem Steuerseminar am Freitag zu tun?“

Er weicht ihrem Blick aus und sieht verlegen zu Boden. Wie hat sie bemerkt, dass er gedanklich abwesend ist? Natürlich hat er ihr von der Steuersache erzählen wollen. Nur nicht am Wochenende, wenn er versucht, abzuschalten. Er seufzt leise und entscheidet sich, offen zu sein. Er berichtet ihr von dem Seminar, dem Gespräch mit Tom, dessen Leidensgeschichte und dass er das Unternehmen möglicherweise aus steuerlicher Sicht komplett umstrukturieren könnte, um potenziell mehr Gewinn zu erzielen. Auch dass Tom übernächste Woche schon wieder in den Urlaub fährt, verschweigt er nicht und ihre Augen weiten sich. Erkennt er da Neid oder Sehnsucht in den Augen seiner Frau? Er endet mit dem Gespräch mit seinem Vater auf der Terrasse und dass er keine Ahnung hat, wie genau er den Betrieb umstrukturieren sollte.

„Vielleicht schaffe ich es von der „Wellnessoase“ in die Steueroase“, meint er halb scherzend, halb ernst. Zaghaft fügt er hinzu, dass Tom ihm auch nahegelegt hat, sich aus dem operativen Teil des Betriebes mehr herauszuziehen.

„Das klingt alles sehr interessant“, kommentiert Anna seinen Bericht überraschenderweise. „Wenn Tom das schon umgesetzt hat und mittlerweile auf den Kanaren überwintert, solltest du das definitiv weiter verfolgen. Ich bin vor allem froh, dass Tom angesprochen hat, wie viele Stunden du im Büro verbringst. Nicht nur körperlich, sondern vor allem auch gedanklich. Ich habe schon lange das Gefühl, dass du dich mehr an dein Unternehmen klammerst, als es eigentlich notwendig wäre. Du hast ihm die letzten zehn Jahre wirklich alles gegeben, sodass ich mich schon gefragt habe, ob ich nicht nur mit dir, sondern auch mit deinem Betrieb verheiratet bin. Na klar, du bist Unternehmer und trägst die Verantwortung für den Familienbetrieb, das verstehe ich. Darauf habe ich mich bewusst eingelassen, als wir geheiratet haben. Aber mittlerweile sind zehn Jahre vergangen, wir haben zwei Kinder und die fragen mich immer häufiger, wo Papa eigentlich ist. Neulich hat Mareike verkündet, dass sie lieber reisen will, als nach der Schule zu arbeiten. Weil du immer so erschöpft aussiehst, wenn du spät abends nach Hause kommst. Auch ich sehne mich nach mehr Zeit mit dir. Zeit, in der du nicht nur physisch, sondern auch mental anwesend bist.“

Er will sich rechtfertigen und sagen, dass er doch fast immer rechtzeitig zum Abendessen daheim ist, öfter zumindest als sein Vater, doch sie lässt ihn zunächst nicht zu Wort kommen.

„Wir haben schon so oft darüber geredet. Ich habe alle deine Erklärungen schon gehört. Ich weiß, dass dir der Betrieb sehr wichtig ist, und ich unterstütze das. Aber gleichzeitig frage ich mich, ob du nicht auch die Arbeit vorschiebst, um dich nicht mit dir selbst befassen zu müssen. Mit dem, was du eigentlich willst. Außerhalb der Arbeit. Ich glaube, die Arbeit gaukelt dir eine Sicherheit vor, die du dort einfacher bekommst als anderswo. Und ich glaube, dass diese Sicherheit trügerisch ist. Denn was wäre, wenn der Betrieb irgendwann doch den Bach runtergeht? Was bliebe von deinem Selbstwertgefühl dann noch übrig? Wäre es vielleicht nicht sogar schön, den Betrieb irgendwann zu verkaufen, sodass wir früher in Rente gehen können? Anstatt wie dein Vater auch im Ruhestand nicht loslassen zu können? Auch ich liebe meinen Job, aber unsere Partnerschaft und unsere Familie haben für mich Priorität. Und ich möchte mit dir gemeinsam alt werden. Aktuell bist du vor allem dauergestresst – wie lange soll das noch so weitergehen? Wie lange sollen unsere Kinder noch ohne ihren Vater aufwachsen? Mareike ist seit diesem Jahr in der Schule. Weißt du überhaupt, welche Fächer ihre Lieblingsfächer sind?“

Stefan ist von der Wendung des Gesprächs überfordert. Dass Anna solche Geschütze ins Feld führen könnte, hätte er nicht im Traum gedacht. Doch er will sich keine Blöße geben, noch nicht, also überlegt er kurz. Wahrscheinlich mag Mareike dieselben Fächer, die auch seine Lieblingsfächer gewesen sind.

„Mathe und Sport?“

Anna zieht einen Mundwinkel hoch, aber ihre Augen strahlen keine Erheiterung aus.

„Deutsch und Sachkunde.“

Ertappt. Er sollte öfter mal nach der Schule fragen. Mareike ist aber auch erst seit ein paar Monaten in der Schule! Er hat noch gar keine Zeit gehabt, sich damit zu befassen. Sie wird ja auch noch einige Jahre zur Schule gehen, da hat er schon noch die Gelegenheit, aufzuholen. Während er sich noch in Gedanken vor sich selbst rechtfertigt, holt Anna zum zweiten Schlag aus.

„Die Kinder und ich sind das eine Thema, deine Gesundheit das andere. Du genießt dein Essen nicht, du schlingst es leidenschaftslos herunter. Und wann hast du das letzte Mal unter der Woche für uns gekocht? Meistens gibt es mitgebrachtes Essen, wenn ich dich bitte, das Abendessen zu organisieren.“

Er versucht, sich zu erinnern und kommt nicht darauf, wann er das letzte Mal unter der Woche in der Küche gestanden hat. Die Tage verschwimmen in seiner Erinnerung. An das letzte Mal Take-Away erinnert er sich, das muss indisch gewesen sein. Das Naanbrot ist so lecker bei seinem Lieblingsinder, das kann er doch ohnehin nicht nachkochen! Bei den anderen Punkten muss er seiner Frau allerdings recht geben. Doch Anna ist noch immer nicht fertig, sie redet sich vielmehr in Schwung.

„Du arbeitest jedes Wochenende. Du schleichst dich in der Früh aus dem Bett, um zu arbeiten, und denkst, ich merke es nicht."

Er zuckt zusammen. Das hat er wirklich nicht geahnt, dass er sie in der Früh aufweckt. Anna scheint nun erschöpft von ihrem eigenen Gefühlsausbruch.

„Früher habe ich das ja verstanden, dass du so viel arbeiten musstest. Aber heute verstehe ich es nicht mehr. Aus deinen Erzählungen scheint es, als wenn du größtenteils kompetente Mitarbeiter hast und Tom hat meiner Meinung nach voll ins Schwarze getroffen. Warum musst du noch alles selbst machen? Warum musst du ständig vor Ort sein? Wovor hast du so viel Angst? Kannst du mir und der Familie zuliebe die Firma nicht einmal Firma sein lassen, zumindest wenn du daheim bist?"

Das ist ganz schön harter Tobak. Stefan hasst das Gefühl, von anderen gemaßregelt zu werden. Erst Tom, jetzt Anna. Alle hacken sie auf ihm herum. Er weiß doch stets, warum er die Dinge so erledigt, wie er es tut. Nur weiß er nun tatsächlich nicht mehr, ob er auf dem richtigen Weg ist. Wenn sowohl sein ältester Freund als auch seine Frau dieselbe Kritik äußern, kann er das nicht einfach so stehen lassen. Er versucht, die Dinge gerade zu rücken, und nimmt die Hand seiner Frau.

„Anna, ich weiß, dass es für dich und die Kinder oft nicht leicht ist, dass ich so viel mit der Arbeit beschäftigt bin. Es tut mir leid, dass ich nicht oft genug für dich und die Mädels da bin."

Ihre Gesichtszüge bleiben hart. „Ich bin froh, dass du immerhin Verständnis für meine Situation hast, aber das reicht nicht. Ändere etwas!"

Dann muss Stefan wohl noch einen drauflegen. „Vielleicht habe ich es in letzter Zeit wirklich zu weit getrieben mit der Arbeit. Ich weiß manchmal selbst nicht, wie mir geschieht. Der Betrieb ist wie ein Teil von mir und der Gedanke, diesen Teil mehr an meine Mitarbeiter auszulagern, macht mir Angst."

So, jetzt hat er es gesagt. Während er die Worte wirken lässt, spürt er die Erleichterung, seine Gefühle offenbart zu haben. Anna scheint das Thema wirklich wichtig zu sein. Sie ist immer noch ganz schön aufgebracht.

„Ja, du hast es wirklich zu weit getrieben. Aber nicht nur in letzter Zeit, sondern die letzten zehn Jahre. Seit du den Betrieb übernommen hast, bist du eine anderer Mensch geworden. Ich möchte meinen alten Stefan zurück. Den Stefan, der Windsurfen gegangen ist und am Wochenende gegrillt und alle eingeladen hat. Der ein perfekter Gastgeber war und immer einen flotten

Spruch auf den Lippen hatte. Kümmere dich endlich darum, dass sich etwas ändert. Ich meine es ernst. Du kannst ja klein anfangen, zum Beispiel kannst du am Montag mit mir und den Mädels am See picknicken gehen. Wir möchten um vier Uhr am See sein, das heißt, du musst um Punkt drei Uhr Schluss machen im Büro. Kriegst du das hin? Du wirst sehen, dass deswegen der Betrieb nicht gleich den Bach runtergeht. Und unsere Familie hat das dringend nötig, wir sind nämlich vier Familienmitglieder und nicht nur drei."

„In Ordnung, wenn dich das glücklich macht. Montag komme ich pünktlich nach Hause. Und am Mittwoch mache ich Lasagne zum Abendessen, wie du sie am liebsten magst."

Damit kann er sie hoffentlich besänftigen. Lasagne zieht normalerweise immer. Mit diesem Versprechen kann er ihr immerhin das erste Lächeln abgewinnen. Sie scheint ihrem Glück noch nicht ganz zu trauen.

„Das Angebot nehme ich gerne an. Und nur damit du es weißt, es geht nicht nur darum, mich glücklich zu machen. Es geht vor allem auch darum, dass du zufriedener mit dir selbst und deinem Leben wirst."

Dem hat er nichts mehr hinzuzufügen. Er weiß schon, warum er sie geheiratet hat. Oft erkennt sie Dinge, lange bevor er sie selbst realisiert. Er gibt ihr einen Kuss zur Besiegelung ihrer Vereinbarung. Irgendwie wird er den Montag schon überstehen. Er kann die Stunden, die er am Montagnachmittag am See verbringt, später am Abend nacharbeiten, wenn die Kinder schon schlafen, plant er schon mal voraus.

Den Rest des Abends verbringen sie in gelockerter Stimmung und er verspürt einen Anflug von Hoffnung in der Nacht. Es macht ihm Angst, größere Dinge in seinem Leben umstellen zu müssen. Aber er musste ja nicht gleich alles über den Haufen werfen. Ein Familienpicknick und eine Lasagne am Mittwoch sind kleine Veränderungen, die er auch genießen könnte. Er hat ohnehin schon länger Lust auf Lasagne. Er kann sie beinahe riechen. Wie das duftet! Mit dieser Vorstellung schläft er zum ersten Mal seit langem im Handumdrehen ein.

Das restliche Wochenende verfliegt in Windeseile. Am Sonntag fährt die Familie gemeinsam zum Fußballspiel ihrer älteren Tochter. Der Jubel über den Sieg des Teams erfüllt die Luft und trägt sie bis nach Hause.

Am späten Sonntagnachmittag findet er schließlich noch ein wenig Zeit, um sich dem Projekt der „Wellnessoase" zu widmen, wozu er am Freitag ja nicht mehr gekommen ist. Seine Frau ist beim Yoga und seine Kinder sind bei den Nachbarn, sodass er seine Ruhe hat und auch nicht dabei ertappt wird, am Wochenende zu arbeiten. Er will sicherstellen, dass beim

Projekt der „Wellnessoase“ keine wichtigen Details übersehen werden und alles nach Plan verläuft. Mit einem Auge für Präzision und einem Gespür für das Gesamtbild überprüft er jeden Aspekt, um sicherzugehen, dass die Vision für die „Wellnessoase“ wahrhaftig umgesetzt wird. Nur schade, dass der Sonntagabend immer so schnell vergeht und der Wochenbeginn auch schon wieder ansteht. Da ist Annas leckere selbst belegte Pizza später am Abend nur ein kleiner Trost.

Leichtigkeit für Unternehmer

Die kommende Woche ist auf andere Weise stressig, als er es bisher gewohnt ist. Seine Frau hat ihm am Montagmorgen verkündet, dass sie ihn sicherheitshalber um Punkt drei Uhr von der Firma abholen wird, damit sie gemeinsam an den See fahren können zum Picknick mit den Kindern.

Da er weiß, dass er weniger Zeit zur Verfügung hat als sonst, fängt er mit den dringendsten Themen auf seiner Agenda an. Zunächst sorgt er dafür, dass alle Mitarbeiter, die am Projekt „Wellnessoase" beteiligt sind, genau wissen, was sie diese Woche zu erreichen haben. Normalerweise würde er das gesamte Team einberufen, aber das dauert zu lange. Also ruft er seinen leitenden Monteur Herrn Arnulf in sein Büro und vermittelt ihm, worauf es ankommt. Nachdem sie alle Punkte durchgegangen sind, weist er ihn an, die Informationen an den Rest des Teams weiterzugeben. Da kann er nur hoffen, dass Herr Arnulf keine wichtigen Details vergisst.

Anschließend ruft er die wichtigsten Kunden an, bei denen noch eine Entscheidung aussteht, inklusive des Hotelkunden, dem er am Freitag ein Angebot geschickt hat. Es klingt, als würde er den Auftrag voraussichtlich gewinnen, wenn er ein paar Anpassungen vornimmt. Anstatt das Angebot selbst zu überarbeiten, bittet er kurzerhand seinen Vertriebsleiter Herrn Thomas um einen Vorschlag. Eigentlich würde er ohnehin diesen Kunden übernehmen, aber der Kontakt ist über einen Freund von Stefan entstanden und er hat es sich nicht nehmen lassen, ihn persönlich anzusprechen. Das macht doch einen anderen Eindruck, wenn der Geschäftsführer selbst das Angebot schickt. Braucht der Kunde ja nicht zu wissen, wer das Angebot verfasst hat, solange er es von seiner E-Mail-Adresse verschickt.

Als er um drei Uhr nachmittags das Büro verlässt, hebt Angelina verwundert den Blick: „Arbeitest du den Rest des Tages von daheim, Stefan?"

„Nein, ich habe beschlossen, mir mehr Zeit für meine Familie zu nehmen."

Kann nicht schaden, wenn seine Mitarbeiter ihn für einen tugendhaften Chef halten. Er hat einmal eine Studie gelesen, dass das die Motivation der Mitarbeiter fördert, wenn sie ihren Chef für einen Familienmenschen halten, weil sie sich dann besser mit ihm identifizieren können. Auf dem Parkplatz nimmt ihn Anna strahlend in Empfang.

„Hätte nicht gedacht, dass du es wirklich pünktlich schaffst!", zieht sie ihn auf. Er erträgt es gönnerisch, schließlich hat er noch ein wenig Versöhnung zu leisten. Das Picknick wird familientechnisch ein voller Erfolg.

Am Mittwochabend ruft ihn Tom an, als er gerade die Lasagne in den Ofen schiebt.

„Hey Stefan, wie läuft's? Ich hoffe, alles ist in Ordnung bei dir? Hast du unsere Diskussionen letzte Woche schon etwas verarbeiten können?", scherzt er. „Und hast du den von mir angesprochenen TEMP®-Unternehmertest schon gemacht? Wahrscheinlich traust du dich nur nicht, mir von deiner schlechten Note zu berichten."

„Hey Tom, ja, alles im Griff hier. Den Schnelltest habe ich fest eingeplant. Tatsächlich habe ich ein paar Lehren aus unseren Gesprächen gezogen und probiere ein paar neue Dinge aus. Und bei dir?", gibt Stefan zurück.

„Gut, gut. Ich rufe wegen etwas ziemlich Spannendem an", verkündet Tom. „Ich hab doch von dem geplanten Segeltörn in Griechenland nächste Woche erzählt – hier kommt der Twist: Einer unserer Teilnehmer hat sich das Bein gebrochen und kann leider nicht mitkommen. Ich habe mich gefragt, ob du vielleicht Interesse hast, einzuspringen?"

Stefan weiß zunächst überhaupt nicht, was er sagen soll. Nächste Woche? Was denkt Tom denn, was er für ein Leben führt? Er ist doch kein Student ohne Verpflichtungen, der spontan nächste Woche in den Urlaub fahren kann. Es ist eine Sache, an einem Montagnachmittag früher Schluss zu machen, spontan nach Griechenland zum Segeln zu reisen, ist eine komplett andere. Er fühlt sich überrumpelt. Die Aussicht, auf einem Segelboot in Griechenland über die Wellen zu fliegen, ist natürlich verlockend. Aber er ist nun mal leider nicht Millionär, sondern Unternehmer. Seine Urlaube sind selten und von langer Hand geplant, um sicherzustellen, dass der Betrieb einigermaßen weiterläuft, auch in seiner Abwesenheit.

Als Stefan nichts sagt, fügt Tom hinzu:

„Die Ägäis ist einfach atemberaubend. Du könntest dir eine Auszeit gönnen, alles hinter dir lassen und einfach mal abschalten. Ich weiß, es ist wirklich kurzfristig, aber du kennst mich – ich bin ein Meister in Sachen Spontanität. An Bord sind ausschließlich höchst interessante Unternehmerfreunde, die dich mit ihren Geschichten sicher inspirieren werden. Zacharias ist auch dabei, wie du weißt. Das wäre deine Gelegenheit, in das Thema Steuern tiefer einzusteigen."

Stimmt, es wäre ja sozusagen ein Geschäftstreffen. Steuerlich absetzbar. Das rückt die Sache natürlich in ein anderes Licht. Er könnte sich diesen Zacharias vornehmen, um dem Gauner entweder auf die Schliche zu kommen oder von seiner Beratung zu profitieren.

„Das klingt echt verlockend. Aber nächste Woche? Das ist ja schon ziemlich kurzfristig. Ich kann doch nicht einfach mein Team im Regen stehen lassen", sagt Stefan schließlich. Spontanität ist nicht seine Stärke. Und spontan Urlaub nehmen schon gar nicht. Wenn er auf dem Boot Internetempfang hätte, wäre das vielleicht eine Möglichkeit. Tom hat natürlich auch dafür eine Lösung:

„Keine Sorgen, im Hafen hast du Internetempfang. Denk mal drüber nach. Du hast hart gearbeitet und dir eine Pause verdient. Und wer weiß, vielleicht bringt der Törn sogar frischen Wind in deine Gedanken, wie du dein Unternehmen strategisch weiterentwickeln kannst."

„Du hast sicher recht. Wollen und Können sind allerdings zwei unterschiedliche Paar Schuhe. Wollen würde ich natürlich. Ich muss das mit Anna besprechen und schauen, ob ich mir so kurzfristig freinehmen kann", versucht Stefan sich herauszureden, um nicht direkt eine Entscheidung treffen zu müssen.

„Klar, nimm dir die Zeit. Ich würde mich freuen, wenn du dabei wärst. Denk drüber nach und gib mir Bescheid, sobald du eine Entscheidung getroffen hast. Wir fliegen am Freitagnachmittag und ich habe schon sichergestellt, dass noch Tickets für unseren Flug buchbar sind."

Nach dem Abendessen setzt er sich mit seiner Frau in den Garten, um ihr den Vorschlag zu unterbreiten. Zugegebenermaßen ertappt er sich dabei, zu hoffen, dass sie ihm davon abrät. Dann könnte er einfach direkt absagen.

„Du, Schatz, ich hatte heute ein wirklich interessantes Telefonat mit Tom", beginnt Stefan vorsichtig. Seine Frau lächelt und nimmt einen Schluck Wein.

„Oh, wirklich? Hat er wieder irgendeine in deinen Augen verrückte Idee, die dich in Schwung bringt? Ich mag seine Vorschläge bisher sehr."

„Etwas verrückt ist sie sicherlich, auf jeden Fall spannend. Du erinnerst dich doch an diesen Segeltörn von Tom und seinen Freunden in Griechenland, von dem ich erzählt habe, oder?"

„Klar, das hast du erzählt. Ich freue mich für Tom, er sah neulich auch deutlich besser aus, als vor ein paar Jahren, als ich ihn das letzte Mal gesehen habe", nickt sie. Seine Frau hatte natürlich mitbekommen, dass es Tom nicht gut ging, nur er scheinbar nicht.

„Das stimmt", pflichtet Stefan ihr bei und holt tief Luft. „Hier ist die Sache: Einer der Teilnehmer hat sich das Bein gebrochen und kann nicht mitkommen. Tom hat mich gefragt, ob ich einspringen möchte."

Seine Frau hebt eine Augenbraue.

„Oh, das klingt nach einer aufregenden Gelegenheit. Ich nehme an, du würdest gerne mitsegeln, glaubst aber nicht, dass die Firma dich entbehren kann?"

Wie immer zieht sie blitzschnell ihre Schlüsse.

„Ja, das stimmt. Es wäre wirklich kurzfristig. So etwas habe ich noch nie gemacht. Und dazu kommt noch, dass ich dann natürlich dich und die Kinder für zwei ganze Wochen alleine lassen würde."

Sie beugt sich leicht vor und legt ihre Hand auf seine.

„Ich weiß, Liebling. Dass du am Montag zum ersten Mal seit langem vorzeitig Schluss gemacht hast, war wunderschön, ich habe das sehr genossen. Ich finde, dass du mitgehen solltest, und zwar aus zwei Gründen."

Mist, natürlich unterstützt sie ihn. Damit entfällt eine mögliche Ausrede, die er gegenüber Tom hätte aufbringen können.

„Wenn du glaubst, dass dieser Segeltörn dir dabei helfen könnte, etwas zu entspannen und neue Perspektiven für deine Herangehensweise an die Arbeit zu finden, dann sollte dich nichts davon abhalten. Du warst schon viel zu lange nicht mehr wirklich im Urlaub. Während unseres letzten Urlaubs hast du nicht nur hin und wieder deine E-Mails gecheckt, wie du das vorher angekündigt hattest, sondern täglich mehrere Stunden vor dem Bildschirm verbracht", fügt seine Frau eher resigniert als vorwurfsvoll hinzu. Er denkt kurz zurück, den letzten Urlaub haben sie in der Toskana verbracht. Das Timing war ungünstig, ein paar Wochen später stand eine Messe an und er hatte lieber einiges von Italien aus organisiert. Er hatte befürchtet, dass sie ansonsten zu spät dran gewesen wären mit dem Messestand. Wenn er ehrlich mit sich selbst ist, lag es nicht am Messestand. Wenn es nicht die anstehende Messe gewesen wäre, wäre es etwas anderes gewesen.

„Das ist der erste Grund", fährt Anna fort. „Der zweite Grund wird dich vielleicht überraschen. Montag hat sich anders angefühlt, aber das ist ja nicht der Normalzustand."

Er muss zugeben, dass er es genossen hatte, so viel Zeit mit seinen Töchtern zu verbringen. Am See haben sie Wettspringen veranstaltet. Und Lena hatte ihm freudestrahlend erklärt, dass sie froh sei, dass er sich von seiner „Arbeitskrankheit" endlich erholt habe. Den Begriff muss ihr Anna beigebracht haben. Anna fügt hinzu:

„Nimm es nicht zu hart, aber ich will das ganz offen sagen: Üblicherweise sind ich und die Mädels ohnehin relativ auf uns alleine gestellt im Alltag unter der Woche. Ob du also in Griechenland eine frische Brise genießt oder nach dem Abendessen aus dem Büro nach Hause kommst, macht für uns keinen so großen Unterschied."

Das muss er erst einmal schlucken. Ihre Worte überraschen ihn nicht, das ist nun einmal die Aufteilung, die sie gewählt haben. Er kümmert sich 200 Prozent um sein Unternehmen und sie hat einen Halbtagsjob in einer Buchhaltungsfirma, den sie gut mit dem Alltag der Kinder vereinbaren kann. Halb scherzhaft, halb ernst haben sie auch schon des Öfteren gesagt, dass Anna sich von Stefan anstellen lassen könnte, doch das ist ein anderes Thema. So wie sie das formuliert, klingt es doch so, als ob er sie im Stich lassen würde. Sie hat allerdings recht, so sehr er sich auch Ausreden in seinem Kopf zurücklegt, dass es doch eigentlich gar nicht so schlimm wäre.

„Das liebe ich so an dir: du nimmst einfach kein Blatt vor den Mund“, sagt er nach einer kurzen Denkpause. „Auch wenn es mich schmerzt, das so zu hören. Ich würde gerne mehr für euch da sein, aber es ist so unglaublich schwer, alles unter einen Hut zu bekommen. Danke, dass du mich unterstützt. Ich werde mir das noch einmal durch den Kopf gehen lassen. Genieß ruhig noch deinen Wein, ich schau mir mal an, wo dieser Segeltörn eigentlich entlangführen würde.“ Damit entschwindet er ins Haus.

Kaum ist er am Laptop, googelt er anstandshalber ihre Reiseroute – sieht alles wunderschön aus. Dann kümmert er sich um das, was ihm eigentlich vorschwebt. Er fühlt sich kurz schlecht, öffnet jedoch trotzdem sein Postfach. Wer weiß, wie gut der Internetempfang in Griechenland wäre. Lieber arbeitet er jetzt vor, um in Griechenland nicht ganz so viel erledigen zu müssen, rechtfertigt er sich vor sich selbst. Bedeutet das, dass er tatsächlich mitfahren will? Wenn er ehrlich mit sich selbst ist, hat er die Entscheidung ohnehin längst getroffen. Während des Gesprächs mit seiner Frau hat er bereits den Beschluss gefasst, dass er sich diesen Segeltörn gönnen wird, wenn er das Gefühl hätte, seine Arbeitsaufgaben ausreichend unter Kontrolle bringen zu können.

Er arbeitet einige E-Mails ab, bis auf einmal seine Frau in der Tür steht. Zum Glück kann sie den Laptop von der Türschwelle aus nicht einsehen. Sicherheitshalber öffnet er schnell das Fenster mit der Route des Segeltörns. „Sieht wirklich so vielversprechend aus, wie ich mir das gedacht habe“, murmelt er und hofft, dass sie nichts merkt. Anna lächelt ihn nur müde an. Vermutlich ahnt sie, was ihn wirklich so lange am Laptop gehalten hat. Es ist spät geworden.

„Das freut mich. Ich gehe ins Bett, komm doch dazu“, sagt sie nur. Er drückt noch kurz auf „Senden“ bei seiner letzten E-Mail, bevor er den Laptop zuklappt und ihr folgt.

Am Donnerstag ruft er nach dem Frühstück Tom an. Tom schlägt vor Begeisterung, dass er mitkommen wird, verbale Purzelbäume. Er schickt ihm die Flugdetails und eine Packliste. Darum wird er sich später kümmern. Im Büro räumt er sich Zeit ein, mit seiner Assistentin den Werbeslogan für die Duftbäume noch einmal durchzugehen.

„Ich habe mir deine Vorschläge durch den Kopf gehen lassen“, läutet er das Gespräch ein. „Wirklich gute Arbeit.“

Mittlerweile geht ihm das Lob schon leichter von den Lippen. Sollte sie erste Anzeichen von Selbstüberschätzung zeigen, müsste er sein Lob eben reduzieren, um gegenzusteuern. Üblicherweise würde er ihr jetzt mitteilen, für welchen Vorschlag er sich entschieden hat. Der nächste Satz fällt ihm daher nicht ganz so leicht wie das Lob: „Du hattest mir einige Vorschläge unterbreitet. Welchen Slogan findest du denn am besten?"

Angelina sieht ihn mit großen Augen an.

„Mein persönlicher Favorit ist: ‚Ihr Bad als Oase der Entspannung – von uns installiert.' Damit fassen wir unser Angebot kompakt zusammen und sprechen die Kunden direkt an. Ich mag auch den Klang des Slogans."

„Hervorragend, dann kümmere dich bitte um die Umsetzung."

Tom wäre stolz auf ihn. Er hat Verantwortung an seine Mitarbeiterin abgegeben – für ein zugegebenermaßen wenig bedeutendes Projekt, aber immerhin. In diesem Moment fühlt es sich wie ein Etappensieg an. Wieso ist er da nicht früher draufgekommen? Angelina das Duftbaum-Projekt zu übergeben, ist Teil des Plans, den er heute morgen ausgeheckt hat, als er vor Aufregung angesichts der vielen Möglichkeiten doch wieder viel zu früh aufwachte und aus dem Schlafzimmer ins Büro geschlichen ist.

„Ich werde die nächsten zwei Wochen von unterwegs arbeiten, also lass es mich gerne vorher wissen, falls es weitere Fragen zu klären gibt."

So, jetzt war die Katze komplett aus dem Sack. Bauch, Beine, Schwanz.

„Das klingt wunderbar, Stefan. Ich freue mich, dass du dir einmal Urlaub gönnst."

Sie hat ihn wohl missverstanden, von Urlaub hat er nichts gesagt. Er würde aus Griechenland durchaus arbeiten. Er hat das Gefühl, dass Angelina diesmal besonders beschwingt aus seinem Büro entschwindet. Das Hochgefühl hält noch einen Moment an, dann öffnet Stefan sein Postfach und stößt einen tiefen Seufzer aus, als er die vielen neuen Nachrichten sieht. Das wird ein langer Weg. Er macht sich also an die Arbeit.

Die restliche Zeit vor der Abreise vergeht wie im Flug. Er bucht den Flug nach Griechenland, arbeitet die wichtigsten Themen ab und bereitet seine Mitarbeiter darauf vor, dass er in den kommenden zwei Wochen nur per E-Mail und Telefon erreichbar ist. Sein Team zeigt erstaunlich viel Verständnis. Freuen sie sich unter Umständen vor allem darauf, zwei Wochen sturmfrei zu haben? Zum Glück sind es nur zwei Wochen. Zehn Arbeitstage, genauer gesagt. Es könnte zwar einiges schiefgehen, aber dieses Risiko muss er jetzt eben in Kauf nehmen. Sicherheitshalber bittet er seine leitenden Angestellten, ihm jeden Nachmittag eine Zusammenfassung der Tagesereignisse zuzuschicken, während er unterwegs ist.

Ehe er sich versieht, steht der Freitag vor der Tür. Am Freitagabend wirft er einige Sachen, die er für sinnvoll erachtet – seinen Laptop, Powerbanks, sein

Handy, sein Ersatzhandy, Badehose, Handtuch, Sonnencreme – in den Koffer. Er wird einen späten Flieger nach Athen und von dort einen Anschlussflug zum Flughafen Kalamata nehmen. Kalamata, wie die schwarzen Oliven, die er so gerne isst. Die Vorfreude auf das griechische Essen und die mediterrane Lebensart beflügeln ihn. Er verabschiedet sich von seiner Familie und rast zum Flughafen.

„Das wird jetzt ganz schön knapp", denkt er.

3
Die Steuertypen

Der Zu-viel-Geld-in-der-Firma-Unternehmer

Am Flughafen angekommen, läuft Stefan mit schnellen Schritten zur Gepäckaufgabe. Zum Glück hat er den Check-in bereits online erledigt, das spart ihm jetzt wertvolle Zeit. In der Schlange vor der Sicherheitskontrolle macht er das Beste aus der Wartezeit, um einige Termine auf seiner Rückreise aus Griechenland zu verschieben. Ein Blick auf seine Uhr verrät ihm, dass sein Gate bald schließt. Er hastet durch die Gänge, bis er es schließlich findet. Dort erwartet ihn Tom bereits mit einem großen Grinsen im Gesicht. Er hat sich schon in die Schlange zum Boarding eingereiht.

Tom begrüßt ihn mit einer freudigen Umarmung und einem Klaps auf den Rücken, der ihm kurz die Luft nimmt. Er stellt ihm die anderen Mitreisenden vor. Es handelt sich um eine Gruppe von vielleicht zehn Personen. Stefan kann sich auf die Schnelle die Namen nicht alle merken. Er muss selbst erst einmal wieder Atem schöpfen, um sich vorzustellen. Während sie sich die Hände schütteln, fragt Stefan sich, ob die anderen Mitreisenden gerade aus dem Urlaub kommen. Sie sehen alle schon jetzt so unglaublich entspannt aus. Und das an einem Freitagnachmittag, nach einer vollen Arbeitswoche! Nach Toms Aussage sind das doch auch Unternehmer, keine Frühpensionäre?

Im Flugzeug findet er schließlich seinen Platz auf der anderen Gangseite neben Jakob. Tom hatte ihm gesagt, welche Sitzplätze die anderen gebucht hatten und dass neben Jakob noch ein Platz frei war. Jakob ist ein stattlicher Typ in feinen Segelklamotten. Alles teure Marken, soweit Stefan das beurteilen kann. Dieser Jakob hat auf jeden Fall Kohle, das sieht er auf einen Blick. Es scheint ihm wohl auch wichtig, dass andere das sehen. Neben Jakob sitzt seine Partnerin Magdalena, die gebannt aus dem Fenster schaut, als sie kurze Zeit später auf die Rollbahn fahren.

„Ich finde das immer so spannend, wie dieser Riesenvogel es schafft, so leichtfüßig abzuheben", erklärt sie Stefan und wendet sich wieder der Aussicht zu. Sie scheint sich leicht für Dinge zu begeistern. Rein äußerlich passen die beiden wunderbar zusammen: Sie sehen aus wie eines dieser Paare, die entweder stets zusammen einkaufen gehen oder einer für beide einkauft. Jedenfalls trägt auch Magdalena elegante Segelkleidung und es wirkt an ihr so selbstverständlich, dass sie sich sicher nicht zum ersten Mal auf einen Segeltörn begibt.

„Wir freuen uns alle, dass du so spontan einspringen konntest. Das zeugt von jeder Menge Risikobereitschaft!", sagt Jakob, als sich das Flugzeug zum Glück ohne spürbare Ruckler in die Luft erhebt und Stefan leichten Druck auf den Ohren verspürt.

„Naja", denkt sich Stefan. Normalerweise würde er sich eher als vorsichtig bezeichnen, was Risiken angeht. Sein Vater hat ihm oft genug „Vorsicht ist die Mutter der Porzellankiste" eingebläut, wenn er neue Projekte für die Firma vorgeschlagen hat.

„Ich dachte, der Segeltörn klingt spannend und ich kann Tom einfach nichts abschlagen", entgegnet er daher ausweichend.

„Zu Toms Vorschlägen kann man schlecht Nein sagen, das stimmt. Hast du denn bereits Segelerfahrung?", fragt ihn Jakob.

„Ehrlich gesagt nicht. Aber ich komme ohnehin vor allem mit, um mehr über das „Steuern machen Spaß!"-Programm von Zacharias und seine ITHAKA-Strategie zu erfahren. Arbeitest du schon länger mit ihm zusammen?"

Auf diese Weise kann er vielleicht mehr darüber herausbekommen, ob an Zacharias Behauptungen überhaupt etwas dran ist. Bisher hat er nur Toms Geschichte als Anhaltspunkt. Jakob lacht.

„Das ist natürlich auch ein guter Grund, um mitzureisen! Ich arbeite seit beinahe zwei Jahren mit Zacharias zusammen. Er hat mir geholfen, mein Unternehmerleben von Grund auf zu optimieren. Davor führte ich ein Unternehmen, jetzt führe ich ein Unternehmerleben. Und das habe ich vor allem Zacharias zu verdanken."

„Große Worte", denkt Stefan. Die scheinen wirklich alle hellauf begeistert von diesem Zacharias zu sein.

„Und in welchem Bereich ist dein Unternehmen tätig?", will Stefan wissen.

„Ich habe vor vier Jahren ein Internetunternehmen gegründet, die GameOn GmbH. Wir bieten eine Plattform für Sportplatzreservierungen an. Sportbegeisterte können bei uns Sportplätze, Tennisplätze oder Golfabschläge buchen. Ein bisschen so wie Urban Sports, falls du die App kennst. Nur eben für ganze Plätze."

Stefan ist wider Willen beeindruckt. Das passt zu diesem Jakob, ein klassisches Internetunternehmen zu führen, das er, wenn er will, weltweit skalieren kann. Das ist genau das Image, das er ausstrahlt: ein typischer Unternehmer-Sunnyboy, der alles in Gold verwandelt, was er anfasst. So einer wäre er in tiefstem Innersten auch gerne. Wenn er das denkt, ruft er sich immer in Erinnerung, dass nur Schweiß und Blut einen Unternehmer wahrhaftig erfolgreich machen, auch wenn er nach außen vielleicht einen anderen Anschein erweckt. Anders kann er sich das jedenfalls nicht vorstellen. „Das klingt nach einem spannenden Geschäft. Und wie läuft es?"

„Es läuft großartig! GameOn ist wirklich mein Baby. Im ersten Jahr hatten wir schon zehn Mitarbeiter, im zweiten 30, mittlerweile sind es 85 Mitarbeiter. GameOn hat echt schnell abgehoben. Ich hätte nie gedacht, dass das bei einem Start-Up so schnell gehen kann. Ich konnte mir direkt im ersten Jahr einen schicken Firmenwagen zulegen. Natürlich ist der auf die Firma angemeldet – das ist ja das kleine Steuer-Einmaleins", zwinkert er Stefan verschwörerisch zu. Stefan hört aufmerksam zu. Soweit ist er auch schon, das mit dem Firmenwagen ist ja nichts Neues. Da muss sich noch mehr dahinter verbergen.

„Das klingt beeindruckend, aber ich nehme an, es gab auch Herausforderungen?"

„Oh ja, am Anfang hatte ich viele schlaflose Nächte. Ich habe rund um die Uhr gearbeitet, um die Firma aus dem Boden zu stampfen."

„Immerhin das", denkt Stefan. Zumindest am Anfang hat also auch Jakob sich reinknien müssen. Dachte er sich doch.

„Zum Glück konnte ich ziemlich schnell meine Arbeitszeit reduzieren und gleichzeitig mein Gehalt kontinuierlich steigern, stell dir das vor! Ich konnte mir eigentlich alles kaufen, was ich wollte. Das Einzige, was mich zunehmend nervte, war, wie viele Steuern ich zahlen musste. Zum einen natürlich auf mein Geschäftsführergehalt. Das habe ich ja verstanden und notgedrungen akzeptiert, auch wenn es mich im Laufe der Zeit immer mehr frustriert hat. ‚Wer sich ein hohes Gehalt leisten kann, muss sich wohl auch die Steuern darauf leisten können', habe ich mir gesagt. Zusätzlich habe ich jedes Mal, wenn ich aus meiner GameOn-GmbH Geld ausschüttete, natürlich auch welches an das Finanzamt abgegeben. Ich dachte, so läuft das Steuerspiel in Deutschland eben. Dass das auch anders gehen kann, kam mir zu dem Zeitpunkt gar nicht in den Sinn, so sehr ich es mir auch wünschte, da irgendwie drum herumzukommen. Und ich hatte keine andere Wahl, als Geld herauszuholen. Ich habe vor zwei Jahren ein großes Haus gekauft, das ich abbezahlen muss. Eine richtig feine Villa mit Naturpool und Sauna. Du solltest auch mal vorbeikommen."

Stefan kommt nicht umhin, Jakobs Angebot als schmeichelnd zu empfinden. Gleichzeitig kann er sich den Gedanken nicht verkneifen, dass die Steuerzahlungen in Jakobs Fall ein Luxusproblem darstellen. Wer sich ein solches Haus leisten kann, kann sich wohl auch entsprechende Zahlungen an das Finanzamt leisten. Aber gut, jeder beschwert sich eben auf seinem Niveau. Artig bedankt sich Stefan für das Angebot, ob er darauf zurückkommt, weiß er jetzt noch nicht. Er muss erstmal ein Gefühl für diesen Jakob bekommen.

„Jedes Mal, wenn ich mir einen größeren Betrag für Zins und Tilgung ausschüttete, ging ein beträchtlicher Anteil erst einmal an den Staat", fährt Jakob fort. „Es bereitete mir zunehmend Bauchschmerzen, mehr als 100.000 Euro an den Staat zu spenden, wenn ich 500.000 Euro ausschüttete. Mein Geschäftsführergehalt war seit dem zweiten Jahr recht üppig, die Investoren zahlten dafür gerne, solange wir unser Wachstum beibehielten. Aber darauf zahlte ich eben mehr als 40 Prozent Steuern."

Soweit kann Stefan gut folgen, das ist schließlich die Realität eines jeden erfolgreichen Unternehmers in Deutschland. So schlimm klingt das nun wirklich nicht, bei den vielen Nullen vor dem Komma. Andererseits ist er jetzt gespannt, wie Jakob sich aus dieser Lage weiter nach oben gearbeitet hat. Auch das Flugzeug schraubt sich weiter nach oben und sie durchbrechen die Wolkendecke. Die abendrote Sonne flutet die Kabine, während Jakob weiter erzählt.

„In dieser Situation geriet ich in Versuchung, die Firma einfach zu verkaufen. Sie hatte so viel Wachstumspotenzial, dass ich damit einen guten Reibach hätte machen können. Ich war sogar schon in Verkaufsgesprächen. Ein paar potenzielle Käufer boten mir zwischen zehn und 20 Millionen. Das hätte ausgereicht, um finanziell auszusorgen. Mit Mitte 40. Allerdings hätte es mich noch einmal einige Millionen an Steuern gekostet. Die Verlockung war groß und ich stand kurz davor, ein Angebot zu unterschreiben. Doch dann lernte ich Zacharias kennen. Zufall oder Schicksal, nenne es wie du willst, aus heiterem Himmel traf ich Zacharias beim Grillabend eines befreundeten Unternehmers. So nahm alles seinen wunderbaren Lauf. Dank Zacharias erkannte ich, wie wichtig es ist, das Geld nicht einfach auszuschütten und hohe Steuern darauf zu zahlen. Und nicht nur das, mir wurde zum ersten Mal überhaupt bewusst, wie gefährlich es ist, wenn ich in meiner Firma mehrere Millionen auf meinem Konto liegen habe. Meine GmbH haftet immer mit ihrem kompletten Vermögen und nicht nur mit dem Stammkapital. Ein Irrglaube, der mich alles hätte kosten können. Zacharias offenbarte mir, dass es bessere Wege gibt. Auch bezüglich des Verkaufs hat mir Zacharias neue Blickwinkel gezeigt und mir andere Wege vorgeschlagen. Heute denke ich nicht im Traum mehr daran, sie zu verkaufen. Stattdessen ist meine GmbH der Grundbaustein eines viel größeren Imperiums geworden. Sie zu behalten eröffnete mir so viel mehr Möglichkeiten. Erst durch Zacharias und seine

ITHAKA-Strategie bin ich so richtig zum Unternehmer geworden. Und ich freue mich jetzt schon auf weitere Schritte wie zum Beispiel meine eigene Stiftung."

Das Flugzeug hat seine anvisierte Flughöhe erreicht und das Anschnallzeichen erlischt. Stefan muss an Toms Geschichte zurückdenken. Toms Odyssee klang deutlich härter, aber das Prinzip scheint dasselbe zu sein – Steuerhebel nutzen, um mehr Profit zu machen. Diese ITHAKA-Strategie scheint beide Unternehmer auf einen neuen Kurs gesetzt zu haben. Nur eines versteht Stefan nicht: „Was meinst du damit, dass du durch diese ITHAKA-Strategie zu einem echten Unternehmer wurdest?"

„Nun ja, zuvor habe ich GameOn als Geschäftsführer geleitet, darin bestand mein Unternehmertum. Mittlerweile habe ich das um ein Vielfaches potenziert. Ich führe nicht nur die GameOn-GmbH. Ich habe mich zusätzlich an weiteren Unternehmen beteiligt. Ich habe zusätzliche Immobilien-GmbHs gegründet und darin Immobilien meiner eigenen GmbH platziert, die dann wiederum an mich vermietet werden. Vorher hatte ich mein Haus und dachte gar nicht an weitere Immobilien. Mittlerweile besitze ich nicht nur mein Haus, sondern über meine Holding mehrere Immobilien und eine Reihe weiterer Unternehmen."

Stefan ist baff. Ihm ist schon ein Unternehmen zu viel, zumindest oftmals. Mehrere Unternehmen gleichzeitig zu führen, klingt nach einer Herkulesaufgabe. Dieser Jakob scheint es wirklich zu schaffen, sich rein auf die strategischen Arbeiten zu konzentrieren und die operativen Tätigkeiten irgendwelchen Mitarbeitern zu überlassen. Stefan zweifelt, ob sich das langfristig auszahlt. Der Flugbegleiter taucht im Gang auf und bietet ihnen Getränke an. Stefan ist froh über die Unterbrechung. Vor lauter GmbHs von Jakob raucht ihm der Kopf, Holding als GmbH, Immobilien-GmbHs, sonstige GmbHs und dann auch noch Vermietung, wenn er es richtig verstanden hat, innerhalb seiner eigenen Unternehmen. Das hat er schon bei Zacharias Vortrag gehört. Wäre das für ihn auch möglich? Er führt ja ein Sanitätsinstallationsunternehmen, keine Vermietungsfirma. Duschwannen und Immobilien – das eine hat doch mit dem anderen nichts zu tun. Oder?

„Und das geht einfach, dass eine deiner GmbHs an eine andere GmbH vermietet, die auch dir gehört?", fragt er verblüfft.

„Ganz so einfach geht es natürlich nicht. Du musst schon einiges dabei beachten, aber dafür habe ich das Team von Zacharias. Die achten genau darauf, dass alles gesetzeskonform gestaltet ist. Von einer GmbH an die andere geht nicht in allen Fällen, dazu benötige ich zum Beispiel zwingend meine Holding. Alle Details kenne ich auch nicht, aber die brauche ich zum Glück nicht zu verstehen, weil Zacharias sich da wirklich bestens auskennt."

„Und all diese Unternehmen, an denen du beteiligt bist, sind die denn auch erfolgreich?", will Stefan wissen.

„Es waren auch ein paar Start-ups darunter, deren Potenzial ich überschätzt hatte. Manche Unternehmen gingen pleite, aber das gehört dazu, wenn man sich an verschiedenen Firmen beteiligt. Und ich hatte plötzlich ein riesiges Portfolio von Firmen und Investments. Das war die neue Richtung, in die mich die ITHAKA-Strategie geführt hat. Gleichzeitig habe ich jetzt auch eine saubere Trennung von Vermögen und Risiko. Dafür sorgt meine liebe Holding. Wenn etwas passiert, dann ist das Risiko begrenzt und kalkuliert."

Jakob scheint keine Probleme damit zu haben, dass einige seiner Investments sich nicht auszahlen. Was für ein Unternehmerleben! Stefan kann sich gar nicht vorstellen, an einen Punkt zu kommen, an dem er den potenziellen Verlust einiger Millionen in Kauf nehmen würde. Geld im Überfluss zur Verfügung zu haben. Allerdings ist es auch ein ganz schönes Wirrwarr an GmbHs, die alle miteinander verknüpft sind. Stefan kann sich nicht entscheiden, was er über Jakobs Firmenimperium denken soll, entweder klingt das wie die ultimative unternehmerische Freiheit oder wie ein zeitraubendes administratives Monster. Bei jeder Unternehmensgründung muss man einen Notar involvieren, man muss sich um die Buchhaltung kümmern, Steuern abführen – alles Posten, die Geld schlucken. Und Zeit. Wenn man nur eine Firma hat, bleibt der administrative Aufwand im Rahmen. Man muss immerhin nur eine Steuererklärung einschicken. Und nicht mehrere.

„Schluckt das nicht unglaublich viele Ressourcen, mehrere Firmen am Laufen zu halten?", fragt er.

„Auf den ersten Blick mag es so aussehen, als sei der administrative Aufwand riesig und kompliziert. Wenn man nur eine Firma hat, bleibt der Verwaltungsaufwand überschaubar. Die Steuererklärung für eine Firma ist zweifellos einfacher als für 15, wie in meinem Fall."

„15 Firmen? Ach du lieber Himmel!", denkt Stefan entsetzt, während Jakob weiterspricht:

„Aber es zahlt sich aus. Weil ich so viel mehr Möglichkeiten habe, zu investieren. Weil ich mir so viele Steuern spare. Und dieses Geld deckt locker die administrativen Kosten der GmbHs. Der Schlüssel und die Basis meines Firmenkonstruktes ist wie gesagt meine Holding. Alle meine GmbHs sitzen als Tochtergesellschaften unter meiner Holding."

Stefans Augen werden noch größer.

„Wozu dient denn eigentlich deine Holding?", rutscht es ihm heraus.

„Die Holding gibt mir die Möglichkeit, weitere Unternehmen zu gründen, zu unterstützen und selbst aufzubauen. Ich investiere also nicht nur in die Ideen anderer Unternehmer, ich gründe auch selbst weitere Unternehmen.

Vor einem knappen Jahr habe ich ein Unternehmen gegründet, über das man Sportausrüstung ausleihen kann. Ich habe das Unternehmen GameReady Rentals genannt. Du kannst darüber zum Beispiel Badmintonschläger ausleihen. Alles online oder in der App und die Sachen werden pünktlich vor deiner Badmintonstunde geliefert, wenn du möchtest. Ergänzt sich natürlich hervorragend mit dem Angebot von GameOn. Und jetzt kommt der Clou: Wenn ich dieses Sportausrüstungsunternehmen morgen verkaufe, zahle ich so gut wie keine Steuern. Das Geld fließt in meine Holding. Damit habe ich das Problem gelöst, das ich anfangs hatte: Das Problem, dass es für mich nicht attraktiv war, ein Kaufangebot für mein erstes Unternehmen anzunehmen, weil es einige Millionen an Steuern gekostet hätte."

Stefan weiß nicht, was er denken soll, so weit weg ist Jakobs Konzept von seiner eigenen Lebensrealität. Einerseits klingt es faszinierend, aber kann das wirklich in der Realität funktionieren? Eine Holding zu gründen, um ein Unternehmen beinahe steuerfrei zu verkaufen? Auf das Geld in der Holding kann Jakob doch nicht einfach so zugreifen.

„Ich verstehe, das Geld ist also in der Holding. Wie kommst du dann da ran?"

„Tja, hier geht der Spaß noch weiter", grinst Jakob, dem es sichtlich Vergnügen bereitet, dem unwissenden Stefan von seinen Erfolgen und seiner Firmenstruktur zu berichten. „Ich konnte mir anfangs auch nicht vorstellen, wie ich privat an Geld kommen sollte und dachte lange in Kategorien wie ‚Besitz', ‚Gewinn' und ‚Verlust'. Oder dass ich Unternehmen verkaufe, um an deren Geld zu gelangen. Dabei ist das viel zu kurz gedacht. Viel eleganter ist es doch, dieses Kapital in meiner Holding für mich arbeiten zu lassen. Da gibt es zahlreiche Möglichkeiten. Zum Beispiel habe ich mir privat von meiner Holding ein Darlehen auszahlen lassen, um damit in meinem Privatvermögen eine vermietete Immobilie zu kaufen. Ist das nicht der Wahnsinn? Meine eigene Holding hat mir als Privatperson ein Darlehen gegeben! Ich bin meine eigene Bank! Die Zinsen, die ich dann an meine eigene Holding bezahle, sind bei meiner Steuererklärung im Rahmen der Vermietung und Verpachtung abzugsfähig. Ich spare auf den Zins knapp 45 Prozent Steuern und bezahle in meiner eigenen Holding auf die Zinseinnahmen nur 30 Prozent Steuern. Siehst du den Effekt? Ich traue es mich gar nicht laut zu sagen, aber jedes Jahr bekomme ich auf diese Art und Weise Geld von meinem Finanzamt geschenkt. Und es geht noch weiter. Mit meiner Immobilien-GmbH vermiete ich Büroräume an meine anderen GmbHs. Die Mieteinnahmen muss ich in meiner Immobilien-GmbH nur mit knapp 15 Prozent versteuern und in den anderen GmbHs spare ich mit meinen Mietaufwendungen 30 Prozent an Steuern. Und schon wieder bekomme ich jedes Jahr Geld von meinem Finanzamt geschenkt. Durch die Differenz von Steuerausgaben und Zinsen erhalte ich eine sichere Rendite von 15 Prozent auf meine Miete. Jedes Jahr, ohne jegliches Risiko. So ist mein gesamtes System aufgebaut. Zacharias hat dafür einen eigenen Namen: Er nennt es den ‚Steuerlichen Königsweg' oder den ‚Zaster-Weg'. Noch dazu kann ich eine Firma verkaufen, ohne die Sorge, dass ich 30 oder 40 Prozent Steuern abgeben muss."

Stefan bekommt seinen Mund nicht mehr zu. Ganz langsam versteht er den Gedanken hinter diesem Unternehmenskonstrukt. Es ergibt in seiner Verworrenheit allmählich Sinn.

„Das heißt also, du hast einen geschlossenen Kreislauf geschaffen. Über deine Mieteinnahmen erzielst du Gewinne. Das erwirtschaftete Kapital fließt in deine Holding und von dort an die verschiedenen GmbHs. So fließt das Geld steueroptimiert und vermehrt sich stetig."

Jakob nickt mit einem stolzen Grinsen.

„Außerdem gehe ich weniger Risiken ein, weil die Holding nicht operativ tätig ist und das Geld dort sicher vor fremdem Zugriff ist. Und ich bleibe finanziell flexibel, weil ich es einfach von der Holding an die entsprechende GmbH weiterleiten kann."

„Die Holding ist wie deine eigene Bank", schlussfolgert Stefan.

„So ähnlich. Das Geld in der Holding bleibt geschützt, solange du die gesetzlichen Vorgaben einhältst und es ordnungsgemäß ausschüttest. Doch wenn GameOn morgen den Bach runtergeht, habe ich mittlerweile die Sicherheit, dass das Kapital in der Holding unberührt bleibt. Bisher läuft sie hervorragend und ich habe zuverlässige Gewinne, die ich von der GameOn in die Holding ausschütte. Diese Ausschüttung von GameOn an meine Holding muss ich auf diese Weise kaum versteuern, weil ich sie ja nicht privat ausschütte, sondern an die Holding. Der Steuersatz, der bei Geldflüssen von GameOn in die Holding anfällt, liegt im mickrigen einstelligen Prozentbereich. Wir reden hier von knapp 1,5 Prozent, stell dir das mal vor! Und über einen weiteren Weg, über Darlehen von der Holding an mich, tilge ich jetzt die Schulden für mein Haus, anstatt das Geld von GameOn direkt privat auszuschütten und jedes Mal hohe Steuern zu zahlen, um meine Villa bezahlen zu können. Im Detail ist das viel komplizierter, aber so ist es für dich verständlich. Bei all diesen Dingen musst du natürlich gewisse Regeln einhalten, damit alles so auch funktioniert. Zum Glück habe ich dafür Zacharias und sein tolles Team, die sind jeden Euro wert."

Diese Ausschüttungen scheinen wirklich der Knackpunkt zu sein. Das hatte Stefan noch gar nicht bedacht, dass man das Geld zunächst im Kreislauf behält und über Umwege ausschüttet oder eben direkt investiert. Darauf musste man erst einmal kommen!

„Und wenn du das Geld direkt aus der GmbH ausschütten würdest, müsstest du es bei der Ausschüttung versteuern, obwohl du es zuvor auch schon als Gewinn versteuert hast?", will Stefan wissen.

„Genau, bei jeder Ausschüttung hast du im Prinzip eine doppelte Steuerbelastung. Die gesamte steuerliche Belastung liegt bei mehr als 50 Prozent Steuern, das macht ganz schön was aus. Fast alle Szenarien sind besser, als Geld aus der GmbH auszuschütten. Sogar das Geschäftsführergehalt zu erhöhen, macht mehr Sinn, da zahlt man immerhin weniger als 50 Prozent Steuern. GameOn schüttet daher aus Prinzip nie Geld an mich aus. Jetzt verstehst du bestimmt auch, warum ich mir die Verwaltungskosten für 15 Firmen locker leisten kann, bei all den Steuerersparnissen, die ich an anderen Stellen in meiner Firmenkonstruktion ansammle. Und es bleibt nicht bei 15 Firmen. In naher Zukunft kommen dann noch meine eigene Familienstiftung und auch eine gemeinnützige Stiftung dazu. Darauf freue ich mich schon seit geraumer Zeit."

Stefan nickt. Allmählich versteht er die Zusammenhänge. Was für ein gewieftes System! Und sobald es einmal aufgebaut ist, summieren sich die Gewinne jedes Jahr – da kann man dann eben auch teure Segelmarken tragen wie Jakob. Er blickt nachdenklich aus dem Fenster, hinter dem sich die Sonne schon allmählich dem Horizont zuneigt. Der Himmel erstrahlt in den prächtigen Farben der Abenddämmerung.

„Verstehe, du schützt dein Kapital, nutzt es aber gleichzeitig effizient, um in andere Geschäftsbereiche zu investieren. Und wenn eine Firma hopps geht, bleibt dein Geld in der Holding unangetastet. Auch wenn jemand morgen GameOn oder GameReady Rentals verklagt, könnte er nur das Kapital einklagen, das in diesem Moment in der Firma vorhanden ist. Das Geld in der Holding wäre dagegen vor jedem rechtlichen Anspruch sicher."

„Bingo."

Stefan ist maßlos beeindruckt von seinem Sitznachbarn und dessen Firmenkonstrukt. Das scheint alles wohlüberlegt zu sein. Die Räder von Jakobs GmbHs und seiner Holding greifen exakt ineinander, er sitzt am Steuer und kann frei entscheiden, wohin die Reise geht. Was für ein Luxus!

„Das Beste kommt erst noch. Magdalena ist vor einem Jahr bei uns eingestiegen und wir nutzen so noch viel mehr Bausteine!", verkündet Jakob.

Magdalena dreht sich zu ihnen. Bisher hat sie gebannt den Sonnenuntergang bewundert.

„Tja, Jakob dachte, er hätte schon alle steuerlichen Möglichkeiten ausgereizt, dabei hat er nicht mit mir gerechnet!", wirft sie scherzend ein. Man sieht ihr an, dass sie gerne lacht und sie strahlt nur so vor Tatkraft. Stefan wünscht sich kurz, Anna hätte ihn auf diesem Segeltörn begleitet, dann wäre das natürlich noch schöner gewesen.

Die Ehepartnerin

„Das ist ja spannend, dass du in Jakobs Firma angestellt bist, Magdalena", sagt Stefan. „Wie kam es dazu?"

„Alles fing tatsächlich damit an, dass sich Jakob daheim zunehmend über seinen HR Manager beschwert hat", erläutert Magdalena. „Irgendwann konnte ich es nicht mehr hören. Jakob hat mir so oft in den Ohren gelegen, wie sehr er es bereut, diesen Mitarbeiter eingestellt zu haben, nicht wahr?"

„Da hast du wirklich recht. Im Nachhinein kann ich es kaum glauben, wie lange ich gebraucht habe, um mich dazu durchzuringen, diesen Mitarbeiter gehen zu lassen. Ein ebenso wichtiger Augenöffner war da der TEMP®-Schnelltest von Zacharias. Mein Schnelltest war überraschend schlecht, doch insbesondere im Bereich Mitarbeiter hat dieser HR-Manager alles Positive überlagert und das hat sich in meiner eigenen Note widergespiegelt. Es gab dann für mich selbst keine Ausreden mehr. Er war zwar von Anfang an dabei, aber ist leider nicht mit der Firma gewachsen. Wir haben ja innerhalb kürzester Zeit wiederholt die Mitarbeiterzahlen verdoppelt, da muss man sich als HR Manager natürlich auch weiterentwickeln. Dieser Mitarbeiter hat es nicht geschafft, sich in das neue Team zu integrieren und seine Aufgaben auch bei einer wachsenden Anzahl an Mitarbeitern zu erfüllen. Er war mit dem Wachstum von GameOn einfach überfordert. Ich glaube, er hatte sich darauf eingestellt, erst einmal ein paar Jahre das Start-up-Flair zu genießen und seine eigene Abteilung darzustellen. Aber ich fange schon wieder mit den Ausreden an, die mir damals schon das Leben schwer gemacht haben. Im Grunde habe ich mir schlicht zu viel Zeit gelassen, ihn zu kündigen, weil ich befürchtete, dass ich niemanden finden würde, der gut auf die Stelle passt. Du kennst es ja, man beschäftigt sich nur ungern mit Bereichen, die einigermaßen laufen, wenn es woanders dringendere Feuer zu löschen gibt. Das spielte da natürlich auch mit rein. Und zu dem Zeitpunkt war dieser Manager auch schon gute zwei Jahre bei uns, daher wollte ich ihn nicht von heute auf morgen kündigen."

„Zu deinem Glück habe ich mich bereiterklärt für dich zu arbeiten, Schatz", fährt Magdalena Jakob dazwischen.

„Auf jeden Fall! Du warst meine Rettung – wie immer!", gibt Jakob unumwunden zu. An Stefan gewandt ergänzt er: „Zacharias brannte natürlich auch sofort für den Vorschlag und schwärmte mir direkt vor, was für weitere Möglichkeiten sich uns damit bieten würden. Das war dann ein weiterer guter Grund, Magdalena einzustellen."

„Und seitdem arbeitest du im HR von Jakob?", fragt Stefan Madgalena.

„Genau."

„Sobald ich wusste, dass ich einen hervorragenden Ersatz an der Hand hatte, habe ich mich endlich getraut, meinen damaligen HR Manager zu kündigen und es seitdem keine Sekunde bereut“, kommt Jakob zum Punkt. Schelmisch fügt er hinzu: „Das würde ich auch sagen, wenn Magdalena nicht neben mir säße.“

Sie wirft ihm einen scherzhaften Blick zu. „Davon gehe ich aus!“

„Und du konntest so einfach wechseln?“, fragt Stefan. Ihn interessiert vor allem das Timing.

„Ich arbeitete damals stundenweise in der HR einer Softwarefirma und war ohnehin bereit für etwas Neues. Es war ein guter Wiedereinstieg nach Schwangerschaft und Elternzeit, aber langsam ging mir der Laden auf die Nerven, also habe ich gleichzeitig bei meiner Firma gekündigt, als Jakob sich von seinem HR-Manager verabschiedete, und habe mich bei GameOn neu anstellen lassen.“

„Wie sehr das mein Unternehmen verändern würde, konnte ich allerdings nicht vorhersehen“, kommentiert Jakob ironisch und Magdalena lacht.

„Damit hast du wohl nicht gerechnet, dass ich nicht nur fachlich hervorragend auf die Stelle passte, sondern mich auch so für deine Mitarbeiter einsetzen würde!“

Jakob grinst und nickt.

„Was hast du denn umgestellt im Unternehmen?“, möchte Stefan wissen.

„Einiges“, sagt Magdalene stolz. „Der vorherige HR Manager war wie gesagt komplett überfordert. Er hatte sich nicht auf die Größe des Unternehmens einstellen können. Bei den Mitarbeitern ging es dementsprechend drunter und drüber. Ich habe mich dafür eingesetzt, dass die GameOn-Mitarbeiter wertgeschätzt werden und auch fühlen – das war der erste Schritt.“

„Das geht auf meine Kappe. Weil wir so schnell gewachsen sind, aber niemanden hatten, der auf das Wohlergehen der Mitarbeiter ein Auge warf, stieg unsere Fluktuation“, wirft Jakob ein. Man sieht ihm an, dass er sich dafür auch Vorwürfe gemacht hat.

„Dafür gingen viele Ressourcen drauf und wir verprellten natürlich auch einige gute Fachkräfte. Welche Firma kann sich das heute noch leisten? Mittlerweile sind unsere Mitarbeiter deutlich zufriedener und bleiben länger im Unternehmen. Die Geschichte eines befreundeten Unternehmers hat mich darin bestärkt, von Anfang an die Mitarbeiter zu fördern. Besagter Unternehmer hat das nämlich nicht gemacht und jetzt muss er die Suppe auslöffeln: Er möchte seit fünf Jahren sein Unternehmen verkaufen, findet aber keinen Käufer, weil bei ihm alle Fäden in der Firma zusammenlaufen. Ohne ihn ist die Firma nur halb so viel wert. Er erwirtschaftet gute Gewinne und der

Laden läuft, eigentlich sollte das Unternehmen gut verkäuflich sein. Hätte er seine Mitarbeiter entsprechend geschult und mehr Verantwortung an sie ausgelagert, hätte er das Unternehmen längst verkaufen können. Irgendwann möchte ich GameOn definitiv auch verkaufen, auch wenn ich es aktuell noch als Cash Cow nutzen möchte. Zacharias hat mich daher darin bestärkt, meinen Mitarbeitern möglichst viel Verantwortung zu übergeben. Dafür braucht man natürlich auch die richtigen Mitarbeiter, also A-Mitarbeiter. Und diese talentierten Mitarbeiter muss man fördern und mit Anreizen motivieren. Bei dir rannte Zacharias mit dieser Sichtweise ohnehin offene Türen ein, nicht wahr, Magdalena?"

„Das stimmt, Zacharias und ich waren da von Anfang an auf einer Wellenlänge. Er hat mir aber auch bewusst gemacht, welche steuerlichen Vorteile wir bieten können, um den Mitarbeitern Wertschätzung zu zeigen. Unsere Mitarbeiter sollen nicht denken, dass wir mit ihnen nur Geld verdienen wollen und sie nur Humankapital sind, wie das bei Unternehmen oft der Fall ist, sobald sie eine gewisse Größe erreicht haben. Wir nutzen deswegen jede Möglichkeit, unseren Mitarbeitern steuerliche Vorteile einzuräumen. Unser Hauptziel ist es, dass unsere Mitarbeiter mehr Netto vom Brutto erhalten. Zacharias nennt diese Möglichkeiten NEO-Bausteine, Nettoentgeltbausteine."

Vage erinnert sich Stefan, dass Tom diesen Begriff bereits in ihrem Gespräch während der Autofahrt erwähnt hat. „Ah ja, und welche NEO-Bausteine habt ihr angewendet?"

„Dutzende. Ein wichtiger Baustein ist die Fahrtkostenerstattung. Alle unsere Mitarbeiter bekommen die Entfernung von ihrem Zuhause zum Arbeitsplatz erstattet. Das ist ein schönes Beispiel, weil es wirklich für alle Mitarbeiter gilt. Wir haben das flächendeckend eingeführt. Das ist auch so eine Sache. Früher hat der Mitarbeiter am meisten Vorteile abgesahnt, der am härtesten verhandelt hat. Das habe ich Schritt für Schritt angepasst. Alle Vorteile sind jetzt für alle unsere Mitarbeiter verfügbar."

„Sind diese Fahrtkosten für eure Arbeitnehmer nicht auch in der Steuererklärung absetzbar? Wieso solltet ihr sie dann übernehmen?", wundert sich Stefan.

„Stimmt schon", bestätigt Magdalena. „Die Mitarbeiter können ihre Fahrten zum Arbeitsplatz als Werbungskosten absetzen. Das ist eine Möglichkeit. Aber ist es nicht viel besser, das Geld direkt aufs Konto überwiesen zu bekommen, als es als Steuererstattung zurückzuerhalten? Die ist ja immer geringer, als den vollen Zuschuss zu erhalten. Je nach Entfernung erhalten unsere Mitarbeiter teilweise um die 2.000 Euro jährlich für ihren Fahrtweg. Steuerfrei. Das bringt ihnen mehr, als dieses Geld erst verdienen zu müssen, darauf unter Umständen 45 Prozent Steuern zu zahlen und diese 2.000

Euro dann von der Steuer absetzen zu können! Auf diesem Weg würde ein Mitarbeiter bei einem Steuersatz von 30 Prozent nur 600 Euro erhalten."

„Für uns als Arbeitgeber ist es außerdem vergleichsweise leicht, diese 2.000 Euro zu zahlen. Darauf entfallen keinerlei Sozialabgaben oder Steuern für den Arbeitnehmer. Dafür pauschaliere ich als Arbeitgeber die Steuern mit 15 Prozent", fügt Jakob hinzu.

„Wow!", denkt Stefan. Er hat von Fahrtkostenerstattungen zwar schon gehört und sie setzen das auch teilweise in seinem Unternehmen um, aber komplett unstrukturiert. Solche Erstattungen stellen in seinen Augen bisher vor allem einen Verwaltungsaufwand dar. Dass sie ein Werkzeugen zur steuerlichen Optimierung darstellen, hatte er daher noch nie bedacht. Magdalena ist jetzt richtig in Fahrt.

„Zacharias hat mir eine Broschüre mit insgesamt über 30 solcher NEO-Bausteinen gegeben. Da konnten wir uns wirklich austoben!"

„Was gibt es denn da noch?", fragt Stefan.

„Ein anderes Beispiel ist der Kindergartenzuschuss – da greift für die meisten Arbeitnehmer dasselbe Prinzip wie bei der Fahrtkostenerstattung – es sei denn, sie arbeiten komplett remote. Pro Kind kannst du bis zu 6.000 Euro pro Jahr für die Kinderbetreuung absetzen, vorausgesetzt natürlich, die Mitarbeiter haben Kinder im entsprechenden Alter. Das kannst du entweder von deiner privaten Steuererklärung absetzen oder dein Arbeitgeber schenkt es dir steuerfrei."

„Lass mich raten, wenn das der Arbeitgeber macht, ist das die klügere Variante?", wirft Stefan ein.

„Genau", schenkt Magdalena ihm ihr sonniges Lächeln. „Von diesen 6.000 Euro kannst du privat nämlich maximal zwei Drittel, also 4.000 Euro, steuerlich absetzen. Das bedeutet, du bekommst von deinem Finanzamt nur 1.200 Euro zurück – bei angenommenen 30 Prozent Steuern. Im Vergleich dazu sind 6.000 Euro, die dir dein Arbeitgeber zuschießen kann, eine ganz andere Hausnummer."

„Was ist, wenn der Mitarbeiter gar keine Kinder im richtigen Alter hat?"

„Dann weiß Zacharias bestimmt von einer anderen Steueroptimierung, die stattdessen infrage kommt", antwortet Magdalena. „Wenn deine Kinder zum Beispiel zu alt für ein Betreuung sind, kannst du sie unter Umständen in der Firma auf Minijob-Basis einstellen. Ab dem 14. Lebensjahr dürfen Kinder arbeiten. Da gibt es zwar strenge Voraussetzungen, gerade noch für schulpflichtige Kinder, was Arbeit und Stundenzahl betrifft, aber Möglichkeiten gibt es genügend. So könnten deine Kinder für Social Media zuständig sein oder deine Buchhaltung vorbereiten. Ich glaube, Aufgaben gibt es genug und auf diesem Wege bekommst du legal erneut Geld aus deiner Firma. Natürlich muss in so einem Fall ein ordentliches Arbeitsverhältnis vorliegen. Auch alle anderen NEO-Maßnahmen müssen natürlich zum Unternehmen und zu den Mitarbeitern passen. Wenn beispielswiese alle im Home Office arbeiten, brauchen sie keinen Fahrtkostenzuschuss. Dafür kann der Arbeitgeber dann den Bildschirm, den Laptop, das iPad und das Smartphone stellen. Es kommt auch auf die Details an, man muss da schon genau schauen. Ein kleiner, aber feiner Unterschied ist bezüglich des Kindergartenzuschusses zum Beispiel, dass du als Arbeitgeber wirklich nur Kindergartenkosten subventionieren kannst, aber keine anderen Kinderbetreuungskosten. Sobald dein Kind schulpflichtig wird, ist kein Arbeitgeberzuschuss mehr möglich. Während du als Arbeitnehmer auch weiterhin jegliche Art Kinderbetreuungskosten bis zum 14. Lebensjahr des Kindes absetzen kannst. Und jetzt kommt der Clou: Diese Kinderbetreuungskosten können natürlich auf vielfältige Weise entstehen. In unserem Fall beispielsweise übernehmen meine Eltern zweimal die Woche die Betreuung unserer Kinder. Meine Eltern wohnen knapp 100 Kilometer entfernt von uns. Vorher waren wir blind dafür, aber diese Aufwendung kann ich meinen Eltern ja ersetzen. Wir haben das mal durchgerechnet: Es kostet meine Eltern um die 6.000 Euro im Jahr zweimal wöchentlich zu uns zu fahren. Dementsprechend ersetzen wir meinen Eltern mittlerweile 100 Kilometer mal 30 Cent für jede Fahrt. Das überweisen wir ihnen, basierend auf einem Vertrag zur Kinderbetreuung, den wir mit ihnen abgeschlossen haben."

„Aber was habt ihr denn davon – das Geld ist doch dann weg?", wundert sich Stefan.

„Von diesen 6000 Euro kann ich zwei Drittel steuerlich absetzen. Darauf würde ich normalerweise 45 Prozent Steuern zahlen als Topverdiener. Und so habe ich aus null Euro 2.000 Euro gemacht, die ich vom Finanzamt zurückerhalte."

„Und die anderen zwei Drittel? Die sind ja trotzdem weg", bemerkt Stefan.

„Gewissermaßen, allerdings bleiben sie in der Familie", antwortet Magdalena. „Da gibt es Mittel und Wege, sich dieses Geld zurückzuzahlen. Unsere Eltern laden uns dann in den Urlaub ein, zum Beispiel. Das ist wieder ein Beispiel für den Kreislaufgedanken, den Zacharias oft hervorhebt: Wenn ich jemand Fremdes für die Betreuung meiner Kinder bezahlen würde, könnte ich das zwar auch von der Steuer absetzen, aber das Geld wäre definitiv weg. So aber bleibt es im Familienkreislauf. Und noch ein kleiner Hinweis: Wenn du die Kindergartenkosten privat absetzt, kannst du nur die Betreuungskosten absetzen, Verpflegungskosten sind in diesem Zusammenhang nicht erlaubt. Beim Zuschuss vom Arbeitgeber spielt das keine Rolle, auch diese Kosten kann der Arbeitgeber steuerfrei und sozialabgabenfrei ersetzen – und das ohne Limit, außer der Höhe deiner tatsächlichen Kosten. Eine andere Möglichkeit wäre, unsere Eltern als Hausmeister auf Minijob-Basis anzustellen. Da gibt es so viele kreative Möglichkeiten!"

„Daran hatte ich wirklich noch nie gedacht", sagt Stefan. Kurz stellt er sich vor, wie er seinen Vater als Hausmeister einstellt. Dafür wäre der alte Herr wohl zu stolz, aber vielleicht ließe sich ein Arrangement finden, das alle Seiten zufriedenstellt. Inwieweit er seine Familie mit einbinden möchte, muss er sich erst noch überlegen. Steueroptimierte Zahlungen an seine Mitarbeiter ausgiebiger zu nutzen, könnte dagegen nicht schaden.

„Hast du noch andere Beispiele, inwiefern ich meinen Mitarbeitern steuerfrei Geld auszahlen könnte?"

„Klar, jede Menge. Eine weitere steueroptimierte Möglichkeit besteht darin, dass du ihnen ein Telefon stellst, selbst wenn sie das für ihren Job vielleicht gar nicht brauchen. Die Mitarbeiter können das Telefon auch privat nutzen. Bei dir ist es eine Betriebsausgabe, beim Arbeitnehmer fallen keine Steuern an. So braucht sich der Mitarbeiter kein privates Handy zuzulegen und auch keinen privaten Handyvertrag."

„Gehört das Handy dann dem Mitarbeiter oder der Firma?"

„Eigentümer ist immer noch das Unternehmen. Aber das interessiert dich als Mitarbeiter nicht, solange du die Gegenstände unbegrenzt nutzen kannst."

„Klar. Wie nutzt ihr diese NEO-Bausteine eigentlich – erhalten eure Mitarbeiter de facto dasselbe Gehalt wie vorher, nur steuerlich optimiert? Oder erhalten sie tatsächlich mehr Netto vom Brutto?", fragt Stefan und überlegt gleichzeitig, wie er diese Bausteine einbauen würde. Er könnte seinen Mitarbeitern ja einen Teil des Gehalts, beispielsweise als Kindergartenzuschuss, auszahlen. Damit würde er das Gehalt auf dem gleichen Level halten, faktisch aber weniger bezahlen, da er sich die Sozialabgaben spart. Mithilfe der NEO-Bausteine könnte er natürlich seinen Mitarbeitern auch ein tatsächlich höheres Gehalt auszahlen, sie würden mehr Netto vom Brutto erhalten und er hätte als Arbeitgeber weiterhin dieselben Kosten, aber zufriedenere Mitarbeiter. Oder er nutzt die NEO-Bausteine, um steuerlich optimiert die Gehälter zu erhöhen, sodass die Ausgaben für ihn leicht höher ausfallen und für seine Mitarbeiter deutlich mehr Netto vom Brutto übrig bleibt. Er tendiert zu Zweiterem für den Anfang – eine indirekte Gehaltserhöhung, die für ihn als Arbeitgeber keine höheren Kosten bedeutet, seinen Mitarbeitern aber deutlich mehr Gehalt in die Taschen spült. Wenn er einbezieht, wie sich das auf die Mitarbeiterzufriedenheit auswirken würde, könnte er damit seine Mitarbeiter hoffentlich mehr an sein Unternehmen binden.

„Einerseits nutzen wir die NEO-Bausteine, um steuerlich optimiert die Gehälter zu erhöhen, ohne dabei höhere Kosten für das Unternehmen zu generieren. Wir zahlen bestimmte Gehaltsteile als zusätzliche Leistungen aus, wie zum

Beispiel den Kindergartenzuschuss, den du erwähnt hast. Dadurch bringen wir das Netto-Gehalt unserer Mitarbeiter auf ein höheres Level und gleichzeitig stärken wir damit unsere Mitarbeiterbindung. Andererseits wandeln wir auch gewisse NEO-Bausteine um. Zahlreiche Bausteine darfst du auch nur zusätzlich gewähren und wir halten uns da auch immer an Zacharias, der meistens dafür tendiert, NEO-Bausteine eher zusätzlich einzusetzen, als diese umzuwandeln, auch wenn dies gesetzlich möglich wäre. Zusätzlich verwenden wir die Bausteine auch gezielt, um herausragende Leistungen unserer Mitarbeiter zu honorieren. Wenn jemand sich besonders hervortut, können wir durch die NEO-Bausteine eine indirekte Gehaltserhöhung vornehmen, ohne dass dies große zusätzliche Belastungen für das Unternehmen mit sich bringt."

„Für den Mitarbeiter ist das ja auch praktisch", führt Magdalena aus. „Weil er weniger Kosten selbst absetzen muss, wenn er diese Leistungen direkt vom Arbeitgeber erhält, und natürlich trotzdem mehr Geld in der Tasche hat. Letztlich ist es also eine Win-Win-Situation."

„Wie sieht es denn bei Minijobbern aus? Gelten bei denen auch all diese Erleichterungen?", fragt Stefan neugierig.

„Habe ich das noch gar nicht erwähnt? Wir haben in unserem Unternehmen auch Minijobber und für sie steckt so viel mehr drin, als du denkst: Ein Minijobber darf zum Beispiel an zwei Monaten im Jahr sogar das Doppelte bekommen, aber nur wenn sein Arbeitseinsatz unvorhergesehen war. Doch genau so einen Fall hatten wir wegen einem schweren Krankheitsausfall. Ebenso wusste ich nicht, dass der Minijobber auch in einzelnen Monaten über der Grenze verdienen darf, solange die Jahreseinkommensgrenze eingehalten wird. Also ja, viele Bausteine sind auch für den Minijob geeignet. Den Minijob sehe ich als ein großes Gehaltswunder. Alle NEO-Bausteine, die für den Arbeitnehmer steuer- und sozialversicherungsfrei sind, haben keinen Einfluss auf die Minijobgrenze."

„Ach, wirklich? Das heißt, ich könnte auch die aktuelle Inflationsprämie von 3.000 Euro an meine Minijobber bezahlen? – Die war doch auch steuer- und sozialversicherungsfrei, oder?"

„Ja, das haben wir selbst auch so gemacht und es kommt noch dicker, wenn dein Minijobber zwei Minijobs hat", sagt Jakob. „Zum Beispiel, wenn er bei dir 300 Euro bekommt und bei einem anderen Arbeitgeber 200 Euro und in der Summe innerhalb der Grenze bleibt, dann kann er die Prämie von jedem Arbeitgeber erhalten. Er darf dabei nur nicht gleichzeitig einen sozialversicherungspflichtigen Job haben. Unabhängig vom Gehalt ist da nur ein Minijob zugelassen. Aber alles ist auch beim Minijob möglich: Kindergartenzuschuss, Zuschuss für die Fahrten zum Arbeitsplatz, 50 Euro Sachbezug,

60 Euro persönlicher Anlass, zusätzliche Gewährung von einem E-Bike, Erholungsbeihilfe, Telefonkosten, Reisekosten, Verpflegungsmehraufwand und so weiter... Ähm, jetzt habe ich mich ein wenig in den Details verloren. Um es abzukürzen: Es gibt noch mehr, als ich gerade aufgezählt habe."

„Lass dich bitte nicht bremsen! Gibt es da wirklich keinen Haken?"

„Naja, du solltest es mit Sicherheit nicht übertreiben und gleich alles über einem Mitarbeiter ausschütten, der auch noch zufällig dein Ehepartner ist. Aber generell ist da kein Haken, nein. Wichtig ist die Dokumentation im Lohn, denn wenn du hier einen Fehler machst, läufst du Gefahr, dass die gesamte Vergütung steuerpflichtig wird und dann wird es eben richtig teuer. Aber keine Sorge, auch hier können dich Zacharias und sein Team beraten und haben ein Auge auf solche Einzelheiten."

„Das sind dann aber auch wieder individuelle Details, da solltest du jetzt keine Panik schüren", unterbricht Magdalena ihren Mann."

„Da hast du recht, Schatz!"

„Im Allgemeinen muss ich sagen, wenn ich von diesen NEO-Bausteinen früher schon gewusst hätte, hätte ich das in meinen vorherigen Positionen anderen Firmen auch schon vorgeschlagen. Nur hat mir das nie jemand gesagt. Als Angestellte kommt man ja auch nicht auf die Idee, so eine Steueroptimierung vorzuschlagen – wie auch? Aus Angestelltensicht sind manche Ausgaben steuerlich absetzbar, damit gibt man sich zufrieden. Dabei gibt es so viel mehr! Wir sind sogar so weit gegangen, die NEO-Broschüre von Zacharias an alle Mitarbeiter auszuhändigen, sodass sie selbst schauen können, welcher Baustein bei ihnen umsetzbar wäre. Wir sind somit ständig im Dialog mit unseren Mitarbeitern. Wir haben unsere Denkweise angepasst. Füreinander und Miteinander gilt nun in unserem ganzen Unternehmen, auch beim Gehalt – ganz im Sinne von Zacharias."

„Das war wirklich erstaunlich, was Zacharias uns für Ideen gegeben hat. Und ich rechne es meiner Frau hoch an, dass sie so viele so schnell umgesetzt hat. Du hast die PUK noch gar nicht erwähnt, meine Liebe, dabei bist du darauf doch besonders stolz!", bringt sich Jakob ein.

„Stimmt", bestätigt Magdalena mit einem verschmitzten Grinsen. Die Flugbegleiter kommen vorbei und servieren ihnen Tee und Kaffee. Stefan nimmt einen großen Schluck Kaffee, bevor er den beiden weiter lauscht. An die PUK erinnert er sich gut, dieses Wortungetüm: pauschaldotierte Unterstützungskasse. Wie Jakob und Magdalena das wohl umgesetzt haben in der Praxis?

„Du weißt, wie eine PUK funktioniert?", fragt Jakob.

„Tatsächlich bin ich so weit noch nicht gekommen."

„Ich kann dir da nicht alle Details und Kniffe erklären, aber in meinen Worten kann ich es gerne versuchen. Zacharias selbst arbeitet hier mit einem Spezialisten, der nichts anderes tut, als sich mit PUKs zu beschäftigen. Mit meiner PUK kann ich selbst entscheiden, wie ich mein Vermögen anlege. Ich bin unabhängig von jeder Bank oder Versicherung – an der PUK verdiene vor allem ich selbst und nicht jemand anders. Zusätzlich ist das Ganze auch noch steuerlich subventioniert. Ich kann bis zu sieben Prozent Zinsen an mich selbst zahlen, das musst du dir mal auf der Zunge zergehen lassen! Darüber hinaus binden wir unsere Mitarbeiter an das Unternehmen, denn die PUK macht es langfristig noch attraktiver, für uns zu arbeiten. Heutzutage machen sich ja immer mehr Menschen Sorgen um ihre Altersvorsorge. Da spielt es uns sehr in die Karten, den Mitarbeitern eine solide und zukunftsfähige Vorsorge bieten zu können."

Stefan runzelt nur die Stirn. Wenn das stimmt, was die beiden sagen, warum sollte dann überhaupt noch ein Unternehmer die staatliche Vorsorge nutzen, wenn man das vergleichsweise einfach selbst auf die Beine stellen kann? „Das klingt ja alles sehr positiv, aber wie genau funktioniert das?", hakt er nach.

„Das erkläre ich dir gerne. In unserer PUK zahlen unsere Mitarbeiter ihren betrieblichen Altersvorsorgebeitrag in die Unterstützungskasse ein und mein Unternehmen fügt seinen Arbeitgeberzuschuss hinzu."

„Statt das Geld an eine Versicherung oder Ähnliches zu zahlen, behältst du also die Kontrolle darüber?"

„Genau", bestätigt Jakob. „Das gesammelte Geld wird von der GmbH verwaltet, also von uns. Dabei haben wir die Freiheit, dieses Kapital in die Anlageprodukte unserer Wahl zu investieren. Dafür gewähren wir unseren Mitarbeitern einen festen Zins."

„Das ist wirklich kaum zu glauben!", platzt Stefan heraus.

„Mit der PUK kannst du die Beträge, die du normalerweise an die staatliche Rentenkasse oder in eine klassische Direktversicherung zahlst, auf dein eigenes Konto zahlen", schaltet sich jetzt wieder Magdalena ein. „Das Prinzip ist dasselbe wie bei einer Direktversicherung. Bei aktuell 85 Mitarbeitern kommt da ganz schön was zusammen, sag ich dir. Jeder Mitarbeiter zahlt bei uns 200 Euro im Monat in die PUK ein. Diese 200 Euro haben alle Mitarbeiter umgewandelt und bekommen dafür von uns einen Zuschuss von 50 Euro. Auch dieser Zuschuss fließt bei uns nicht an irgendeine komische Versicherung, sondern bleibt bei uns. Das sind 250 Euro im Monat, die in der Firma bleiben. Das ergibt 21.250 Euro im Monat. Innerhalb eines Jahres sind wir schon bei mehr als 250.000 Euro. Das Fantastische daran ist, dass wir dieses Geld in Vermögenswerte unserer Wahl investieren können. In unserem Fall haben wir das Geld in mehrere Alpenwohnungen in Frankreich gesteckt und kaufen demnächst ein großes Haus am Meer in Südspanien."

„Dank unserer PUK haben wir einerseits unsere Altersvorsorge abgedeckt und andererseits ein wunderschönes Häuschen in den französischen Alpen, das wir selbst und unsere Mitarbeiter regelmäßig nutzen“, ergänzt Jakob.

„Ich kann mich noch genau an dein Gesicht erinnern, Jakob, als Zacharias uns das als Teil unserer ITHAKA-Strategie präsentiert hat“, sagt Magdalena schelmisch und nippt an ihrem Tee.

„Das stimmt, ich habe wirklich meinen Ohren nicht getraut, als ich das gehört habe.“

„Das ist ganz schön viel Geld“, denkt Stefan und rechnet aus, wie viel bei seinen 17 Mitarbeitern im Monat zusammenkommt: immerhin gut 50.000 Euro im Jahr. Das ist zwar noch nicht besonders viel, aber ein Anfang. Und je eher er damit anfängt, umso mehr summiert sich über die Jahre bis zu seiner Rente.

„Am Anfang haben wir die PUK aufgesetzt, damit ich als Geschäftsführer eine Altersvorsorge habe. Das geht auch, man muss nicht gleich mit der ganzen Firma einsteigen. Man kann sich einer PUK-Gruppe anschließen, sodass man gemeinsam mit anderen Unternehmen in eine PUK investiert. So konnten wir das Ganze unverbindlich ausprobieren und haben schnell Geschmack daran gefunden. Da das so gut funktioniert hat, habe ich Magdalena in die PUK reingeholt. Das bot weitere Vorteile, da wir ihre Überstunden in der PUK auszahlen können. Das Geld fließt dadurch nicht aus der Firma raus. Wenn Magdalena beispielsweise Überstunden im Wert von 10.000 Euro angesammelt hat, überweisen wir 10.000 Euro an die PUK für sie. Steuerfrei. Und sozialabgabenfrei. Auf diese Weise hat sie im Alter Anspruch auf 10.000 Euro mehr. Das war auch einer der Punkte, der den Ausschlag gegeben hatte. Magdalena hat dann natürlich vorgeschlagen, dass wir die PUK für alle Mitarbeiter einführen und uns um die Implementierung kümmern.“

„Ich fand das System so toll, dass ich das unbedingt für alle Mitarbeiter übernehmen wollte. Der Effekt geht so viel weiter als nur Kapital im Unternehmen zu behalten“, führt Magdalena aus. „Wir werfen das Geld nicht irgendeiner teuren Versicherung in den Rachen, sondern investieren es, sodass die gesamte Firma sogar heute schon davon profitiert – und in der Zukunft sogar noch mehr! Du solltest mal die Gesichter unserer Mitarbeiter sehen, wenn sie aus dem Urlaub zurückkommen, den sie in einer unserer wunderschönen Alpenwohnungen verbracht haben!“

„Viel mehr Mitarbeiterbindung geht nicht“, bestätigt Jakob. „Zur Einweihung hatten wir auch eine tolle Feier, das hättest du sehen sollen. Seitdem wir Ferienwohnungen für alle Mitarbeiter gekauft haben und sie sich in den Kalender eintragen können, wann sie dort Urlaub machen wollen, hat auch kein einziger Mitarbeiter mehr gekündigt. Das ist nun einmal schwer zu überbieten.“

Das klingt wieder einmal zu gut, um wahr zu sein. Stefan ist sich sicher, dass es einen Haken an der Sache gibt.

„Was ist, wenn euer Unternehmen – Gott bewahre, aber man weiß ja nie – mal pleite geht? Was passiert dann mit all dem Geld, das ihr für die Mitarbeiter und euch selbst über die PUK in die Altersvorsorge investiert habt?"

„Das haben die Mitarbeiter natürlich auch gefragt", antwortet Magdalena. „Wir haben mit dem Geld jetzt natürlich einen Gegenwert geschaffen und gehen davon aus, dass sich das Vermögen über viele Jahre vermehrt. Wir haben das Geld investiert, kassieren monatliche Mieteinnahmen und profitieren von einer positiven Wertentwicklung unserer Immobilien und im schlimmsten Fall ist das Gute, dass der Pensionsversicherungsverein einspringt, falls unsere Firma Insolvenz anmelden müsste. Die Mitarbeiter – mich eingeschlossen – verlieren ihren Anspruch nicht, selbst wenn die Firma eines Tages nicht mehr existieren sollte. Bei Jakob sieht es als beherrschender Gesellschafter anders aus, da würde der Pensionsversicherungsverein nicht einspringen im Insolvenzfall. Aber von diesem schlimmsten Fall gehen wir nicht aus – wichtig ist, dass die Mitarbeiter kein Geld verlieren."

„Das heißt, man hat alle Vorteile, die man in der staatlichen Rentenkasse auch hätte, aber zusätzliche Vorteile wie das Ferienhaus in Frankreich?", fragt Stefan ungläubig. „Kann ich das denn als Einzelunternehmer auch umsetzen bei mir im Betrieb?"

„Du kannst auch in deiner Einzelfirma eine PUK aufbauen, allerdings schließt diese nur deine Mitarbeiter ein", erklärt Jakob. „Ich kenne den Fall, weil einer meiner Freunde das auch machen wollte und Zacharias ihn diesbezüglich beraten hat. Du selbst könntest die PUK nicht nutzen, da du nicht angestellt bist. Sobald du dagegen eine GmbH hast, kannst du auch als Geschäftsführer davon profitieren. Eine PUK lohnt sich schon ab einer kleinen Unternehmensgröße, auch ein Unternehmen mit drei oder vier Mitarbeitern kann sich eine PUK anschaffen. Ich kenne das von anderen Unternehmerfreunden, oftmals haben sie aber niemanden wie Magdalena, der das auch für die Mitarbeiter durchsetzt. Bei manchen meiner Freunde hat der Geschäftsführer eine PUK, weil er die Vorteile sieht, für die Mitarbeiter zahlt er allerdings in die staatliche Rentenkasse ein. Für mich ist das eine sehr kurzfristige Perspektive. Klar, du musst diese PUK auch erst einmal aufbauen und die Investitionen, die du tätigst, auch verwalten. Das erfordert Aufwand. Aber der Gewinn für alle ist doch so viel höher! Insbesondere auch in Bezug auf die Mitarbeiterbindung, wie Magdalena ja schon gesagt hat."

„Für mich ist das eine glasklare Sache", bestätigt Magdalena. „Als Arbeitgeber musst du eine Form der betrieblichen Altersvorsorge anbieten. Welche, bleibt dir überlassen. Für Jakob und mich ist aber der größte Vorteil der PUK, dass wir selbstbestimmt und frei über das Geld verfügen können. Ich bin in keinen unbekannten Abhängigkeiten gefangen. Doch, und das muss ich an dieser Stelle auch sagen, ist es wahrscheinlich für viele Unternehmer nicht das richtige Modell. Wenn du nicht mit Investitionen umgehen kannst, lass die Finger von der PUK. Wir lieben sie, aber man muss sich natürlich voll und ganz darauf einlassen. Neulich haben wir eine weitere Möglichkeit ausprobiert, das PUK-Geld zu investieren: Wir haben einem unserer Mitarbeiter damit ein Darlehen gegeben, sodass er sein Haus bauen kann! Natürlich verzinst. Ist das nicht der Wahnsinn? So erhält der Mitarbeiter ein Darlehen aus seinem eigenen Geld und die Zinsen fließen an das Unternehmen."

„Das kann man einfach so machen?", staunt Stefan.

„Absolut – und noch so viel mehr! Wir hatten ja gerade über die Möglichkeiten beim Minijob gesprochen. Die PUK ist selbstverständlich auch bei deinen Minijobbern und somit auch bei deinen eigenen Kindern möglich. So kannst du schon sehr früh eine erste Altersvorsorge für deine Kids aufbauen, wenn diese mit 14 mit einem Minijob bei dir durchstarten. Mit einem Teil des PUK-Geldes haben wir auch an der Börse investiert. Das hatten wir als Option vorgestellt und die Mitarbeiter haben mehrheitlich dafür gestimmt", erklärt Jakob. „Die Gewinne aus unseren Investitionen an der Börse zahlt das Unternehmen an die Mitarbeiter zurück, indem ihre PUK weiter aufgestockt wird. Das ist wichtig dabei: Die Gewinne können nicht direkt an die Mitarbeiter ausbezahlt werden. Für die Mitarbeiter ist das trotzdem super. Sie können jederzeit einsehen, wie viel Geld sich auf ihrem PUK-Konto schon angesammelt hat. Das ist natürlich ein super Boost, wenn sie sehen, dass das Geld schon wieder mehr geworden ist. Jedes Mal, wenn wir unsere Börsengewinne mit den Mitarbeitern teilen, sorgt das für tolle Stimmung im Büro. Natürlich gibt es auch Zeiten, in denen der Kurs mal in den Keller rauscht. Aber auch das teilen wir. Es verleiht ein deutlich stärkeres Wir-Gefühl, wenn wir gemeinsam investieren, womit wir wieder bei der Bindung und der Wertschätzung wären. Bei uns sind die Mitarbeiter in gewissem Sinne Mitunternehmer."

„Das klingt jetzt sehr rosig, Jakob", wirft Magdalena ein. „Die Umstellung war teilweise auch herausfordernd. Am Anfang mussten sich die Angestellten erst einmal daran gewöhnen, dass sie auf einmal mitentscheiden und damit auch Verantwortung übernehmen müssen. Wir hatten auch ein paar Mitarbeiter, die gegangen sind, weil sie mit der neuen Unternehmenskultur nichts anfangen konnten. Die wollten gar nicht mehr Mitsprache und mehr Miteinander. Teilweise waren das auch Top-Mitarbeiter, aber eben Einzelkämpfer – da half alles nichts. Du kannst nicht von einem Tag auf den anderen den Schalter umlegen und sofort funktioniert alles – natürlich mussten wir erst einmal ein tiefes Tal durchschreiten und einige Dinge radikal anders gestalten, bis wir von allen Vorteilen profitieren konnten."

„Stimmt, wir haben uns teilweise gefragt, ob wir wirklich das Richtige tun oder nicht vielmehr alles riskieren, was wir bis dahin aufgebaut hatten."

„Aber auch wenn damals einige das Team verlassen haben, sind die, die geblieben sind, und die, die neu dazugekommen sind, dafür umso engagierter. Davon profitieren wir auch sehr im Unternehmen. Ich ermuntere unsere Mitarbeiter immer, dass ruhig sie den Mund aufmachen sollen und selbst Vorschläge einbringen. Davon lebt ja unsere Unternehmenskultur!"

„Zum Beispiel hat einer unserer Mitarbeiter, den man durchaus auch als überengagiert bezeichnen könnte, vorgeschlagen, dass er doch unser Firmenlogo auf sein Auto aufdrucken könnte, um damit quasi als rollende Werbereklame durch die Stadt zu fahren. Er ist sportlich sehr aktiv – wie viele in unserer Firma – und parkt oft vor Sporthallen, wo sich wiederum unsere Kunden tummeln. Den Vorschlag haben wir ein paar Tage später zufälligerweise Zacharias gegenüber erwähnt und – wie hätte es anders sein sollen – Zacharias hat das sofort aufgegriffen und uns offenbart, dass wir mit diesem Mitarbeiter einen Mietvertrag für die Werbefläche an seinem Auto abschließen können und ihm dafür 255 Euro pro Jahr bezahlen. Denn natürlich wollen wir uns dafür erkenntlich zeigen und auch andere Mitarbeiter motivieren, dasselbe zu tun. Was sich tatsächlich auch so entwickelt hat, mittlerweile fahren einige unserer Mitarbeiter mit dem GameOn-Logo durch die Gegend. Jedenfalls sind diese 255 Euro steuerfrei und sozialabgabenfrei und ein weiterer NEO-Baustein, den wir unserem Unternehmer-Werkzeugkasten hinzugefügt haben."

Stefan stellt sich vor, wie seine Mitarbeiter mit dem „Stefan Mayer Sanitärinstallationen e. K."-Schriftzug durch die Stadt fahren – gar kein schlechter Gedanke. Damit könnte er sich vor Ort noch besser etablieren und seine Marketingverantwortliche wäre ohne Frage entzückt.

„Das ist eine ziemlich witzige Idee mit der Werbefläche auf dem Auto", stimmt er zu. „Langsam frage ich mich aber, wie viele von diesen über 30 NEO-Bausteinen ihr denn noch nicht implementiert habt. Also, um es mal so rum zu betrachten."

„Gute Frage, wir nutzen tatsächlich beinahe alles oder bieten es zumindest an, sofern es die Mitarbeitern nachfragen", bestätigt Magdalena. „Große Unternehmen bieten auch eine enorme Bandbreite dieser Leistungen an, weil die Wahrscheinlichkeit einfach viel höher ist, dass sie davon wissen. Ich glaube, viele kleinere und mittelständische Unternehmen haben einfach noch nie von diesen Bausteinen gehört, weil sie nicht das Glück hatten, Zacharias kennenzulernen. Es gibt da ja die unglaublichsten Dinge. Sie tragen zwar alle höchst bürokratische Namen, sind aber echt nützlich. Mein liebstes Wortungetüm ist die ‚Erholungsbeihilfe'. Hast du davon schon einmal gehört?"

Stefan schüttelt den Kopf. Beihilfe zur Erholung? „Was kann ich mir darunter vorstellen? Bedeutet das betrieblich verordnete Massagen?"

Magdalena lacht laut auf und hält sich die Hand vor den Mund.

„Das ist auch eine lustige Vorstellung. ‚Erholungsbeihilfe' bedeutet, dass du deinen Mitarbeitern zusätzliches Geld zahlen kannst, damit sie ihren Urlaub mehr genießen können. Wie die meisten anderen NEO-Bausteine dient das einfach dazu, dass du deinen Mitarbeitern Geld zuschießen kannst, in diesem Fall 156 Euro. Für Mitarbeiter mit Familie kannst du die Erholungsbeihilfe sogar weiter aufstocken und für den Ehepartner nochmal 104 oben drauflegen sowie 52 Euro für jedes Kind."

„Interessant, was es alles gibt! In welchen Situationen ist so eine Erholungsbeihilfe relevant – zahlt ihr das für jeden Urlaub?"

„Du kannst dieses sogenannte Urlaubsgeld nur einmal im Jahr bezahlen, also nicht zu jedem Urlaub. Wir nutzen die Erholungsbeihife vor allem, um uns einem Mitarbeiter gegenüber erkenntlich zu zeigen, der nach einer besonders anstrengenden Arbeitsphase einen längeren Urlaub oder eine Auszeit genießt. Wir wollen dafür sorgen, dass unsere Mitarbeiter sich nach längeren Durststrecken ohne Urlaub wirklich entspannen können und auch wenn man mit diesen paar Hundert Euro nicht die Erholung im Reinkonzentrat kaufen kann, kommt es bei unseren Mitarbeitern hervorragend an. Es ist eine wirkungsvolle Geste. Es kostet uns nicht viel, aber es drückt unsere Unternehmensphilosophie aus, dass wir den hohen Einsatz unseres Teams honorieren und sie langfristig fit halten wollen."

„Es gibt noch so viele weitere Beispiele", sagt Jakob. „Viele davon kennst du sicher schon. Den Firmenwagen abzusetzen, ist ja auch so ein Klassiker. Gutscheine setzen wir auch oft ein, aus genau dem Grund, dass sie bis zu 50 Euro im Monat pro Mitarbeiter steuer- und sozialabgabenfrei sind. Zuschläge für Arbeitsstunden am Sonntag und am Feiertag werden auch in anderen Firmen oft ausgeglichen, das ist auch eine Form der Steueroptimierung und -gestaltung, die weit verbreitet ist. Berufskleidung genauso."

Stefan hakt im Kopf die Liste ab, einiges davon wendet er ja bereits an. Nur wusste er nicht, dass sie bei Zacharias so einen hippen Namen tragen!

„Eine andere Maßnahme, die wir ausgiebig genutzt und damit jeden Mitarbeiter glücklich gemacht haben, ist die Inflationsprämie von bis 3.000 Euro je Mitarbeiter. Selbst Minijobbern haben wir diesen Betrag ausbezahlt und natürlich auch an uns selbst, schließlich sind wir auch nichts anderes als Angestellte. In der GmbH haben wir Betriebsausgaben und in unserem Privatbereich sind diese Einnahmen steuerfrei. So gelingt es uns, durch die NEO-Bausteine Geld steuerfrei aus der GmbH zu beziehen, sodass das Brutto-Geschäftsführergehalt von Jakob am Ende geringer ausfallen kann.

Heute frage ich mich, was ich ohne diese ganzen NEO-Bausteine tun würde. Mein eigenes Bruttogehalt und das unserer Angestellten müsste dann wesentlich höher sein."

„Habt ihr da keine Angst, dass der Gesetzgeber diesen Bausteinen irgendwann einen Riegel vorschiebt und diese Bausteine streicht und einschränkt? Schließlich braucht der Staat immer mehr Geld und in diesem Bereich mangelt es ihm nicht an Kreativität."

„Nein, eher nicht. Denn Zacharias sagte uns auch, dass die Bausteine in den letzten Jahren vielmehr ausgebaut wurden, statt abgebaut."

„Wahrscheinlich mache ich mir in diesen Dingen viel zu viele Gedanken. Schließlich weiß keiner von uns, wie die Gesetze morgen aussehen werden."

„Genau das ist der Punkt: Niemand kann die Zukunft voraussehen", nickt Magdalena. „Aber momentan stehen die Zeichen eher gut für solche Maßnahmen. Zum Beispiel haben wir einen weiteren Baustein erst während der Pandemie entdeckt: die Internetpauschale. Die ganze Heimarbeit hat uns tatsächlich auf einige neue Gedanken gebracht. Mit der Internetpauschale ersetzen wir unseren Mitarbeitern die Kosten für das WLAN, das sie zu Hause bezahlen und teilweise für die Arbeit nutzen."

„Stimmt, das ist auch noch so ein Baustein. Das sind ganze 50 Euro monatlich, die man darüber abgelten kann", bestätigt Jakob. „Du weißt mehr, welche NEO-Bausteine wir noch einsetzen, Magdalena. Es sind mittlerweile so viele, dass ich langsam den Überblick verliere."

„Ja, die Liste ist lang", bestätigt Magdalena. „Ein paar weitere NEO-Bausteine werden so oft eingesetzt, dass du sie wahrscheinlich gar nicht als solche wahrgenommen hast. Zum Beispiel, wenn du als Arbeitgeber Handys und Bildschirme zur Verfügung stellst. Da gilt ja das gleiche Prinzip wie beim Firmenwagen und auch diese Ausgaben sind von der Steuer und von Sozialabgaben befreit. Sie werden mittlerweile von den Mitarbeitern ja auch größtenteils erwartet. Außerdem ersetzen wir natürlich die Verpflegung zu einem gewissen Tagessatz bei Reisen und laden unsere Mitarbeiter zu Firmenfeiern ein – solche Ausgaben kann man ja auch steuerlich optimieren und gestalten."

„Das klingt zumindest aus Mitarbeitersicht fantastisch, was ihr da erzählt. Eure Mitarbeiter können sich wirklich glücklich schätzen. So wie ihr das erzählt, ist die Umsetzung auch gar nicht so kompliziert?"

„An sich ist das sehr unkompliziert, vor allem sobald der Baustein einmal deinem Unternehmen hinzugefügt wurde. Was Magdalena nicht erwähnt hat, ist, dass ich selbst mit einigen dieser NEO-Bausteine auch erst einmal meine Schwierigkeiten hatte. Ein Beispiel kommt mir da direkt in den Sinn, Magdalena weiß bestimmt, was ich meine, nämlich ..."

„. . . die Kantine“, vollendet sie seinen Satz. Sie gestikuliert so begeistert, dass sie dem jungen Mann neben ihr leicht in die Seite stößt, der gerade ein Nickerchen zu halten scheint und jetzt die Augen öffnet. „Entschuldige bitte“, sagt sie an den jungen Mann gerichtet, der sich die Augen reibt. Und fährt direkt fort:

„Klar, daran erinnere ich mich gut, wie du dich anfangs gegen das Projekt gewehrt hast, Jakob! Das ist auch so ein Beispiel, wie sich unsere Mitarbeiter mittlerweile einbringen. Einer unserer Mitarbeiter hat die Kantine vorgeschlagen. Bei beinahe 90 Mitarbeitern ergibt eine Kantine ja auch durchaus Sinn. Aber eben noch nicht ganz, denn das ist gerade die Anzahl Mitarbeiter, wo eine Betriebskantine – wenn man steuerliche Vorteile außen vor lässt – meist noch nicht umgesetzt wird, weil das natürlich ein ganz schöner Aufwand ist.“

„Worin bestehen denn die steuerlichen Vorteile? Ich sehe da vor allem eine Rieseninvestition und hohe laufende Kosten“, wirft Stefan ein.

„So ging es mir auch“, bestätigt Jakob. „Zacharias und Magdalena haben mich aber schließlich überzeugt, zunächst durch den steuerlichen Vorteil: Wir können jedem Mitarbeiter bis zu 15 Mal pro Monat je 6,90 Euro für das Mittagessen steuerfrei und sozialabgabenfrei zuschießen. Das kommt natürlich hervorragend an.“

„Bei neuen und bei alten Mitarbeitern!“, wirft Magdalena ein. „Das ist nämlich der Punkt, der oft übersehen wird. Du ahnst gar nicht, in wie vielen Bewerbungsgesprächen das schon den Ausschlag gegeben hat, was wir alles an Mitarbeitervorteilen auf den Tisch legen! Da haben wir uns sehr von der Broschüre von Zacharias inspirieren lassen und haben etwas ähnliches gemacht. Bei Zacharias heißt dieses Magazin 111 Mitarbeiter Benefits bei L&L. Kann ich dir wärmstens empfehlen."

„Das stimmt wirklich“, bestätigt Jakob. „Außerdem muss ich zugeben, dass wir letzten Endes mehr davon profitieren, als dass es uns kostet. Früher haben die Mitarbeiter selten in größeren Runden zusammen gegessen. Mittlerweile gleicht unsere Kantine einem emsigen Bienenstock und es sind schon einige Ideen aufgekommen und Probleme gelöst worden, einfach nur weil die Mitarbeiter abteilungsübergreifend gemeinsam zu Mittag essen.“

„Das kann ich mir vorstellen, das klingt wunderbar“, sagt Stefan. „In meinem Fall kommt das leider nicht infrage, dafür ist mein Unternehmen mit 20 Mitarbeitern noch zu klein.“

„Entschuldigt bitte, darf ich mich kurz in euer Gespräch einmischen?“, fragt auf einmal der junge Mann neben Magdalena. Er ist hochaufgeschossen, eher dürr und hat ein freundliches Gesicht, das durch seine Brille mit ihrem dicken Rahmen nur geringfügig ernster wird. Jetzt unterhalten sie sich wirklich über die ganze Sitzreihe.

Der Assistent

„Ich bin Torben, Zacharias Assistent“, stellt er sich vor. „Magdalena und Jakob kennen mich ja schon ein Weilchen. Du musst Stefan sein – freut mich, dich kennenzulernen“, streckt der dürre Mann ihm seine Hand hin. Stefan schlägt ein und grüßt zurück. Spannend, Zacharias Assistent kennenzulernen. Mal schauen, was er aus ihm herausbekommt – auf diese Weise erhält er auch einen hervorragenden Einblick in Zacharias Arbeitsweise.

„Ich habe gerade euer Gespräch mitbekommen und dachte mir, ich bringe etwas Licht ins Dunkel. Tatsächlich kannst du auch ohne Kantine deinen Mitarbeitern einen Zuschuss fürs Mittagessen geben. Unsere Firma ist mit knapp 30 Köpfen nicht wesentlich größer als deine, Stefan, daher lohnt sich bei uns eine eigene Kantine auch nicht.“

„Von was für einer Art Zuschuss reden wir hier?“, fragt Stefan noch ein wenig misstrauisch nach.

„Wir haben eine App, da kann der Mitarbeiter den Essensbeleg fotografieren. Alkohol und Zigaretten sind natürlich ausgeschlossen, das dürfen wir nicht ersetzen. Solche Ausgaben erkennt die App automatisch und entfernt sie aus der Gesamtrechnung. Pro Tag ersetzen wir aktuell dann maximal 6,90 Euro, bis zu 15 Mal im Monat.“

„Das ist natürlich auch eine Lösung“, denkt Stefan. Damit wäre der Verwaltungsaufwand auf jeden Fall aufs Minimum reduziert.

„Und wo können die Mitarbeiter diese 6,90 Euro ausgeben?“

„Generell ist das in jedem Restaurant oder Supermarkt möglich. Solange er einen Beleg einscannt, kriegt der Mitarbeiter das ersetzt. Das hat tatsächlich auch das Einkaufsverhalten mancher Kollegen verändert – statt wie früher einen Wocheneinkauf zu tätigen, kaufen sie jetzt alle zwei Tage ein, um diese 6,90 Euro Erstattung mitzunehmen. Seit neuestem haben wir sogar noch eine bessere Option als ein herkömmliches Restaurant. Eine meiner Kolleginnen hat die Chance genutzt, sich mit einem Essenslieferdienst nebenher selbständig zu machen. Sie hat schon immer gerne gekocht und gebacken – ihre Torten waren bei jeder Betriebsfeier unbestreitbar das kulinarische Highlight. Mittlerweile kocht sie an drei Tagen die Woche jeweils zwei Gerichte, aus denen wir wählen können und die sie dann ins Büro liefert. Die Gerichte kosten natürlich meistens ...“

„6,90 Euro!“, führt Stefan den Satz zu Ende. Was für eine pfiffige Mitarbeiterin!

„Was ist eigentlich mit Teilzeitkräften?“, fragt er. „Bekommen die dann auch 15 Tage ersetzt?“

„Theoretisch kannst du das tun, die Teilzeitkraft muss an diesem Tag nur arbeiten, ob vier Stunden oder nur zehn Minuten spielt dabei keine Rolle. Wir haben uns jedoch für acht Tage entschieden. Das System ist da super flexibel. Für Teilzeitarbeitende und auch für Minijobber kann man das einfach anpassen, wie viele Tage sie erstattet bekommen. Auch im Home Office geht das natürlich super, man kann sich mit den 6,90 Euro auch eine Pizza nach Hause bestellen, wenn man möchte."

„Ausgefuchst", denkt Stefan. Jetzt, wo er so nah an der Quelle dran ist, möchte er unbedingt von Torben erfahren, wie Zacharias seine ganzen NEO-Bausteine, PUKs und sonstige Abkürzungen im eigenen Unternehmen umsetzt. Ob er womöglich Wasser predigt und Wein trinkt oder ob er wirklich von seinen Steueroptimierungs- und Gestaltungsideen so überzeugt ist, dass er sie selbst anwendet. Doch er kann nicht mit der Tür ins Haus fallen, sondern muss geschickter vorgehen und erstmal mehr zu und über Torben erfahren.

„Nicht schlecht", sagt Stefan. „Bist du schon lange bei Zacharias?"

„Erst seit einem guten Jahr. Ich war vorher bei einem Arbeitgeber, bei dem so einiges schief lief. Mein früherer Arbeitgeber hatte vor allem seine eigenen Vorteile im Blick, nicht die der Mitarbeiter. Es war alles ziemlich undurchsichtig und von oben nach unten gesteuert. Der Unternehmenswechsel war wirklich eine positive Veränderung. Die Wertschätzung, die einem bei Zacharias entgegengebracht wird, macht einen großen Unterschied. Besonders cool finde ich aber, dass wir eine eigene E-Roller-Flotte haben. Jeden Morgen fahre ich mit dem E-Roller zur Arbeit – mein persönliches italienisches Lebensgefühl, wie ich es nenne. Und das Beste: Wir dürfen die Roller nicht nur dienstlich, sondern auch privat nutzen und können sie ganz einfach online über einen geteilten Kalender reservieren. Die Firma übernimmt sogar die Kosten. Zacharias sehe ich auch oft auf dem E-Roller ankommen. Viele Mitarbeiter haben außerdem auch E-Bikes und Fahrräder. Die Kanzlei least sie, wir Mitarbeiter nutzen sie und können sie am Ende der Laufzeit kaufen."

„Da kann ich gut nachvollziehen, wieso du lieber bei Zacharias arbeitest!", kommentiert Stefan Torbens Begeisterung.

„Das ist längst noch nicht alles", entgegnet Torben. „Jeder Mitarbeiter bekommt eine Mitarbeiterkarte, auf die monatlich 50 Euro geladen werden. Diese Karte kann man zum Einkaufen in der Region nutzen, sodass wir damit in vielen teilnehmenden Läden einkaufen können, von großen Supermarktketten bis zu Bekleidungsgeschäften. Früher gab es wohl persönliche Geburtstagsgeschenke, aber oft landeten sie im Müll. Jetzt ist das anders: An jedem Geburtstag bekommt jeder Mitarbeiter 60 Euro auf seine Karte geladen. Das sorgt dafür, dass jeder etwas nach seinem Geschmack finden kann. Auch beim Betriebsjubiläum gibt es diese nette Geste. Wiederum 60

Euro auf die Karte und das gilt nicht nur für das eigene Jubiläum, sondern auch, wenn die Kinder oder der Ehepartner Geburtstag haben. Insgesamt können wir so maximal 180 Euro im Jahr erhalten, verteilt auf drei persönliche Anlässe. Das Schöne dabei ist, dass wir die Karte zusätzlich mit bis zu 10.000 Euro im Jahr aufladen können und das bleibt für uns Mitarbeiter steuerfrei. Sogar sozialversicherungsfrei, wenn man als Topverdiener über der Beitragsbemessungsgrenze verdient. Der Arbeitgeber zahlt allerdings 30 Prozent Steuern auf dieses Geld. Das sind wirklich großzügige Extras, die Zacharias uns da gönnt."

Stefan muss an einen All-inclusive-Urlaub denken, bei dem man mit dem Armband bezahlen kann und während des Urlaubs kein einziges Mal an die Abrechnung denken muss. Nur, dass in diesem Beispiel am Ende sogar der Arbeitgeber zahlt und nicht der Mitarbeiter. Also er als Arbeitgeber. Wobei von dieser Maßnahme ja vor allem der Arbeitnehmer profitiert, während das für ihn als Arbeitgeber auf ein Nullsummenspiel hinausläuft. Trotzdem käme das bestimmt gut an bei seinen Mitarbeitern.

„Und das ist so einfach mit dieser Karte?", vergewissert sich Stefan. Torben nickt.

„Ja, es ist wirklich unkompliziert", erklärt er. „Es muss lediglich einen Sachbezug geben, also das Geld muss auf die Karte überwiesen werden. Mit den 10.000 Euro auf der Karte kann man vielfältig einkaufen – man könnte sogar ein Auto damit kaufen. Viele Mitarbeiter nutzen das und sparen auf diese Weise. Das Geld verfällt zwar nach drei Jahren, aber bisher ist es noch nie passiert, dass es verfallen ist. Es gibt sogar Unternehmen, die das jedes Jahr für ihre Topmitarbeiter umsetzen. Und es muss ja nicht immer der volle Betrag von 10.000 Euro sein – jeder Betrag zwischen Null und 10.000 Euro ist möglich. Ein Mitarbeiter kann damit beispielsweise in den Elektronikfachmarkt gehen und sich eine Waschmaschine kaufen."

„Wie aufwändig ist es, so etwas aufzusetzen?"

„Der gesamte Prozess ist komplett digital. Wenn es einmal eingerichtet ist, ist der Aufwand minimal. Für jeden Mitarbeiter ein Account anlegen, das war's. Jeden Monat müssen wir nur auf einen Knopf drücken und die Karten werden aufgeladen. So einfach ist das."

Klingt tatsächlich erstaunlich einfach, findet Stefan.

„Das gilt praktisch auch für unsere Essens-App", führt Torben weiter aus. „Anfang des Monats erhält unsere Lohn-Buchhaltung eine Excel-Datei, in der alle Mitarbeiter und die Ausgaben des Vormonats aufgelistet sind. Einen Monat zeitversetzt bekommen die Mitarbeiter dann ihre Ausgaben erstattet. Der Arbeitnehmer muss nur den Beleg abfotografieren und kann dann sehen, dass die Ausgabe ‚genehmigt' wurde und wie viel Restguthaben er noch hat. Damit kann er dafür sorgen, dass er das restliche Guthaben auch aufbraucht."

„Was es nicht alles gibt", entfährt es Stefan. Sie haben zwar schon einiges digitalisiert, aber all diese Apps und kostenfreien Fahrzeuge und Essen für die Mitarbeiter sind ein ganz anderes Level.

„Ich hab dir noch gar nichts vom neuesten Schrei erzählt", verkündet Torben sichtlich aufgeregt. „Photovoltaik!"

„Photovoltaik? Also, da gibt es viele Förderungen, soweit ich weiß. Nutzt du das denn?"

„Und wie! Ich steige da gerade ein, zusammen mit meiner Freundin. Da verbirgt sich extremst viel Steuersparpotenzial, glaub mir!" Man merkt ihm wirklich an, dass er ein bisschen jünger ist als die anderen Reisenden, bemerkt Stefan. So eine überschwängliche jugendliche Begeisterung würde er auch gerne mal wieder verspüren!

„Dann erzählt mal, wo investierst du denn da?", fragt Stefan.

„Das ist teuer, deswegen mache ich das nicht alleine. Ich rede hier nicht von Solarzellen auf meinem Hausdach, ich meine Solaranlagen auf der grünen Wiese oder großen Dachflächen. Wie in allen Bereichen, in denen auf einmal viel Nachfrage herrscht und viel staatliche Förderung zur Verfügung gestellt wird, gibt es natürlich auch viele schwarze Schafe. Das ist bei Photovoltaik nicht anders. Deswegen hat Zacharias ein Berechnungsprogramm erstellt, damit kannst du selbst die Zahlen der Anbieter überprüfen und eigene Berechnungen erstellen. Die Anbieter neigen dazu, viel zu optimistisch zu rechnen. Mit Zacharias Programm kann man das realistisch einschätzen. Ein anderer Photovoltaik-Unternehmer, der auch mitreist, nutzt mittlerweile auch Zacharias Berechnungsprogramm für sich selbst. Vielleicht hast du ihn schon getroffen? Markus heißt er."

Stefan schüttelt den Kopf.

„Du lernst ihn schon noch kennen", fährt Torben fort. „Markus hat uns dann eine passende Anlage vermittelt. Das ist unglaublich praktisch, sobald man einmal all diese Kontakte zu Unternehmern hat, geht alles ruckzuck!"

„Und was ist jetzt das Tolle an diesen Solaranlagen, dass du da investierst?", leitet Stefan ihn zur eigentlichen Frage zurück.

„Das Unglaubliche ist, dass ich mehr als 80 Prozent (sollte das Wachstumschancengesetz kommen, ansonsten sind es knapp 65 Prozent) der Anschaffungskosten für Photovoltaikinvestitionen absetzen kann! Sowohl im Jahr vor der Anschaffung als auch im Jahr der Anschaffung. Angenommen, die Anlage kostet 400.000 Euro, dann ergibt das ein Abschreibungsvolumen von 340.000 Euro, das man voll mit anderen steuerlichen Einkünften verrechnen kann, also auch mit meinen Einkünften aus meiner Angestelltentätigkeit", rechnet Torben blitzschnell vor.

„Das macht es steuerlich extrem attraktiv. Letzten Endes ist natürlich auch die Gesamt-Rendite entscheidend. Bei Photovoltaik weißt du vorher jedoch nicht genau, wie die Rendite aussehen wird. Deswegen ist es umso wichtiger, das genau zu analysieren – anhand von Zacharias Berechnungsprogramm! Für später habe ich bereits auf dem Schirm, dass meine Photovoltaikanlagen in meiner eigenen GmbH untergebracht werden. So könnte ich bald meine eigene Photovoltaik-GmbH besitzen – ein Mega-Gedanke und super motivierend!“

„Noch einer, der die GmbH wie einen Jackpot feiert“, denkt Stefan.

„Welche zusätzlichen Vorteile hast du denn, wenn du eine Photovoltaik-GmbH gründest?“

„Wenn du ein entsprechendes Photovoltaik-Portfolio angesammelt hast und eine GmbH gründest, bezahlt sich die Photovoltaik selbst – die hohe Steuererstattung landet als Eigenkapital in der GmbH. Das ist der Optimalfall. Das machst du jedes Jahr, verschiebst die Solaranlage in die GmbH und hast irgendwann eine GmbH mit ganz vielen Solaranlagen und ganz viel Cash. Dafür brauchst du dann irgendwann eine Holding. Das ist aber bei uns alles noch Zukunftsmusik, für uns ist das noch etwas verfrüht. In der ITHAKA-Strategie von Zacharias ist zum einen dieser GmbH-Weg aufgezeigt, aber auch der Weg, dass alle zukünftigen Photovoltaikanlagen im Privatvermögen bleiben. Das ist das Schöne daran ist: Es ist alles kein Muss. Ich bin auf jeden Fall gespannt, wohin uns die Zukunft führt.“

Passenderweise scheint die Nachmittagssonne durch die Fenster auf beiden Seiten zu ihnen hinein und taucht alles in einen gelben Schimmer. Nachdenklich schaut Stefan zum Fenster hinaus. Er merkt, dass er müde wird. Die Hetzerei zum Flughafen hat ihn ganz schön erschöpft.

„Spannend. Vielleicht sollte ich mich auch einmal mit Photovoltaik beschäftigen.“

„Das kann ich nur empfehlen. Weil wir selbst in diese Anlagen investieren, können wir dir da auch wirklich Empfehlungen geben, die auf unseren eigenen Erfahrungen basieren. Wo wir gerade beim Thema sind, ich muss dir unbedingt von einem anderen Modell erzählen, auf das du so nie kommen würdest!“

„Was jetzt wohl kommt?“, fragt sich Stefan. „Vielleicht schlägt er mir vor, ich sollte in Objekte auf dem Mars oder Nordpol investieren, weil es sich um Märkte der Zukunft handelt?“

Mittlerweile würde ihn beinahe nichts mehr überraschen.

„Hausboote!“

„Hausboote?“

„Hausboote!“

„Wie kommst du denn darauf? Fällt das nicht auch unter Immobilien?"

„Das denken viele, tatsächlich wird ein Hausboot steuerlich nicht als Immobilie betrachtet, sondern als beweglicher Gegenstand. Das hat einige Vorteile, vor allem in Bezug auf Abschreibungen. Ähnlich wie bei Photovoltaik-Anlagen kannst du sehr hohe Abschreibungen geltend machen. Das macht den Kauf und die Vermietung eines Hausboots besonders lukrativ, vor allem für Arbeitnehmer."

„Aber ein Hausboot hat doch auch einen Wertverlust, oder nicht?"

„Nicht unbedingt. Im Gegensatz zu einer Photovoltaik-Anlage behält ein Hausboot jedoch auch nach vielen Jahren noch einen gewissen Wert. Teilweise kann der spätere Verkaufswert sogar höher liegen, je nachdem wie gut das Hausboot in Schuss ist. Selbst nach 30 Jahren kannst du es noch nutzen oder weiterverkaufen und es hat seinen Reiz für potenzielle Mieter. Es bietet also langfristig eine attraktive Investitionsmöglichkeit."

„Da muss man erst einmal draufkommen!"

„Nicht wahr?", strahlt Torben vor Begeisterung wie ein Kind im Spielzeugladen, das vor lauter tollen Optionen nicht weiß, für welches Spielzeug es sich entscheiden soll. „Wenn man sich erst einmal mit dem Thema beschäftigt, gibt es viele solcher ungehobenen Schätze. Man muss nur wissen, wo man suchen muss! Zacharias kennt da wirklich alle möglichen Tricks und Kniffe. Und wir lernen selbst auch immer dazu. Wenn ein Unternehmer neue Ideen einbringt, ist es oft ein Vorschlag, der auch für andere Kunden relevant ist. Auf das Hausboot-Thema kamen wir auch, weil ein Kunde, ein versierter Segler, der am liebsten schwankenden Boden unter sich hat, unbedingt ein Hausboot erwerben wollte. Mittlerweile haben einige unserer Kunden, auch die, die nicht segelaffin sind, daraufhin in Hausboote investiert. Und es bisher nicht bereut."

Stefans Gedanken werden ganz wirr bei all diesen neuen Erkenntnissen. Sollte er also erst in ein Hausboot oder in eine Photovoltaik-Anlage investieren? Aber woher soll er eigentlich das ganze Geld nehmen? Aus seiner Holding? Die er ja aber erst gründen müsste. Und davor die GmbH. Nun holt ihn doch die Erschöpfung ein. Stefan entschuldigt sich und schließt die Augen für ein kurzes Nickerchen. Es war eine volle Woche.

Die Jung-Unternehmerin

Als Stefan schlaftrunken seine Augen wieder öffnet, sieht sein Sitznachbar plötzlich ganz anders aus. Die Statur ist etwas kleiner, die Kleidung farbenfroher. Die Haare sind etwas länger geworden und reichen jetzt in einem frechen Bob bis zum Kinn. Er reibt sich die Augen, bis er schließlich ganz in der Realität angekommen ist.

„Guten Morgen", sagt die helle Stimme neben ihm und reicht ihm die Hand über den Sitz hinweg. „Wir haben uns vorhin gar nicht begrüßt. Ich bin Mona. Mein Sitznachbar hat angefangen zu schnarchen, da habe ich Jakob überredet, mit mir Plätze zu tauschen."

„Hallo", nuschelt Stefan erst einmal nur. Er räuspert sich. „Freut mich, ich bin Stefan."

„Die Freude ist ganz meinerseits", erwidert seine neue Sitznachbarin. Sie sieht aus, als wäre sie erst Anfang 20. Für ihr Alter wirkt sie ganz schön selbstbewusst.

„Ich habe dich bisher noch gar nicht gesehen in Zacharias Dunstkreis. Hast du gerade erst angefangen, mit ihm zu arbeiten?", fragt sie neugierig.

„Das könnte man so sagen", gibt er ausweichend zurück. „Tatsächlich weiß ich noch nicht, ob ich mit Zacharias arbeiten werde." Besser kann er die aktuelle Situation nun wirklich nicht umschreiben. „Aber vorstellen könnte ich es mir durchaus", fügt er schnell hinzu. „Ich nehme an, du bist auch Unternehmerin und lässt dich von Zacharias beraten?"

„Check!", bestätigt sie mit einem strahlenden Lächeln. „Ich habe vor einem halben Jahr mein eigenes Unternehmen gegründet und kurz vorher angefangen, mit Zacharias zusammenzuarbeiten."

Stefan kann sein Erstaunen nicht verbergen.

„Das heißt, du hast mit Zacharias gearbeitet, bevor du überhaupt dein Unternehmen gegründet hattest?"

In dem Fall gab es doch noch gar keine Steuern zu optimieren!

„Genau. Ich höre gerne Podcasts zu Themen, zu denen ich mich weiterbilden möchte. Das Thema Steuern war mir sehr fremd, also habe ich ‚Zacharias Zaster' gehört, Zacharias Podcast. Den kennst du sicher auch schon?"

Stefan nickt, auch wenn er von dem Podcast zum ersten Mal hört. Er ist ohnehin der Neue hier, da muss er seine mangelnde Vertrautheit mit dem Thema Steuern ja nicht noch mehr offenbaren.

„Und hat dir der Podcast interessante Erkenntnisse gebracht?", fragt er ausweichend.

„Das kann man wohl so sagen, ich kann ihn sehr empfehlen", antwortet Mona. „Ich hätte nie gedacht, dass ich mir irgendwann einen Podcast über Steuern reinziehe – von allen möglichen Themen, gerade Steuern! Das ist ja normalerweise staubtrocken. Aber der Podcast von Zacharias Zaster alias Zacharias hat echt mein Interesse geweckt. Allein schon der Titel: ‚Steuern machen Spaß! Vor allem die, die du nicht bezahlen musst!' Ich dachte mir, entweder der Podcast hält, was er verspricht oder er ist ein totaler Reinfall. Doch nach dem ersten Reinhören bin ich zu einem großen Fan geworden und höre seitdem jede Folge. Und seit neustem folge ich auch ganz interessiert dem neuen YouTube-Kanal. In dem präsentiert sich die komplette Kanzlei von Zacharias."

Zum YT-Kanal:

Stefan hört mittlerweile schon zum hundertsten Mal, dass Steuern Spaß machen sollen – langsam könnte man auch mal die Kirche im Dorf lassen. Steuern zu optimieren, klingt ja gut, aber dass man dabei auch noch Spaß haben soll? Andererseits, wenn es wirklich um Steuern geht, die man nicht bezahlen muss, könnte das schon spaßig sein.

„Und wie ist der Kontakt zu Zacharias zustande gekommen?", fragt er etwas blauäugig.

„Ich habe ihn einfach angeschrieben, ich hatte ja nichts zu verlieren. Er ist anschließend sehr herzlich auf mich zugegangen. Gemeinsam haben wir dann die Struktur für mein Unternehmen aufgesetzt. Das hat Ordnung in meinem Kopf gebracht, in dem noch alles unsortiert und halbgar rumschwirrte. Ich hatte zwar bis dahin schon einen Businessplan für mein Unternehmen ausgearbeitet, aber eben keine größere Vision, wie ich dieses Unternehmen steuerlich am besten aufstelle. Zacharias fand meine Idee super und hat mir zuerst geholfen, meine Holding zu gründen, um danach über sie meine eigentliche GmbH zu gründen. Ich wusste zwar bereits aus dem Podcast, dass es in vielen Fällen besser ist, eine Holding zu gründen, anstatt Einzelunternehmerin zu sein, aber hatte keinen Plan, wie ich das konkret anstelle."

Stefan kommt sich mittlerweile ganz schön altbacken vor, dass er sein Unternehmen bisher als Einzelunternehmer geführt hat. Das scheint nicht mehr dem aktuellen Maßstab zu entsprechen.

„Da hast du ganz schön weit vorausgedacht", sagt er bewundernd zu Mona. „Ich frage mich nur, lohnt sich denn eine so komplexe Struktur schon, wenn du noch nicht einmal Umsätze hast, ganz am Anfang deiner Unternehmerkarriere?"

„Naja, ich besaß schon vor der Gründung drei potenzielle Großkunden, für die ich arbeiten wollte. Ich wusste also, dass an meiner Idee etwas dran war, und ich wollte von Anfang an die richtigen Weichen stellen, um mein Unternehmen möglichst effektiv zu führen. Das zahlt sich nicht vom ersten Tag an aus, logisch. Aber das war mir nicht so wichtig, ich investierte lieber in die Holding, anstatt mir ein üppiges Gehalt auszuzahlen. Ich wohne aktuell ohnehin noch bei meinen Eltern, besitze kein Auto und auch sonst keine größeren Ausgaben. Und ein Büro brauche ich aktuell auch noch nicht. Da kann ich es mir leisten, von Anfang an mein Unternehmenskonstrukt so aufzubauen, dass es langfristig Spaß macht. Ich habe entschieden, dass ich, wenn ich schon Unternehmerin bin, groß denken möchte. Ich möchte nicht ewig darauf warten müssen, die Früchte meiner Arbeit zu ernten. Das heißt, so viel Vermögen wie möglich anzuhäufen, ohne etwas unnötig an den Staat zu verschenken. Klar, ich zahle meine Steuern, aber eben nur so viel, wie ich wirklich zahlen muss. Das Geld bleibt in meinem Unternehmenskreislauf. Wenn ich wüsste, dass die Hälfte meiner Gewinne direkt an den Staat geht, wäre ich nicht sehr motiviert, mein Unternehmen überhaupt aufzubauen und groß zu machen."

„Diese jungen Leute heute", kann sich Stefan nicht verkneifen zu denken. „Wollen immer alles haben, und zwar gleich! Ob meine Töchter auch mal so werden?"

„Klar, ich hätte nicht von Anfang an eine Unternehmensstruktur gebraucht, die für ein viel höheres Umsatzvolumen ausgelegt ist. Für mich ist das aber auch ein Ansporn, das Unternehmen wachsen zu lassen. Eine selbsterfüllende Prophezeiung sozusagen. Außerdem möchte ich natürlich langfristig weitere Unternehmen gründen. Und dafür brauche ich Kapital und eine entsprechende Unternehmensstruktur", fügt Mona ungefragt hinzu. Sie scheint genau zu wissen, was sie möchte. Das ringt Stefan einige Bewunderung ab, er war in dem Alter noch nicht so pfiffig.

„Du hast dir wirklich viele Gedanken gemacht, bevor du ins Unternehmertum gestartet bist", sagt er bewundernd.

„Ja klar! Ich kenne mich: Wenn die Selbständigkeit sich nicht auszahlen würde, würde ich es nicht machen. Ich weiß, dass ich genauso gut in einer großen Firma arbeiten könnte und die würden mir auch ein ordentliches Gehalt zahlen. Wenn ich etwas mache, dann mit Überzeugung und von Anfang an richtig. Ich habe natürlich überlegt, zunächst ein Einzelunternehmen zu gründen, weil es günstiger gewesen wäre. Aber dann hätte ich später draufgezahlt und einiges mehr an Zeit investieren müssen, um mein Unternehmen zur GmbH zu ändern und die Holding obendrauf zu gründen. Wenn man das machen möchte, muss der Steuerberater sich das Einzelunternehmen zunächst im Detail anschauen, einige Jahre zurückgehen und viele Details überprüfen. Das kostet ja auch Zeit und Geld. Es ist nicht so, dass Zacharias mir dieses Konstrukt aufgedrängt hat, falls du das denken solltest. Wir haben alle Vorteile und Nachteile besprochen. Für mich persönlich, meinen Unternehmenstyp und meine Vision überwogen jedoch die Vorteile, es so aufzustellen."

„Und was machst du nun eigentlich?"

„Coden."

„Bitte was?"

„Programmieren. Wir hatten in der zehnten Klasse eine Stunde zum Thema Programmiersprachen. Ich fand das super interessant, also habe ich mir online das Coden beigebracht. Es ist wirklich nicht so schwer – wenn man Französisch lernen kann, kann man auch Coden lernen."

Er spricht zwar ein paar Sätze Französisch, vom Coden hat er allerdings keine Ahnung.

„Ach so. Und was programmierst du?"

Mona führt aus, worin ihre Arbeit genau besteht. Stefan steigt schon beim zweiten Satz aus. Letzten Endes versteht er, dass es sich um irgendeinen Code handelt, mit dessen Hilfe Unternehmen Inventarlevel und zukünftige Einkaufsbedürfnisse akkurater berechnen können.

„Auf die Idee bin ich wegen meiner Eltern gekommen. Sie haben mich immer zum Einkaufen geschickt, wenn spontan etwas gefehlt hat im Haushalt. Ich habe nicht verstanden, warum sie nicht einfach besser planen, was sie einkaufen sollten. Also habe ich ihnen ein Programm geschrieben, das genau das berechnet. Danach musste ich nicht mehr auf den letzten Drücker in den Supermarkt radeln", erklärt Mona spitzbübisch.

„Nicht schlecht! Und jetzt ist aus dieser Idee ein Unternehmen geworden, besser gesagt sogar zwei! Ich bin beeindruckt, dass sich das wirklich lohnt, aber du scheinst zu wissen, was du tust."

„Und wie sich das lohnen wird! Schon jetzt habe ich Vorteile, die ich als Einzelunternehmerin nie hätte. Wusstest du zum Beispiel, wie viel einfacher es ist, in Aktien anzulegen, sobald du eine eigene GmbH hast?", fragt Mona voller Enthusiasmus.

Diese jungen Leute, auf was für Ideen die kommen! Stefan hat noch nicht mal verdaut, dass eine Immobilien-GmbH wohl sinnvoll wäre, jetzt kommt eine 20-jährige Unternehmerin daher und erklärt ihm, dass er eine GmbH auch nutzen könnte, um in Aktien zu investieren? Das hat ja mit Duschwannen,

Toilettenschüsseln und Badarmaturen noch weniger zu tun als eine Immobilie, die er immerhin an seine Stefan Mayer GmbH – wenn er sie denn gründen würde – vermieten könnte.

„Das wusste ich tatsächlich nicht. Aber was bringt das? Ich kann doch auch einfach privat investieren?", hakt er deshalb nach.

„Klar, das könntest du, aber dann schöpfst du halt nicht alle Vorteile aus!", antwortet Mona. „Wenn du über deine GmbH in Aktien investierst, zahlst du auf Aktienveräußerungsgewinne nämlich auch nur 1,5 Prozent Steuern, also minimal! Als Einzelunternehmerin hätte ich wahrscheinlich das Thema Altersvorsorge erstmal vor mir hergeschoben. Schließlich hätte ich es aus versteuertem Geld bezahlen müssen und das wäre mir einfach zu teuer gewesen. Rürup oder ein komisches staatliches Modell war für mich nie eine Option. In der GmbH kann ich zum Glück meine Altersversorgung komplett steuerfrei aufbauen. Mir macht das richtig Spaß. Aktuell geht es dabei für mich zwar noch nicht um hohen Summen, aber das Ganze ist auch jetzt schon so viel spaßiger, wenn ich eben keine hohen Steuerverluste hinnehmen muss. Ich war schon immer ein Fan von Aktien, ich habe mein erstes Depot eröffnet, als ich 18 wurde. Das behalte ich auch weiterhin und nutze es für bestimmte Investitionen. Aber inzwischen habe ich auch ein Depot in meiner Holding, in meiner GmbH eingerichtet. Das führt dazu, dass ich unterschiedliche Strategien in meinen Depots fahren kann. Mein Aktiendepot in der GmbH hat schon ganz schön zugelegt und sobald ich ausreichend investieren kann, plane ich, das Ganze in eine eigenständige Aktien-GmbH auszulagern! Am liebsten hätte ich die Aktien-GmbH natürlich gleich gegründet, aber nachdem ich das mit Zacharias ausführlich besprochen habe, hat er mir geraten, damit erst einmal zu warten. Schließlich kostet eine weitere GmbH auch immer einiges Geld."

Stefan kratzt sich am Kopf. Die Ambitionen dieser jungen Unternehmerin bereiten ihm wirklich Kopfzerbrechen. Nun redet sie auch noch davon, eine eigene GmbH für ihre Aktien zu gründen! Er hat sich gerade erst mit dem Gedanken angefreundet, vielleicht eines Tages seine eigene Immobilien-GmbH zu gründen.

„Als Nächstes erzählst du mir bestimmt, dass du auch bald eine Immobilien-GmbH gründen wirst, nicht wahr?", vermutet er halb scherzhaft.

„Du hast es erfasst", gibt Mona wie erwartet mit einem strahlenden Lächeln zurück, ohne jede Ironie. „Aktuell brauche ich ja noch kein Büro. Meine Mitarbeiter arbeiten alle remote und ich kann auch gut von zu Hause arbeiten. Aber das ist natürlich nicht der Idealzustand. Irgendwann wäre es schon schön, ein richtiges Büro zu haben."

„Und das Büro einfach von jemand anderem zu mieten, ist natürlich keine Option", denkt Stefan mit.

„Du sagst es. Es ist so viel sinnvoller, eine Immobilien-GmbH über meine Holding zu gründen und entsprechende Flächen für meine Büroräume zu kaufen. So kann ich sie wiederum an meine Kern-GmbH vermieten und generiere zusätzliches Einkommen. ‚Wenn schon, denn schon' – das ist mein Lebensmotto, falls du es nicht schon erraten hast", fügt sie schelmisch hinzu.

Da hätte er selbst draufkommen können. Diese Unternehmerin macht keine halben Sachen, so viel ist sicher. Wenn er sie fragen würde, welche Art von Unternehmen sie in fünf Jahren führen möchte, würde sie ihm sicher eine konkrete Vorstellung beschreiben.

„Und wie willst du so schnell das Geld zusammenbekommen, um eine Immobilie zu kaufen?"

Mal schauen, ob Mona darauf auch eine Antwort hat.

„Da habe ich noch etwas Zeit, schließlich brauche ich aktuell noch kein Büro. Mein Unternehmen hat jetzt schon mehr als zehn zahlende Kunden und ich verschenke keinen Cent, weil ich nur das Nötigste an Steuern abführe. Wenn InventoSmart – so heißt mein Unternehmen – in dem Maße weiter wächst wie bisher, kann ich mir die Immobilien-GmbH inklusive Immobilie schon in absehbarer Zeit leisten. Da ich genau weiß, was ich will, richte ich alles andere danach aus. Ich zahle mir wirklich nur ein geringfügiges Gehalt aktuell, weil es so viel mehr Sinn macht, das Kapital im Unternehmen zu behalten. Und weil ich ja aktuell gar keine hohen finanziellen Aufwände habe. Meinen aktuellen Lebensstandard kann ich mir mit dem aktuellen Gehalt locker leisten und sogar ein Segeltörn wie unser jetzt ist hin und wieder kein Problem. Ich habe mein Gehalt gemeinsam mit Zacharias genau so festgelegt, dass ich auch beim Gehalt die höchstmöglichen Steuerersparnisse mitnehme. Freibeträge zum Beispiel. Außerdem deckt meine GmbH meine Altersversorgung auch schon ab, da sollte man ja möglichst früh dran denken. Ich habe also alles Wichtige abgedeckt und das mit dem geringstmöglichen Steuersatz", erklärt sie. „Falls ich mir später mal mehr Gehalt auszahlen möchte, kann ich meine Struktur jederzeit umstellen. Der Gedanke, mit meiner Immobilien-GmbH Miete von mir selbst zu kassieren, motiviert mich ungemein. Das ist so eine schlaue Konstruktion! Stell dir das mal vor, dann stellt eine GmbH, die mir gehört, einer anderen GmbH, die ebenfalls mir gehört, Rechnungen. Und in meiner Kern-GmbH und in allen weiteren zukünftigen GmbHs, an die ich dann auch vermiete, kann ich bei den Mietausgaben knapp 30 Prozent Steuern sparen. Ist das nicht der perfekte Kreislauf? Es ist verrückt, ich habe damit eine jährliche feste Rendite von knapp 15 Prozent auf die Miete. Vereinfacht ausgedrückt und einfach berechnet. Und das bei minimalem Risiko – ganz risikofrei ist ja nichts im Leben. Das ist Zacharias Vorgehen, der Zaster-Weg: Du vermehrst dein Geld mithilfe des Finanzamts. Dass Steuern Spaß machen können, habe ich anfangs nicht glauben können, aber mittlerweile bin ich davon überzeugt!"

Immerhin, das mit der Vermietung an sich selbst versteht er mittlerweile. Das hat er nun schon öfter gehört. 15 Prozent sichere Rendite auf die Miete hört sich verlockend an. Trotzdem fühlt sich Stefan überfordert von so viel Optimierung. Ihre Altersvorsorge hat Mona mit ihren jungen Jahren auch schon im Blick! Gibt es denn irgendetwas, an das diese junge Unternehmerin noch nicht gedacht hätte? Vielleicht findet er ja den Knackpunkt, den sie übersehen hat.

„Und was ist, wenn sich diese Gesetze in der Zukunft ändern, womöglich zu deinem Nachteil?", fragt er.

„Gesetze können sich in der Zukunft ändern, aber das gilt für alle Lebensbereiche. Wir können nur mit den Gesetzen arbeiten, die heute gelten. Was die Zukunft bringt, weiß keiner."

„Hut ab vor so viel Weitsicht!", bringt er über die Lippen. Er muss sich jetzt dringend mal erleichtern. „Könntest du mich mal kurz rauslassen?"

Der Nie-genug-Liquidität-Unternehmer

Vor der Toilette steht bereits ein Herr in Stefans Alter. Er erinnert sich, ihm am Flughafen die Hand geschüttelt zu haben. Sie nicken sich freundlich zu. Stefan glaubt sogar, sich an seinen Namen erinnern zu können. Probieren geht über studieren, also spricht er ihn direkt an.

„Du bist Markus, nicht wahr?“, fragt Stefan.

„Richtig! Dein Name war Stefan, oder? Alles gut bei dir? Oder ist dir vom Fliegen flau im Magen?“

„Eher flau von den ganzen GmbHs, Holdings, Immobilien, Aktien und dem ganzen Steuerkram“, denkt Stefan im Stillen.

„Ja, alles bestens“, sagt er aber stattdessen. „Allerdings zweifle ich langsam, ob ich nicht dringend etwas an meinem Unternehmen ändern sollte. Ich scheine als Einzelunternehmer einer aussterbenden Generation an Unternehmern anzugehören. Fühlt sich etwas seltsam an.“

Er weiß gar nicht, warum er so freizügig Informationen preisgibt, normalerweise ist das nicht seine Art. Die Offenheit der anderen Unternehmer gibt ihm das Gefühl, dass er in dieser Umgebung nichts zu verstecken braucht.

„Das kenne ich zu gut, in der Situation war ich auch“, gibt Markus zurück.

Stefan ist erleichtert. Endlich jemand, der sich in seine Lage hineinversetzen kann. Er schaut sich den anderen Unternehmer genauer an. Glänzende schwarze Lederschuhe, marineblaue Jeans, elegantes Freizeithemd. Die gleiche Kleidung, die er selbst trägt. Markus scheint kein Steuer-Hipster zu sein wie die anderen. Zumindest seinem Aussehen nach zu urteilen.

„In was für einer Situation warst du genau?“, fragt Stefan vorsichtshalber nach.

„Ich war Einzelunternehmer. Und habe mich damit wohl gefühlt, jedenfalls bis zu einem gewissen Grad. Ich war eins mit meinem Unternehmen, ich lebte für die Firma. Ich verdiente gutes Geld“, antwortet Markus.

„So weit, so gut“, denkt Stefan. Das scheint ja wirklich jemand aus demselben Lager zu sein. „Und was ist dann passiert?“, fragt er nach. Bitte lass ihn jetzt nicht sagen, dass er in eine GmbH gewechselt ist und alles wurde gut, hofft er.

„Naja, ich lebte auf etwas zu großem Fuß. Ich verlor ein bisschen den Überblick, wofür ich das ganze Geld eigentlich ausgab. Was zunächst nicht weiter schlimm war, das Geld hat ja immer gereicht. Aber irgendwann schlich sich schon der Gedanke in meinen Kopf, wofür schufte ich eigentlich so viel, wenn das Geld trotzdem nicht im Überfluss auf mein Konto fließt?

Warum blieb so wenig übrig? Es war mir ein Rätsel. Anfangs habe ich allen anderen die Schuld dafür gegeben: meiner Buchhaltung, dem Finanzamt, dem Staat, der Politik, ja auch dem Steuerberater. Alle wollten nur mein Geld. Zumindest kam es mir so vor."

„Verstehe. Und was hast du dann gemacht?", fragt Stefan bang nach. Jetzt kommt bestimmt gleich Zacharias ins Spiel.

„Über einen gemeinsamen Freund lernte ich vor ein paar Jahren Zacharias kennen", erwidert Markus. Natürlich, wie auch sonst. Aber: immer noch keine Erwähnung einer GmbH, das ist gut.

„Mit Zacharias bin ich erst einmal meine ganzen Ausgaben durchgegangen", fährt Markus fort. „Ich wusste ja, dass mit meinem Einkommen soweit alles in Ordnung war, doch mit Zacharias Hilfe habe ich erst richtig nachvollziehen können, wo das Geld auch wieder abfloss. Angefangen damit, dass ich alle möglichen Abonnements besaß: von Netflix über Amazon Prime bis hin zu Paramount. Da zahlte ich monatlich den Mitgliedsbeitrag, ohne wirklich regelmäßig Filme über alle Plattformen anzuschauen. Bei Wochenzeitung wie FAZ, Zeit und Spiegel dasselbe. Es stellte sich heraus, dass ich auf einige Abos mit sofortiger Wirkung verzichten konnte. Dasselbe bei meiner Frau und meinen Kindern. Insgesamt zahlten wir für viel zu viele Dinge, die wir gar nicht brauchten. Das war einfach überfällig, da mal aufzuräumen. Zacharias hat mir da mit seinem Budgetplan einen super Überblick verschafft."

„Puh", denkt Stefan, „ein Glück, dass Anna und ich unsere Finanzen im Griff haben. So verschwenderisch mit dem hart verdienten Geld umzugehen, könnte ich mir nicht leisten." Seinem Vater könnte er nicht unter die Augen treten, wenn er nicht stets den vollen Überblick über seine Finanzen besäße – sowohl privat als auch geschäftlich.

„Klingt vernünftig. Und hat sich deine finanzielle Lage damit gebessert?"

„Ein bisschen, natürlich. Meine monatlichen Ausgaben haben sich deutlich reduziert, sobald ich alle unnötigen Ausgaben gestrichen hatte. Die Rürup, überflüssige Versicherungen, unsinnige Abos und so weiter. Das tat gut, da mal aufzuräumen. Aber das war erst der Anfang."

„Jetzt kommt die GmbH", denkt Stefan erneut.

Markus schaut kurz hoch zum Toilettenzeichen – immer noch besetzt. Dann fährt er fort: „Zu diesem Zeitpunkt wusste ich, wie viel Geld ich wirklich jeden Monat brauche. Wie hoch mein Gehalt ausfallen muss, damit ich meinen Lebensstandard halten kann. Das war befreiend. Aber das war wie gesagt erst der Anfang von Zacharias sogenannter ITHAKA-Strategie."

„Nicht schon wieder, schießt es Stefan durch den Kopf, während Markus ins Detail geht:

„Im nächsten Schritt ging es darum, welche größeren Zahlungsströme ich reduzieren oder verlagern konnte. Wir haben uns zunächst meine Immobilien vorgenommen, die ich privat abbezahle. Dabei stellte sich heraus – das war mir auch ganz neu – dass ich viel zu viel Tilgung bezahlte. Bis dahin hatte ich immer nach der Devise gelebt, so schnell wie möglich abzubezahlen, damit die Immobilien wirklich mir gehören."

„Klar, das verstehe ich. So denke ich auch!", wirft Stefan ein, schon ahnend, dass das scheinbar nicht Zacharias Sichtweise ist und auch Markus seine Meinung diesbezüglich geändert hat.

„Naja, ich habe meine Meinung dazu geändert. Ich habe ohnehin vor, diese Immobilien lange zu nutzen. Warum sollte ich mich mehr als nötig beeilen, sie abzubezahlen? Also habe ich erst einmal im Zusammenspiel mit meiner Bank meine Tilgungen verändert und gestreckt. Damit fahre ich deutlich besser. Es kommt mir nicht mehr so darauf an, eine Immobilie zu besitzen – Hauptsache, ich kann frei darüber verfügen. Und das kann ich ja, auch wenn ich sie langsamer tilge und so meine Ausgaben reduziere. Alleine diese Vorgehensweise hat bei mir für Erleichterung gesorgt. Vorher war privat irgendwie immer der Wurm drin, obwohl ich so viel verdiente, ebenso wie meine Frau. Es war die Höhe unserer Ausgaben: Die Kosten für unser Darlehen haben uns nach und nach erdrückt. Durch die Umstellung, aber auch unser Umdenken ist der Druck von uns gewichen."

Stefan wird etwas mulmig, das Gespräch geht in eine besorgniserregende Richtung. Schon sein Vater hat immer auf den Wert von Besitz gepocht. Sonst hätte Stefan sich auch gar nicht so sehr reingehängt, um sein Haus kaufen zu können. Ein bisschen kann er zwar Markus Gedankengang nachvollziehen, immerhin könnte er tatsächlich sein Haus weiter nutzen wie gewohnt, auch wenn er die Tilgung reduzieren würde. Der einzige Unterschied wäre, dass er monatlich mehr Geld zur Verfügung hätte. Und ja, tatsächlich auch weniger Druck. Druck, alles zu schaffen, der sich wie ein Schatten über ihn legt. Aber soll er seinen alten Herrn vor den Kopf stoßen? Der legt viel Wert darauf, Immobilien so schnell wie möglich in den eigenen Besitz zu bringen, sodass man nicht von der Bank abhängt. „Du besitzt dein Haus erst, wenn du es abbezahlt hast", bekundet er stets. Das hat Stefan beinahe ungefragt übernommen. Frei von Verpflichtungen gegenüber der Bank zu sein, klang für ihn immer verlockend. Aber was wäre, wenn er damit falsch liegt und dieser traditionelle Ansatz ihm tatsächlich weniger Freiheit in seinem Alltag bietet?

„Dann ging es weiter im Budgetplan", unterbricht Markus seine Gedanken. „Der nächste Vorschlag von Zacharias kam für mich sehr überraschend. Er verstieß gegen alles, was mir bisherige Steuerberater empfohlen hatten. Bisherige Steuerberater hatten mir immer geraten, meine Rürup-Versicherung zu bezahlen, damit ich im Alter abgesichert wäre."

„Oh nein“, Stefan ahnt schon, was jetzt kommen wird. Eine Rürup hat er ja auch. Herr Vogel hat ihm immer stolz aufgeführt, wie vorteilhaft die Versicherung für ihn wäre. „Die können wir eins zu eins von der Steuer abziehen!“, hat er ihm immer mit diesem freudestrahlenden Grinsen erklärt, das nur Steuerberater zur Schau stellen können, wenn sie einen besonders cleveren Steuerspartrick präsentieren. Mona hat vorhin ja auch schon so etwas angedeutet. Jetzt geht es schon wieder um diesen Herrn Rürup und seine Versicherung.

„Und es stellte sich heraus, dass deine Rürup keine gute Idee war?“, fragt er zaghaft.

„Du hast es erfasst“, bestätigt Markus. „Zacharias hat mir da wirklich die Augen geöffnet. Es stimmte zwar, dass eine Rürup von der Steuer gut abzugsfähig ist. Du hast also kurzfristig einen Steuervorteil. Langfristig allerdings rechnet sich eine Rürup fast nie. Zacharias hat mir das vorgerechnet und ich wollte es kaum glauben. Die meisten Unternehmer haben am Ende eine negative Rendite bei ihrer Rürup im Vergleich zu den Alternativen, in die sie hätten investieren können! Da zahlst du dreißig, vierzig Jahre in eine Rürup ein und freust dich auf eine schöne Auszahlung. Nach zwanzig, dreißig oder noch mehr Jahren bekommst du deine eingezahlten Beträge zurück, mit minimalem nominalen Zugewinn, der von der Inflation direkt aufgefressen wird. Eine üppige Rente sieht für mich wirklich anders aus. Am Ende des Tages verdient ausschließlich die Versicherung daran, aber nicht der Versicherungsnehmer. Kein Wunder, dass Versicherungen so viel Kohle scheffeln“, fügt er hinzu und lacht über seinen eigenen Witz.

Stefan stimmt nicht ein. Ein banges Grauen hat sich in seinem Magen angesammelt. Er war von seiner Rürup immer felsenfest überzeugt. Was wäre auch die Alternative? Eine Rürup war doch der Klassiker, um als Unternehmer vorzusorgen.

„Versicherungen generell, da muss man wirklich aufpassen“, fährt Markus fort, als Stefan zunächst nichts sagt, weil die Gedanken stakkatoartig durch seinen Kopf rattern. „Ich habe mir im Anschluss im Detail angeschaut, was ich alles für Versicherungen abgeschlossen hatte. Ich wusste das teilweise gar nicht mehr. Die Beträge wurden einfach monatlich abgebucht.“

„Das stimmt, bei Versicherungen muss man aufpassen“, pflichtet Stefan ihm mit schwacher Stimme bei. Diese Rürup-Sache wird er sich mit Herrn Vogel direkt nach seinem Urlaub vornehmen. Wenn das stimmt, was Markus ihm da erzählt, muss er das dringend kündigen.

„Und wie ging es dann weiter?“, versucht er, das Gespräch zum nächsten Thema überzuleiten.

„Zacharias hat sich zusammen mit mir an einen Tisch gesetzt und mir erstmal die Unterschiede einer Einzelfirma zu einer GmbH aufgezeigt. Es ist nicht so, dass die GmbH immer gewinnt, aber in vielen Situationen ist die GmbH der bessere Spielzug. Und in meiner Situation haben wir uns für den Spielzug GmbH entschieden. Dadurch hatte ich auf einmal viel mehr Optionen und größere Durchschlagskraft. Bei meiner Altersvorsorge, aber auch bei meiner Steuererklärung. Ich hatte ja keine Rürup mehr, daher fand ich das äußerst spannend", antwortet Markus.

Stefan hat es gewusst. Natürlich kommt jetzt die GmbH ins Spiel. Als ob er sich davon Rettung aus der Situation verspricht, blickt er zum Toilettensymbol, das noch immer rot aufleuchtet. Da scheint sich jemand wirklich Zeit zu lassen.

„Also hast du dein Unternehmen in eine GmbH verwandelt? Ging das denn so einfach?"

„An sich ja", erwidert Markus mit einem leichten Lächeln, als wäre er selbst überrascht, wie einfach die Umwandlung vonstattenging. „Ohne Zacharias hätte ich mich allerdings kaum durch die ganzen administrativen Prozesse arbeiten wollen oder können. Es hat sich auch wirklich schnell ausgezahlt – meine Liquidität im Unternehmen verbesserte sich deutlich und das sogar, ohne dass ich unbedingt mehr Umsatz machen musste! Dank der Steuertipps von Zacharias war einfach mehr Geld im Unternehmen vorhanden als vorher."

„Und das ging wirklich so einfach?", bohrt Stefan nach. Das klingt zu einfach, um wahr zu sein. Das würde doch sonst jeder machen!

„In der Praxis war es für mich natürlich schon eine ganz schöne Umgewöhnung", gibt Markus zu. „Ich war ja wie gesagt mit meinem Einzelunternehmen quasi über den Bauchnabel verbunden. Wir waren ein Wesen. Ich verstand dieses Unternehmen bis ins letzte Detail. Habe ich eigentlich schon erwähnt, was ich beruflich mache?"

Stefan schüttelt den Kopf.

Markus erklärt mit greifbarem Stolz: „Ich habe ein Photovoltaikunternehmen. Wir montieren und vermitteln Photovoltaikanlagen."

Stefan kann seine Freude kaum zurückhalten und vergisst für einen Moment all die anderen verwirrenden Details. Das ist ja spannend! Ich bin auch in der Handwerksbranche tätig, wir montieren Sanitäranlagen", verkündet er und fühlt eine brüderliche Verbundenheit. Diese wird von Markus erwidert, der ihm freundschaftlich auf die Schulter klopft. Stefan genießt für einen Moment diese Verbrüderung, bevor er sich auf dem Boden der Tatsachen wiederfindet. Vielleicht hatten Markus und er vor Markus' schicksalhaftem Treffen mit Zacharias einiges gemeinsam, mittlerweile allerdings ist es deutlich weniger.

„Du meintest gerade, dass es nicht so einfach war, sich an die GmbH zu gewöhnen?", hakt er nach.

„Das stimmt. Ich war es ja als Einzelunternehmer gewohnt, sehr frei über mein Unternehmen verfügen zu können. Ich konnte beinahe unbegrenzt auf das Kapital meiner Firma zugreifen, wann immer ich es benötigte. Natürlich in gewissem Rahmen, aber du kennst das ja. Man hat ziemlich große finanzielle Freiheiten. Das war aber auch gleichzeitig das Übel. So habe ich immer meine großen Haushaltslöcher gestopft, ohne es großartig zu merken. Hat Geld gefehlt, dann habe ich ruckzuck eine Überweisung von meinem Geschäftskonto auf das Privatkonto gemacht", erklärt Markus.

„Natürlich, das kenne und schätze ich sehr", gibt Stefan zurück. Da ist das Einzelunternehmen doch jeder GmbH weit überlegen!

„Nun ja, mit der neuen GmbH war ich auf einmal angestellt in meinem eigenen Unternehmen, mit festgelegtem monatlichen Gehalt. Daran musste ich mich erst einmal gewöhnen. Mit diesem Geldbetrag musste ich zunächst zurande kommen. Ich konnte nicht einfach in der Mitte des Monats sagen, ich brauche mehr Geld, um eine unvorhergesehene Ausgabe zu begleichen und mir das aus meinem Unternehmen holen. Der Vorteil lag darin, dass ich gezwungen wurde, mein privates Ausgabeverhalten zu verbessern und meine Finanzen langfristig zu planen. Dabei ging es nicht nur um private Ausgaben, die Finanzen der Firma führte ich bis zu diesem Punkt ganz ähnlich. Oft habe ich beispielsweise das Girokonto überzogen, um eine unvorhergesehene Steuervorauszahlung zu leisten. Und ganz ehrlich, für mich kam die Steuervorauszahlung früher oft unvorhergesehen, auch wenn das Finanzamt sie jedes Mal zum Quartal einfordert, eigentlich könnte man da seine Uhr nach stellen. Gleichzeitig ist ein Vierteljahr halt auch gerade lang genug, um die Steuervorauszahlung wieder zu vergessen. Diese Spontanität, einfach mein Girokonto überziehen zu können, habe ich jetzt natürlich nicht mehr. Dafür plane ich jetzt wie gesagt langfristiger, das gibt mir dafür aber mehr Ruhe und Sicherheit. Auch dabei half mir Zacharias, also auszurechnen, wie hoch meine Kosten pro Monat eigentlich sind und wie hoch mein Gehalt ausfallen sollte. Ich musste also erst einmal lernen, mit dieser neuen Unternehmensstruktur umzugehen. Ich habe mich dann notgedrungen diszipliniert, weil die Vorteile einfach überwogen. Ich hatte mich ja aus gutem Grund für die GmbH entschieden."

„Und worin genau bestehen die Vorteile deiner jetzigen Situation mit GmbH?", fragt Stefan in weiser Vorahnung, dass es jetzt wohl wieder um Steuerersparnisse und Immobilien gehen wird. Immerhin hat er bisher noch keine Holding erwähnt, vielleicht geht es auch ohne?

„Zunächst einmal musst du wissen, dass ich mit der GmbH auch gleich eine Holding gegründet habe."

„So viel dazu", denkt Stefan sarkastisch.

„Zacharias hat mir gezeigt, dass es günstiger ist, beides auf einen Schlag zu machen. Daher dachte ich mir: ‚Warum nicht? Bringen wir es hinter uns.' Ich wollte mich ja auch wieder auf mein Unternehmen an sich konzentrieren können, anstatt mich so viel mit Finanzen, Unternehmensstrukturen und Steuern zu beschäftigen. Alleine hätte ich das wahrscheinlich nie durchgezogen. Aber ich schweife ab, zu den Vorteilen: Zunächst einmal haben sich durch die Holding und die GmbH meine Finanzströme grundlegend geändert. Ich besaß auf einmal viel mehr Planbarkeit, musste aber eben auch meine Ausgaben zuverlässig voraussagen. Zum Glück hatte ich dank des Budgetplans einen guten Überblick. Während ich früher zusätzliche Gewinne einfach auszahlte, habe ich jetzt ein festes Gehalt und schütte regelmäßig einen Großteil der Gewinne nach meinem Gehalt und Steuern in meine Holding aus. Ich musste mich zwar erst einmal gedulden und auf den richtigen Moment warten, da nicht direkt genug zusammenkam, um eine Ausschüttung zu machen, aber ich hatte ja mein Gehalt, das nicht gerade klein ausfiel. Mir ging es also gut, die Firma florierte – grüne Energie ist ja längst in der Gesellschaft angekommen, wir können gar nicht alle Kunden sofort bedienen."

„Und jetzt hast du das Geld in der Holding, wie kommst du jetzt da ran? Du schüttest es wohl kaum an dich privat aus, denn das würde richtig Steuern kosten, oder?", will Stefan jetzt doch wissen.

„Nun ja, ich begnüge mich mit meinem Gehalt und schütte meine Gewinne in die Holding aus, damit ich von der minimalen Steuerbelastung von nur 1,5 Prozent profitiere. Ich sammle also das Geld in der Holding an und warte auf eine passende Gelegenheit, es von dort weiter zu investieren. Ich muss gestehen, am Anfang war mir diese neue Unternehmensstruktur mehr als fremd. Aber das hat sich inzwischen gelegt, da ich jetzt schon drei Jahre in Folge von den Steuervorteilen daraus profitiere. Meine erste Investition steht unmittelbar bevor!", erläutert Markus.

„Darf ich raten? Eine Immobilien-GmbH?", wirft Stefan ein.

„Genau! Dann kennst du dich also schon ein bisschen aus!", erwidert Markus erfreut.

In dem Moment werden sie vom Flugbegleiter unterbrochen:

„Entschuldigen Sie, warten Sie etwa auf die Toilette? Die Toilette an diesem Ende des Flugzeugs ist außer Dienst, Sie können gerne zum anderen Ende gehen", teilt ihnen der Flugbegleiter mit, der sich nun zum zweiten Mal auf dem engen Gang an ihnen vorbei bugsiert.

„Lass uns gerne nachher weiter quatschen", schlägt Markus vor und sie wandern durch das Flugzeug zur anderen Toilette, die grün leuchtet. Stefan lässt Markus den Vortritt, schließlich wartet der schon länger.

Der Krisen-Burnout-Unternehmer

Als er sich durch den engen Gang wieder zu seinem Sitz durchzwängt, kommt er an Toms Sitzreihe vorbei. Prompt greift ihn Tom am Ärmel:

„Die anderen haben dich ganz schön zugequascht, was? Magst du dich einmal setzen und mir erzählen, was du von unseren Mitreisenden hältst?", deutet er auf den leeren Platz neben ihm. Stefan sinkt in den freien Sitz neben Tom und beginnt von seinen Gesprächen mit Jakob, Mona und Markus zu berichten. Er betont, wie beeindruckt er von ihren Unternehmen und Geschichten ist. Außerdem gesteht er, dass ihn die Eindrücke auch überwältigen. Doch die Ideen und Konzepte, die Zacharias vorstellt, scheinen noch nicht wirklich auf sein eigenes Unternehmen übertragbar zu sein. Er ist sich daher nicht sicher, ob er überhaupt bereit ist, etwas an seinem Unternehmen zu ändern. Schließlich hat er ohnehin schon alle Hände voll zu tun, um seinen Betrieb so zu managen, wie er derzeit aufgebaut ist.

Andererseits ist er zunehmend faszinierend von den motivierenden Geschichten. Er würde gerne auch mit demselben Funkeln und derselben Begeisterung in den Augen von der Transformation seines eigenen Betriebs erzählen können, wie es die Unternehmer an Bord dieses Flugzeugs ihm gegenüber getan haben.

„Was ich am überwältigsten finde ist, wie anders deine Freunde hier an das Thema Steuern rangehen. Mit so einer spielerischen Leichtigkeit", fügt er mit gleichzeitiger Frustration und Bewunderung hinzu. „Steuern sind bei denen ein effektives Mittel, um Ziele und Visionen zu erreichen, statt einen Klotz am Bein darzustellen, wie das bei mir der Fall ist. Generell scheinen deine Freunde einen komplett anderen Zugang zu ihren Unternehmen zu haben. Ich habe ständig die Sorge, dass mir alles über den Kopf wachsen könnte. Ihr dagegen scheint den Kopf frei zu haben, um sogar die tollkühnsten neuen Projekte anzugehen."

Tom zeigt viel Verständnis.

„Das kenne ich zu gut, gerade am Anfang ist es natürlich viel zu verdauen. Vor drei Jahren war ich in genau der gleichen Lage, nur war ich da schon ziemlich fertig. Es hat nicht viel gefehlt und ich wäre einen Schritt über die Klippe gegangen, bevor ich angefangen habe, etwas an meiner Situation zu ändern."

„Du hast mir nie davon erzählt, wie schlecht es wirklich um dich stand. Ich weiß, dass wir damals nur losen Kontakt hatten, auch, weil ich wahrscheinlich zu viel mit dem Betrieb beschäftigt war. Es tut mir leid, dass ich unsere Freundschaft schleifen ließ, als du Freunde am dringendsten gebraucht hättest. Aber was genau ist damals passiert?", will Stefan nun endlich wissen.

Tom seufzt und senkt den Blick für einen Moment, bevor er anfängt zu erzählen: „Es war eine ziemlich düstere Zeit, Stefan. Auch ich war so sehr in mein Unternehmen vertieft, dass ich alles andere vernachlässigt habe. Familie, Freunde, meine Gesundheit – das alles schien nebensächlich zu sein. Ich habe mich über Jahre hinweg buchstäblich aufgerieben, ohne es wirklich zu merken. Du kennst mich, ich stecke eigentlich immer voller Energie. Jedenfalls nach außen hin."

Stefan nickt nur. Eben deswegen kann er es ja immer noch nicht glauben, dass der Burnout gerade Tom erwischt haben soll. Tom, der immer Energie für drei hatte. Wenn sogar jemand wie Tom vom Burnout überrannt worden war, stimmte es wohl wirklich, dass es jeden treffen kann.

„Daher habe ich es auch zunächst nicht ernst genommen. Ich dachte, das ist nur eine Phase. Dass meine Energie schon zurückkommen würde. Aber stattdessen ging mir schrittweise die Energie aus. Ich fühlte mich wie ein Sicherungskasten, indem nach und nach alle Schalter rausfliegen."

Stefan weiß zwar, was Burnout generell bedeutet, aber genauer hat er sich mit dem Thema noch nie befasst. Solange er sich nicht damit beschäftigt, fühlt sich das Thema angenehm weit weg an.

„Wie hat sich das denn geäußert?", will er deshalb wissen.

„Die ersten Anzeichen waren chronische Müdigkeit", beschreibt Tom. „Ich fühlte mich jeden Morgen, als ob ich überhaupt nicht geschlafen hätte. Es war, als ob mir die Energie ausgegangen wäre, bevor der Tag überhaupt begann. Das hat sich auf meine Leistung ausgewirkt. Selbst die einfachsten Aufgaben wurden zu einer echten Qual und meine Leistungsfähigkeit nahm rapide ab. Einmal saß ich vier Stunden vor einer E-Mail und schaffte es einfach nicht, sie fertig zu schreiben. Ich saß nur dort, den ganzen Tag, starrte auf den Bildschirm und brachte nichts zusammen. Mittags ging ich dann mit meinem Team essen, wie immer, um nichts durchscheinen zu lassen. Als Grund für meine Unkonzentriertheit gab ich an, dass ich Kopfschmerzen hätte. Ich durfte ja meinem Team gegenüber keine Schwäche zeigen."

„Das klingt wirklich hart", sagt Stefan mitfühlend. Er weiß gar nicht wirklich, was er sagen soll. Vier Stunden für eine E-Mail? Klar, er sitzt auch manchmal vor dem Bildschirm und weiß auf einmal gar nicht mehr, was er eigentlich erledigen wollte. Was Tom beschreibt, klingt dagegen extrem.

„Heute weiß ich, dass Schwäche zeigen ein Zeichen großer Stärke ist", fährt Tom fort. „Sich Schwäche überhaupt einzugestehen und bewusst damit umzugehen. Heute bin ich in vielerlei Hinsicht klüger und halte es mit Ralph Waldo Emerson, der einmal gesagt hat: ‚Unsere Stärke wächst aus unserer Schwäche heraus.' Damals wurde es erst einmal deutlich schlimmer, bevor es irgendwann besser werden konnte. Ich spürte eine emotionale

Erschöpfung, als ob alle Emotionen aus mir herausgesogen worden wären. Ich fühlte mich leer und gleichgültig gegenüber meiner Arbeit und anderen Verpflichtungen. Die Begeisterung für das, was ich einst getan hatte, war völlig verschwunden. Davor konnte allein der Duft unserer Backwaren meine Stimmung heben. In der Burnoutphase roch ich das frische Brot gar nicht mehr, ich konnte auch kein Brot mehr essen. Generell weiß ich gar nicht, was ich in der Zeit überhaupt gegessen habe. Nichts schmeckte mir wirklich, ich aß lediglich aus Gewohnheit und Vernunft."

„Und dann?"

„Dann geriet ich an diesen selbsternannten Steuer-Guru, von dem ich dir schon erzählt hatte", sagt Tom und sein Blick verdüstert sich. Eine Abneigung tritt in seine Gesichtszüge, die Stefan noch nie an ihm gesehen hat. „Kurzfristig ging es mir besser, da ich dachte, dass ich mit seiner Hilfe das Steuer herumreißen könnte, aber es ging mir umso schlechter, als ich realisierte, dass das Gegenteil der Fall war. Der hat mich ausgenommen wie eine Weihnachtsgans. Ein Schaumschläger vor dem Herren, das kann ich dir sagen. In seinem niederträchtigen Metier ist er ein Meister seiner Kunst. Er hat mir jedes Vertrauen in andere Menschen geraubt, insbesondere was Berater anging. Als Reaktion auf die Erfahrung begann ich, zynisch zu werden und mich von allem und jedem zu distanzieren. Ich hatte diese wachsende negative Einstellung gegenüber meinen Mitarbeitern, Lieferanten und Kunden. Gefühlt arbeitete ich nicht mehr für mich, sondern ausschließlich für andere. Ich arbeitete, um unsere Kunden bedienen zu können, um unsere Lieferanten bezahlen zu können oder um den wachsenden Gehaltsforderungen meiner Mitarbeiter gerecht zu werden. Ich wurde zunehmend paranoider und gelangte schließlich zu der Überzeugung, dass ohnehin alle nur an mein Geld wollten. Vor allem das Finanzamt. Wozu dann eigentlich noch morgens aufstehen? Wozu so viel arbeiten, wenn für mich so wenig übrig blieb? Es gab immer so viele Löcher zu stopfen, ich kam nie zur Ruhe. Ständig rief irgendein ein Lieferant oder Großkunde an und machte Probleme. Mein damaliger Steuerberater war auch eine ausnehmend schlechte Wahl, ein totaler Chaot, der nie klar sagte, was er eigentlich brauchte, aber ständig irgendeine Kleinigkeit nachfragte. Und ich war natürlich der Bote. Komplett fremdbestimmt. Ich lief dann zur Bank oder zu unserem Buchhalter und versuchte, alle Bälle gleichzeitig in der Luft zu halten. Soziale Interaktionen wurden zu einer Last und ich zog mich zurück. Das Schlimmste war, dass sich mein negatives Verhalten nicht nur auf den geschäftlichen Kreis beschränkte. Auch mit dir habe ich in dieser Zeit den Kontakt abbrechen lassen, wie du gemerkt hast. Das tut mir übrigens mindestens ebenso leid wie dir."

Stefan erinnert sich – er war zu der Zeit so beschäftigt mit einem Großprojekt, dass er froh war, weniger soziale Anfragen zu erhalten. Jetzt schämt er sich dafür.

„Die einzigen Freunde, mit denen ich noch Zeit verbrachte, waren meine Fußballjungs. Fürs Training hatte ich natürlich keine Zeit mehr, aber ab und zu schloss ich mich der Barrunde danach an. Da wurde vor allem gesoffen und nicht so viel geredet. Die Sauferei war höchst kontraproduktiv, wie du dir vorstellen kannst. Es war mein verzweifelter Versuch, meinen Frust runterzuspülen."

„Und wie ging Sophia mit der Situation um? Das muss für eure Beziehung eine ziemlich große Belastungsprobe gewesen sein", wirft Stefan ein.

„Da habe ich mich wirklich nicht mit Ruhm bekleckert: Sie musste meine kontinuierlich destruktive Laune ausbaden. Bei jeder Kleinigkeit eskalierte der Streit zwischen uns, weil ich eine unglaubliche Negativität an den Tag legte. Wenn sie mich auf irgendetwas ansprach, egal wie nichtig, war die Wahrscheinlichkeit hoch, dass ich an die Decke ging. Ich verhielt mich absolut unverhältnismäßig, wie ich im Nachhinein zugeben muss. Ich habe nur Glück, dass sie mich nicht vor die Tür gesetzt hat. Einige Male war sie kurz davor, dessen bin ich mir bewusst. Nicht viele Partner stehen das durch, wenn einer von beiden so wenig beiträgt und so viel Schaden anrichtet."

Stefan muss an sein Gespräch mit Anna zurückdenken. So schlimm war sein Verhalten doch nicht, dass sie ihn eventuell vor die Tür setzen würde? Bloß weil er sie mit den Kindern zugegebenermaßen oft allein lässt? Ihr Gespräch neulich hat ihn doch etwas geschockt. Er hat nicht geahnt, dass es sie überhaupt so sehr belastet, dass er zu viele Stunden im Büro verbringt. Er dachte immer, dass das nur ihn betrifft. Aber klar, als Ehepartner teilt man schließlich immer die Sorgen und die Last, ebenso wie die Freude und das Vergnügen. Für sie und die Kinder muss er in Zukunft ein Auge auf sein Arbeitspensum haben, denn ohne Anna würden all seine Anstrengungen keinen Sinn mehr ergeben. Er rackert sich schließlich für sie und die Mädchen ab, für ihre Familie. Nachdenklich sagt er zu Tom:

„Das klingt wirklich nach einem Teufelskreis."

„Das kannst du laut sagen! Und ich war noch nicht am Tiefpunkt angekommen. Als Nächstes begann ich, körperliche Symptome zu entwickeln – Kopfschmerzen, Magenprobleme. Mein Körper signalisierte mir auf seine Weise, dass etwas nicht stimmte. Eines Tages oder besser gesagt eines Nachts hat es mich dann voll erwischt. Ich hatte einen Zusammenbruch. Ich konnte nicht mehr schlafen, bekam Panikattacken und konnte meine Gedanken nicht mehr kontrollieren. Es fühlte sich an, als wäre mein Körper und Geist komplett aus der Bahn geworfen worden. Am nächsten Morgen tat ich so, als wäre nichts gewesen, auch wenn ich dunkle Augenringe hatte.

Die Panikattacken kamen von da an öfter. Außerdem hatte ich massive Konzentrationsschwierigkeiten und vergaß oft wichtige Dinge. Ich weiß gar nicht mehr, wie oft ich in den Keller lief oder in den Supermarkt und mich partout nicht mehr erinnern konnte, was ich dort eigentlich holen wollte. Teilweise fuhr ich mit dem Auto los und kehrte auf halber Strecke um, weil ich nicht mehr wusste, wo ich überhaupt hinfahren wollte."

„Das hört sich beängstigend an."

„Wie du dir vorstellen kannst, fühlte ich mich wie ein absoluter Versager. Ich war ein Schatten meiner Selbst. Ich hatte all diese Bäckereien auf die Beine gestellt und war zu der Zeit nicht einmal mehr in der Lage, im Supermarkt einkaufen zu gehen. Ich fühlte mich den einfachsten Situationen nicht mehr gewachsen. Und natürlich blieb das auch in der Firma nicht unbemerkt. Dann kam der Wendepunkt: Eines Tages betrat ich eine unserer Bäckereien. Meine Mitarbeiter hatten mich noch nicht bemerkt, sie unterhielten sich und ich wollte mich unbemerkt in mein Büro schleichen, also ging ich gerade hinter einem der Backregale entlang. Da bekam ich mit, wie die beiden über mich redeten. Es ging um eine Situation vom Vortag, bei der sie mich um Rat gebeten hatten. Ich weiß nicht mehr genau, um welche Situation es ging, aber ich erinnere mich Wort für Wort an einen Satz, er hat sich in mein Gedächtnis eingebrannt. ‚Ich glaube, unser Chef hat allmählich einen an der Waffel', sagte der eine. Kannst du das glauben? Dabei war es mir immer so wichtig gewesen, von meinen Mitarbeitern geschätzt zu werden. Ich hatte sie schließlich alle selbst eingestellt! Und dann kam so etwas. Doch das Schlimmste war: Es stimmte! Ich fühlte mich durchschaut und schämte mich in Grund und Boden. Ich saß noch eine gefühlte Ewigkeit geschockt hinter dem Regal, bevor ich mich wie ein Dieb in mein Büro schlich. Dort wartete die nächste freudige Überraschung: ein Brief vom Finanzamt. Das erkannte ich direkt am Umschlag, die verwenden doch dieses Ökopapier. Ich setzte mich an meinen Schreibtisch und wollte diesen Brief öffnen. Aber ich hatte nicht die Kraft dazu. Ich muss dort eine gute Stunde gesessen haben. Ich konnte diesen Brief einfach nicht öffnen. Irgendwann stand ich auf und ging einfach nach Hause. Später fand ich heraus, dass das Finanzamt eine Betriebsprüfung ankündigte. In dem Moment war mir alles egal, ich hätte am liebsten mein Unternehmen aufgegeben. Ich konnte an dem Tag mit niemandem mehr reden, ich brachte einfach kein Wort heraus. Sophia fand mich am Nachmittag im Bett, wie ich mit offenen Augen an die Decke starrte. Ich kam mir wirklich vor wie ein Irrer. Ein wandelndes Gespenst. Mir war einfach alles zu viel und ich blieb erstmal zwei Wochen im Bett. Sophia hat im Betrieb Bescheid gegeben und alle Kontaktanfragen abgeblockt. Erstaunlicherweise kam mein Team für zwei Wochen recht problemlos ohne mich aus. Meine Assistentin hat mich vorübergehend ersetzt und sie haben wichtige Entscheidungen einfach aufgeschoben. Natürlich war das nicht optimal, aber für zwei Wochen geht das schon mal. Das hat mir auch definitiv die Augen geöffnet und mich später inspiriert, von den Kanaren aus zu arbeiten. Damals war ich einfach nicht in einer Position, in der ich Entscheidungen für das Unternehmen hätte treffen können. Stell dir das mal vor, ich konnte mich nicht einmal mehr alleine dazu durchringen, etwas zu essen! Sophia zwang mich förmlich, zu essen."

Stefan fallen nur Plattitüden ein.

„Das kann ich mir bei dir wirklich überhaupt nicht vorstellen. Das tut mir so leid, zu hören. „Wie hast du es geschafft, aus dieser Situation herauszukommen?"

Tom macht eine kurze Pause, um seine Gedanken zu ordnen, bevor er weiterspricht:

„Es war ein langer Weg, so viel kann ich dir sagen. Ich habe meine Burnout-Therapie auch erst vor kurzem abgeschlossen. Nach diesen ein oder zwei Wochen, in denen ich kaum den Mund aufbekam und wie gelähmt im Bett lag, zwang mich Sophia, mit ihr zu reden. Sie machte mir klar, wie ernst die Situation war. Wenn meine Mitarbeiter ohnehin schon so über mich sprachen, hatte ich nichts mehr zu verlieren. Ich war durchschaut. Jetzt konnte ich nur noch retten, was zu retten war. Sophia stellte mich vor die Wahl: Entweder ich nahm psychologische Hilfe in Anspruch oder sie würde zumindest vorübergehend ausziehen. Für sie war die ganze Situation natürlich auch extrem belastend. Ich verhielt mich wie ein Baby. Also ging ich zum Psychologen. Der Psychologe half mir vor allem, wieder in meinen Alltag zurückzufinden, mein Selbstwertgefühl wieder aufzubauen und meine Prioritäten neu zu setzen. Ich musste lernen, Grenzen zu setzen und auch mal ‚Nein' zu sagen. An einen der Sprüche meines Psychologen erinnere ich mich ganz besonders: ‚Das Maß für Intelligenz ist die Fähigkeit zur Veränderung.' Das soll Einstein mal gesagt haben. Ich wollte nie wieder in eine Situation geraten, in der ich mich so gefangen fühle. Ich erkannte: Das Wichtigste ist, auf sich selbst zu achten und auf die Warnsignale deines Körpers zu hören. Arbeit ist wichtig, aber sie darf nicht alles sein. Du musst auch Zeit für dich und deine Liebsten haben. Ich beschloss, eine Date-Night mit Sophia einzuführen – daran halten wir uns noch heute. Ich fing wieder an, Fußball zu spielen. Du ahnst vielleicht, warum ich dir das so detailliert erzähle."

„Äh, nicht wirklich!", platzt Stefan überrascht heraus. Er hat bisher gar keine Parallelen zu sich selbst gezogen, sondern war vielmehr in Toms Erzählung gefangen.

„Ich mache mir Sorgen, ob du nicht auch mit deinem Engagement für deinen Betrieb übertreibst. Das ist einer der Gründe, warum es mich so freut, dass du mitkommst auf diese Reise und mal wieder etwas anderes siehst als nur das Innere deiner Firma. Und sicher können dir einige der Ideen, von denen du auf dieser Reise erfährst, dabei helfen, deinen Betrieb effizienter zu gestalten und dir mehr Freiraum zu verschaffen."

„Sicher, das könnte durchaus sein. Und wie kam dann Zacharias ins Spiel?", lenkt Stefan ihn schnell ab. Er lässt sich doch von Tom nicht in diese Burnout-Sache reinziehen!

Tom lächelt nachsichtig, er durchschaut das Ablenkungsmanöver natürlich, schließlich hat er selbst lange Zeit nichts darüber nach außen durchsickern lassen, wie es ihm ging. Geschweige denn, Ratschläge an sich herangelassen – Probleme haben immer nur die anderen, dachte auch er lange Zeit.

„Nicht so schnell", bremst er ihn. „Ich möchte noch einen außerordentlich wichtigen Punkt hinzufügen. Wie du selbst schon die Begeisterung der anderen gespürt hast, geht es letztendlich um viel mehr, als nur weniger zu arbeiten und die Effizienz deines Betriebes zu steigern. Es geht um dein Leben. Plötzlich ändert sich alles. Du gehst mit einer ganz anderen Haltung durch dein Leben. Statt fremdbestimmt von Politik, Gesetzen, Finanzamt, Kunden, Mitarbeiter, Lieferanten immer nur hinterher zu hecheln wirst du selbstbestimmt. Du steuerst nicht nur deine Steuern, sondern nach und nach dein eigenes Leben. Ist das nicht verrückt? Über das Thema Steuern verändert sich plötzlich alles und zwar zum Guten. Steuern als Türöffner zur unternehmerischen Freiheit, wer hätte das gedacht."

Nach einer kurzen Kunstpause setzt er fort:

„Mir war klar, dass ich nicht nur an mir persönlich arbeiten musste, sondern auch an meinem Unternehmen. Die Vorstellung, einfach so weiterzumachen wie bisher, war keine Option. Ich fürchtete mich geradezu davor, überhaupt eine der Bäckereien zu betreten und spielte mit dem Gedanken, das Unternehmen einfach loszuwerden. Irgendwann rang ich mich jedoch dazu durch, weiterzumachen. Aber eben nicht wie bisher. Eine Weile habe ich daher vor allem von zu Hause gearbeitet und irgendwie das Unternehmen am Laufen gehalten. Ich kündigte einigen Mitarbeitern, die einfach nicht in mein Unternehmen passten, wechselte Lieferanten, die mir zu viele Scherereien bereiteten, und ging endlich lange aufgeschobene Veränderungen an. Stück für Stück zog dadurch eine unglaubliche Leichtigkeit in mein Leben ein. Sobald ich mein Team richtig aufgestellt hatte und Verantwortung abgab, war mein Leben deutlich entspannter. Das hat mir die Freiheit gegeben, von den Kanaren zu arbeiten. Ich arbeite seitdem insgesamt weniger und verdiene genauso viel wie vorher, beziehungsweise mehr pro Stunde – das ist das Ironische an der ganzen Sache. Zacharias und sein Team waren meine Rettungsanker in dieser Zeit. Ich hatte natürlich Bedenken, dass ich wieder so einem Steuer-Guru in die Hände fiel, aber diesmal hatte ich mich besser informiert. Ich hatte über Zacharias nur Gutes gehört und wusste, dass ich etwas an der Struktur meines Unternehmens grundlegend ändern musste. Zacharias pflegt einen sehr ganzheitlichen und menschlichen Ansatz. Dadurch fand ich ihn von Anfang an sympathisch.

Für Zacharias bist du als Mensch der entscheidende Faktor und die passende Unternehmensstruktur ist nur Mittel zum Zweck. In allem, was er ausstrahlt, geht es ihm um viel mehr. Um Selbstbestimmtheit als Unternehmer. Um ein glückliches, zufriedenes Leben voller Erfüllung. Das Erste, was ich dann tat, war der schon angesprochene TEMP®-Schnelltest für Unternehmer. Die Note, die ich mir damals selbst gegeben habe, war ein Spiegel meiner selbst. Ich kann mich noch gut erinnern, wie Zacharias folgenden Satz zu mir sagte, als ich bei einem unserer Treffen über meine Mitarbeiter gelästert habe: ‚Lieber Tom, das Leben ist eigentlich so einfach. Wir Menschen besitzen jedoch die unglaubliche Gabe, es uns verdammt schwer zu machen. Und das machen wir jeden Tag.‘ Damals habe ich das gar nicht verstanden, aber nach und nach habe ich diesen Satz immer besser verstanden. Und ja, wir sind es selbst, wir machen uns das Leben selbst oft unnötig schwer.“

„Wie genau hast du Zacharias eigentlich kennengelernt?“

„Über seine Webseite, auf die ich bei meinen Recherchen stieß. Zufälligerweise hatte ein befreundeter Unternehmer eine Bewertung dort hinterlassen, das gab letztlich den Ausschlag. Den rief ich direkt an, löcherte ihn und was er mir erzählte, überzeugte mich. Als ich dann Zacharias persönlich kennenlernte, dachte ich mir nur: ‚Was für ein Glück, mit seiner Hilfe kann ich vielleicht verhindern, dass ich mich sofort wieder in einen Schlamassel reite.‘ Mittlerweile kennst du ihn ja selbst und hast seine Begeisterung, seinen Charme und vor allem seine Leichtigkeit erlebt. Rein menschlich kam ich auf jeden Fall super mit ihm klar und seine Aussagen schienen Hand und Fuß zu haben. Was ist denn dein Eindruck von Zacharias soweit?“

Stefan weiß nicht, was er antworten soll. Er kann nun einmal nicht aus seiner Haut, auch wenn sich der Eindruck verfestigt, dass dieser Zacharias immerhin zumindest positive Resultate produziert. Trotzdem schadet es nicht, am Anfang misstrauisch zu bleiben.

„Es ist auf jeden Fall ein interessanter Mensch, der sich mit Steuern sicher gut auskennt. Und scheinbar mit diesem Thema nicht nur offene Türen bei Unternehmern einrennt, sondern auch ganz neue Horizonte eröffnet. Wie du schon so schön gesagt hast: Es geht ihm um viel mehr, um das Leben! Ich habe mir noch kein umfassendes Bild machen können – ich werde ihn mir mal persönlich vorknöpfen und mich selbst von seiner Expertise überzeugen. Seine Leichtigkeit ist auf jeden Fall ansteckend ...“

„Das klingt gut, mach das auf jeden Fall – auch dafür habe ich dich ja eingeladen, ich weiß doch, dass du im Endeffekt niemandem traust außer dir selbst. Ich habe damals auch erst einmal einige unverbindliche Gespräche mit Zacharias geführt und mit weiteren seiner Kunden gesprochen, bevor ich mich letztendlich entschied, dem Ganzen eine Chance zu geben."

So weit, so gut. Stefan will nun doch noch ein wenig tiefer einsteigen, was Tom in seinem Unternehmen geändert hat, sodass er inzwischen so leicht wie ein Schmetterling umher zu schweben scheint, ohne von den üblichen Unternehmersorgen am Boden gehalten zu werden.

„Soweit ich mitbekommen habe, hast du dein Einzelunternehmen in eine GmbH umgewandelt", setzt Stefan an. „Außerdem hast du eine separate Immobilien-GmbH gegründet und über sie die Gebäude gekauft, in denen deine Bäckereien sitzen. Und jetzt vermietest du von einer GmbH an die andere und zahlst dir selbst die Mieteinnahmen. Wodurch du Steuervorteile generierst, weil du in der Immobilien-GmbH nur 15 Prozent Steuern zahlst. Habe ich das richtig verstanden?"

„Ich hätte es nicht besser zusammenfassen können. Als Nächstes steht jetzt die PUK auf dem Plan. Meine Rürup-Versicherung habe ich gekündigt."

Stefan kann es nicht fassen – noch einer, der seine Rürup aufgegeben hat! Er kommt sich vor wie auf einem sinkenden Schiff, das alle anderen schon verlassen haben, weil sie den Untergang haben kommen sehen. Er schluckt und will wissen:

„Und inwiefern ersetzt diese PUK deine Rürup?"

„Von Ersetzen kann ich hier eigentlich gar nicht sprechen, es sind zwei grundverschiedene Dinge. Machst du bei Rürup garantiert nur einen reich, nämlich den Anbieter, bietet deine PUK ganz andere Möglichkeiten. Der Hauptunterschied ist, dass nicht nur ich als Unternehmer davon profitiere, sondern alle meine Mitarbeiter. Es ist eine gemeinschaftliche Lösung. Eine PUK ist etwas komplexer, als alles, was ich bisher mit Zacharias umgesetzt habe, aber letzten Endes auch kein Hokuspokus. Große Konzerne verwenden PUKs schon seit Jahrzehnten, nur behalten sie das natürlich für sich!"

„Wie genau setzt du sie denn ein?", fragt Stefan. Magdalena und Jakob haben ja auch schon erwähnt, dass sie dieses Instrument zur Altersvorsorge nutzen. Er ist gespannt, wie Tom mit seiner deutlich geringeren Unternehmensgröße damit arbeitet.

„Aktuell schaue ich mir eine Apartmentanlage auf den Kanaren an, in die wir mit diesem Geld investieren könnten. Selbstverständlich gäbe es dort stets eine Wohnung, die ich beziehungsweise meine Mitarbeiter kostengünstig für ihren Urlaub nutzen könnten. Das kommt als Vorteil noch obendrauf!"

„Das passt natürlich perfekt mit deinen Reisevorlieben zusammen", kommentiert Stefan lakonisch. „Ich kann mir das also wie ein Darlehen vorstellen, das dir deine Mitarbeiter gewähren, indem sie Geld einzahlen. Ich nehme an, das ist zeitlich begrenzt? Und was passiert am Ende der Laufzeit?"

„Gute Frage. Du hast vollkommen recht, dass mir meine Belegschaft eine Art Darlehen gewährt. Deswegen wird das PUK-Modell auch oftmals als ‚Unternehmerbank' bezeichnet. Am Ende der Laufzeit verpflichte ich mich als Arbeitgeber, den angesparten Betrag plus Zinsen an die Anspruchsberechtigten auszuzahlen. Im Detail ist das natürlich komplexer. Denn auch in der Auszahlungsphase hast du gefühlt unendlich viele Gestaltungsmöglichkeiten. Zacharias und sein Experte veranstalten regelmäßig Vortragsveranstaltungen, ähnlich wie das Seminar, auf dem du mit mir warst – super informativ, augenöffnend und immer mit leckerem Essen."

„Das klingt nach einer Win-Win-Situation für Arbeitnehmer und Arbeitgeber", sagt Stefan baff. „Das erlaubt dir ja unglaubliche Freiheiten in der Gestaltung der Investition!"

„Ganz genau", bestätigt Tom. „Die PUK bietet mir eine attraktive Möglichkeit der betrieblichen Altersvorsorge, von der beide Seiten profitieren."

Beide schweigen einen Moment, Stefan muss das erst einmal alles sacken lassen. Tom ist so viel weiter als er! Als sie in etwa gleichzeitig ins Unternehmertum eingestiegen waren, hatten sie ihre Unternehmen zunächst ähnlich strukturiert. Mittlerweile hat sich bei Tom so viel getan, da muss er erst einmal durchsteigen.

Gefühlt ist Tom nun wahrhaftiger Unternehmer geworden, der wirklich auch die Vorteile des Unternehmertums auszuschöpfen weiß. Er ist im Gegensatz zu Stefan nicht „selbst und ständig", er lebt die unternehmerische Freiheit. Was, wenn Stefan durch eine bessere Struktur zum selben Zustand der Leichtigkeit gelangen könnte, die Toms Leben nun innezuwohnen scheint? Anstatt durch ständige Mehrarbeit? Jetzt, da er wieder mehr Zeit mit Tom verbracht hat, kommt Stefan auch nicht umhin zu bemerken, wie sich seine Persönlichkeit zum Positiven verändert hat. Er wirkt deutlich ausgeglichener als früher. Er ruht in sich.

„Keine Angst", scheint Tom wie so oft in letzter Zeit seine Gedanken lesen zu können. „Wenn ich das hinbekommen habe, kannst du dein Unternehmen auch umstrukturieren. Sprich doch mal mit Lorena auf der anderen Gangseite. Soweit ich mitbekommen habe, hat bei ihr im Unternehmen das Chaos regiert, bis sie mit Zacharias Hilfe alles neu aufgesetzt hat."

Die Ohne-Steuer-Strukturen-Unternehmerin

Stefan blickt hinüber zu der Frau auf der anderen Gangseite. Sie ist etwa im selben Alter und trägt ein elegantes marineblaues Sommerkleid sowie eine überdimensionierte Sonnenbrille in den Haaren. Gerade scheint sie in die Lektüre eines Buches vertieft zu sein, das sie auf ihrem E-Book-Reader liest. Stefan überlegt schon seit Jahren, sich so ein Teil anzuschaffen, entscheidet sich aber jedes Mal wieder dagegen. Für ein authentisches Leseerlebnis braucht man Tinte und Papier! Wenn er sich Lorena so ansieht, muss er allerdings zugeben, dass so ein Ding für Reisen ganz praktisch ist. In diesem Moment blickt Lorena herüber und fragt:

„Habe ich da etwa meinen Namen gehört?"

Stefan lächelt verlegen.

„In der Tat, Tom erwähnte ihn gerade. Darf ich mich zu dir setzen und dir ein paar Fragen zu deinem Unternehmen stellen?"

„Klar, warum nicht?"

Der junge Mann, der neben Lorena sitzt, bietet freundlicherweise an, mit Stefan Plätze zu tauschen.

Stefan lässt sich in den Sitz neben Lorena fallen.

„Was interessiert dich denn am meisten?"

„Fangen wir doch mal am Anfang an. Mich würde interessieren, was für ein Unternehmen du überhaupt führst?", erkundigt sich Stefan.

„Ich betreibe eine SEO-Agentur für nachhaltige Landwirtschaft. Wir haben uns auf die Optimierung von Websites und Onlinepräsenzen von kleinen Unternehmen und landwirtschaftlichen Betrieben spezialisiert, die sich auf nachhaltige und ökologische Landwirtschaft konzentrieren. Wir steigern die Sichtbarkeit solcher Unternehmen in den Suchmaschinenergebnissen, um ökologisch bewusste Verbraucher anzuziehen und zu erreichen", erläutert Lorena.

„Wow, das klingt spannend. Und wie kamst du auf diese Idee?", möchte Stefan wissen.

„Ich habe ganz klassisch in der Beratung angefangen. Das hieß natürlich 80-Stunden-Wochen, viele Reisen und ständig von einem Meeting zum nächsten hetzen. Irgendwann war mir das zu doof, in einem Riesenkonzern ausgeschlachtet zu werden und kein Privatleben zu haben, auch wenn ich eine ordentliche Karriere hingelegt und gute Aussichten hatte, langfristig Partnerin zu werden. Die Angestelltentätigkeit hing mir irgendwann zum Hals raus – immer zu springen, wenn der Chef etwas möchte, liegt mir nicht.

Ich wollte unabhängiger sein und etwas Sinnvolles tun, also machte ich mich mit der SEO-Agentur selbständig. SEO war zu der Zeit in aller Munde, da hatte ich beste Startbedingungen." „Du hast also einen geschmeidigen Übergang von der Beratertätigkeit zur Selbständigkeit hingelegt?", hakt Stefan bewundernd nach. Manche Menschen verwandeln einfach alles in Gold, das sie anfassen.

„Na ja, geschmeidig sieht anders aus, das erste Jahr war ein Wahnsinn, aber alles von Anfang an. Ich nahm einige nützliche Kontakte von meiner vorherigen Anstellung mit in die Agentur, das hat natürlich schon geholfen. Tatsächlich änderte sich auch gehaltstechnisch für mich so gut wie nichts, ich war vorher schon in der Spitzensteuerklasse und das blieb auch so. Die Aufträge trudelten nur so herein, ich stellte Mitarbeiter ein und wir wuchsen in den ersten drei Monaten mit einer irrsinnigen Geschwindigkeit. Mit zunehmender Größe und Wachstum wurde mir das Ganze aber irgendwann zu viel. Finanziell standen wir hervorragend da, aber im Inneren herrschte Chaos. Ich hatte ja keine Ahnung, wie man so eine Firma aufbaut und musste mich erstmal an die Verantwortung als Chefin gewöhnen. Mir war klar, dass unser Erfolg vor allem darauf beruhte, dass unsere Dienstleistung gefragt war. Nicht darauf, wie professionell wir uns präsentierten. Allein die ganzen Rechnungen zu verwalten und den Überblick zu behalten, war eine schreckliche Herausforderung für mich. Die Sache wuchs mir über den Kopf, das merkte ich bereits zum Ende des ersten Quartals, also bereits nach drei Monaten. Ich hatte zwar Berater, die mir halfen, die Altersvorsorge für unsere Mitarbeiter auf die Beine zu stellen und all so etwas, aber die Berater decken ja immer nur einen Teil des Unternehmens ab. Da wirklich jemanden zu finden, der die ganze Firma im Blick hat, ist schwer. Was mir auch erst im Nachhinein bewusst wurde: Dass ich mir im Vorfeld keinerlei Gedanken über die passende Gesellschaftsform gemacht habe, geschweige denn über meine Steuern. Ich wollte nur sofort loslegen und da erschien mir das Einzelunternehmen als die passende Unternehmensform. Ich dachte immer, solange das Geld herein strömt, zahlen wir einfach unsere Steuern und damit hat sich das Thema erledigt. Dass man da auch was drehen kann, war mir lange nicht bewusst."

„Das klingt, als würdest du die Firma mittlerweile anders führen?", stellt Stefan die offensichtliche Frage.

„Das stimmt. Ich ging zu einer Pitchveranstaltung und stellte mein Unternehmen vor. Solche Formate kennt man ja aus dem Fernsehen. Es hilft vor allem, um mehr Sichtbarkeit zu gewinnen. Ich bin tatsächlich vor allem hingegangen, weil ich einfach mal wieder Lust hatte, Leute zu treffen. Dort traf ich auf eine erfahrene Unternehmerin, die in uns investieren wollte. Das war großartig, brachte aber auch ungeahnte Herausforderungen mit sich: Ich war auf einmal gezwungen, mich anders aufzustellen. Ich war ja als

Einzelunternehmerin tätig und musste erst einmal einen Weg finden, wie ich dieser Partnerin Anteile an der Firma geben konnte, ohne dass mich die entstehenden Steuern erdrücken würden. Davor hatte ich mich mit dem Thema noch nie befasst, ich kannte mich mit GmbHs nicht aus", offenbart Lorena.

„Willkommen im Club", denkt Stefan. „Wie und was hast du dann gemacht, wie hast du die passende Lösung für dich gefunden, oder war das Kind mit deiner Einzelfirma schon in den Brunnen gefallen?", richtete er sich an sie.

„Hier kam mir die Erfahrung der Investorin zugute: Sie hatte Zacharias und sein Team im Schlepptau. Ich weiß noch genau, wie sie mich zum ersten Treffen mit Zacharias mitgenommen hat. Zunächst war ich sowas von überfordert mit den ganzen Vorschlägen, die da auf mich einprasselten. Zacharias hat mir direkt erklärt, wie und mit welchen Möglichkeiten wir meine Unternehmensstruktur, die ja keine Struktur war, noch rückwirkend umgestalten konnten, um zumindest eine hohe Steuer im Erstjahr zu verhindern. Wir haben rückwirkend in einem atemberaubenden Tempo zum ersten Januar meine Einzelfirma in eine GmbH umgewandelt. Das geht zum Glück bis zum 31. August des laufenden Jahres. Zusätzlich habe ich eine Holding gegründet. Diese Holding hielt schließlich alle Anteile an meiner Agentur und verkaufte dann 40 Prozent an die Holding meiner neuen Partnerin. Als ich das Schritt für Schritt umsetzte, leuchtete mir ein, warum das die beste Lösung war. Zum einen konnte ich so die Investorin an Bord holen, zum anderen konnte ich mit Zacharias Unterstützung eine viel bessere Struktur aufsetzen: steuerlich und in Bezug auf unsere Mitarbeiter. Dadurch konnte ich letztlich sogar meine Arbeitsstunden weiter reduzieren, weil das Ganze so effektiv war. Mittlerweile arbeite ich nur noch die Hälfte der Zeit, die ich damals bei der Beratung schuften musste und verdiene sogar mehr! Vor allem aber gibt mir das Ganze viel mehr Sicherheit – ich weiß, dass unser Unternehmen zukunftsfähig ist. Wir sind, metaphorisch gesprochen, kein Teenager mehr, der viel Energie hat, aber im Chaos lebt, sondern ein erwachsenes Unternehmen, das seine Ressourcen bewusst einsetzt. Zwar habe ich jetzt eine Behaltensfrist von sieben Jahren, was bedeutet, dass ich mein Unternehmen für sieben Jahre nach der Umwandlung von Einzelunternehmens in GmbH nicht verkaufen darf. Da musste ich in den sauren Apfel beißen, doch letztendlich ist die Agentur mein Baby. Ich plane ohnehin nicht, sie in den nächsten sieben Jahren zu verkaufen."

„Das klingt ganz so. Was für ein Wandel!"

Er überlegt, sie zu fragen, wann die PUK geplant ist, lässt es dann aber bleiben. Lorena ist neugierig über sein Unternehmen, also erzählt er ihr seine Geschichte. Dass er Einzelunternehmer ist, lässt er unter den Tisch fallen. In diesem Kreis scheint das eher ein Trend der Vergangenheit zu sein.

Sie plaudern noch ein Weilchen weiter, bis Lorena sich wieder ihrer Lektüre zuwendet. Es geht um irgendein Thema, zu dem sie sich privat weiterbilden will. Schön, wenn die Leute Zeit haben, neben ihrem Unternehmerjob auch noch Bücher zu lesen! Stefan hat dafür meistens nicht die Muße und wenn, liest er Sachbücher, die für seinen Unternehmensalltag relevant sind.

Stefan lehnt sich, soweit es in diesen starren Flugzeugsesseln möglich ist, zurück und rekapituliert seine bisherigen Gespräche. Die Unternehmen, von denen er bisher gehört hat, sprechen eine deutliche Sprache. Seine Schlussfolgerung lässt sich wie folgt zusammenfassen: vorher Einzelunternehmen, Chaos, niedrige Profitabilität. Oftmals dadurch Schwere und Zeitmangel. Nachher GmbH und Holding, Ordnung und Struktur, mehr Geld und weniger Arbeiten. Damit einhergehende Leichtigkeit. Das lässt eigentlich nur einen Schluss für sein eigenes Unternehmen zu, er möchte es nur noch nicht zu Ende denken. Er scheut sich einfach vor Veränderungen dieser Größenordnung. Während er sich noch zu erinnern versucht, warum er eigentlich früher nie auf den Gedanken gekommen ist, sein Unternehmen als GmbH zu führen – er hatte es nun einmal als Einzelunternehmen von seinem Vater übernommen! – begibt sich das Flugzeug in den Landeanflug.

Der 50-Prozent-Steuern-Unternehmer

In Athen steigen sie in eine kleinere Maschine um, die sie zu ihrem finalen Flughafen bringen wird. Mittlerweile fühlt sich Stefan schon richtig als Mitglied dieser Gruppe, als sie gemeinsam zum Gate laufen, auch wenn er noch nicht mit allen gesprochen hat. In der Maschine setzt er sich ganz nach hinten neben einen Herren von schätzungsweise 50 Jahren. Er ist ihm ins Auge gefallen, weil er einerseits etwas älter ist als die anderen Reiseteilnehmer und weil er eine angenehme Ruhe ausstrahlt, quasi so als wäre das seine einzige Aufgabe. Als sie sich in Deutschland die Hand geschüttelt haben, hat er sich als Finn vorgestellt.

Er wendet sich Stefan zu: „Hattest du schon Gelegenheit, die Unternehmensgruppe ein bisschen besser kennenzulernen?",

„Durchaus", erwidert Stefan. „Ich habe einige sehr interessante Gespräche geführt und einiges an Inspiration erhalten."

„Das kann ich mir vorstellen", gibt Finn zurück. „Ich war vor gar nicht allzu langer Zeit in der gleichen Situation wie du."

„Wie meinst du das? Wie bist du denn an Zacharias geraten?", will Stefan wissen.

„Das ist tatsächlich eine unterhaltsame Geschichte. Ein Unternehmerfreund hat mich zu einer Veranstaltung mitgenommen, wahrscheinlich so ähnlich wie Tom dich jetzt mit an Bord geholt hat. Ich war schon auf so vielen Veranstaltungen, dass ich glaubte, alles bereits gehört zu haben. Zu dem Zeitpunkt freute ich mich vor allem auf das angeblich hervorragende Essen und die Vorträge, die mein Freund angepriesen hatte. Ich wusste nicht einmal genau, um welches Thema es sich drehen sollte. Ich wusste nur, dass die Veranstaltung vom Steuerberater meines Freundes angeboten wurde – Zacharias. Allein damit hatte er mein Interesse geweckt, mein damaliger Steuerberater war eher steif, der wäre ansonsten wahrscheinlich Beamter geworden. Definitiv nicht der Typ Mensch, der eine unterhaltsame Veranstaltung auf die Beine stellen würde. Ich war also gespannt. Im Zweifelsfall würde es eine der üblichen Visitenkarten-Partys werden, wie du sie sicher auch zur Genüge kennst. Ein fröhliches Austauschen von Visitenkarten, viel Händeschütteln und wenig Stichhaltiges. Im Zweifelsfall hoffte ich einen neuen Kunden abzugreifen, als Berater ist man ja immer auf Kundensuche", schmunzelt Finn.

Stefan muss ebenfalls schmunzeln – dieser Finn scheint ähnlich zu ticken wie er. „Solche Veranstaltungen kennen wir alle zur Genüge", pflichtet er ihm bei. „Und dann hat Zacharias dich in seinen Bann gezogen?"

„Absolut. Zu dem Zeitpunkt war ich selbst schon lange im Geschäft und als Berater ist man ohnehin selbst beratungsresistent", scherzt er. Stefan freut sich, denn dieser Finn ist ihm sympathisch. Skeptiker machen bei ihm immer Punkte.

„Auch war ich nicht gerade unerfolgreich, hatte also nicht dringend Optimierungspotenzial. Doch mit dem Thema Steuern hatte ich mich bis zu dem Zeitpunkt nie im Detail auseinandergesetzt. Ich wusste natürlich, dass man in der GmbH weniger Steuern zahlt, aber ich dachte immer, die GmbH ist nichts für mich. Da muss ich veröffentlichen, da wissen dann plötzlich andere, wie viel Gewinn ich mache. Und wenn ich an mein Geld wollte, müsste ich jedes Mal eine Ausschüttung machen und das würde dann richtig teuer werden. Dabei landet das Geld letzten Endes ohnehin auf meinem privaten Bankkonto. – Das war meine damalige Wissenslage. Dass man das Geld unter Umständen gar nicht ausschütten muss, aber trotzdem darüber verfügen kann oder dass man im Alter steueroptimiert ausschütten kann, das war alles Neuland für mich. Und vor allem, dass auch die Veröffentlichung nicht so schlimm ist, weil damit nicht jeder gleich alles über mein Unternehmen damit weiß. Das hat mir nur vor Zacharias nie jemand erzählt. Ich habe Zacharias Seminar also erst einmal auf mich wirken lassen und mich nach der Veranstaltung weiter in das Thema eingearbeitet, indem ich mir einige Podcastfolgen von ihm anhörte", erzählt Finn und Stefan wird hellhörig. Von diesem Podcast hat auch schon Mona erzählt. Vielleicht sollte er da wirklich mal reinhören.

„Nach ein paar Episoden fing ich an, mich mit dem Thema tiefer auseinanderzusetzen. Ich führte mein Unternehmen ja schon eine gefühlte Ewigkeit."

„In welchem Bereich bist du als Berater unterwegs?", möchte Stefan wissen.

„Ich berate Unternehmen zur Prozessentwicklung im internationalen Vertrieb", erklärt Finn. „Ein spannendes Feld, weil viele Unternehmen gerne international verkaufen möchten, aber viel zu leichtfertig damit umgehen. Dabei ist man nicht automatisch im Ausland erfolgreich, nur weil man im deutschsprachigen Raum erfolgreich vertreiben kann."

„Das kann ich mir vorstellen", gibt Stefan zurück. „Was gab den Ausschlag, dich doch noch von Zacharias beraten zu lassen?"

„Als Berater schaue ich, wo ich den größten Hebel nutzen kann. Nach dem Seminar und meiner Recherche erkannte ich, dass der größte Hebel in meinem Unternehmen die Steuer war. Mir war zwar bewusst, dass ich Jahr für Jahr 50 Prozent Steuern zahlte, aber Steuern habe ich nie für einen möglichen Hebel gehalten, um meine Finanzen zu verbessern. Dabei waren das meine größten Ausgaben."

„Hattest du vorher keinen Steuerberater?", hakt Stefan nach.

„Doch, doch, aber der wusste es einfach nicht besser. Ich mache ihm da keinen Vorwurf, immerhin kennen wir uns schon lange und verstehen uns gut, außerdem hatte ich das vorher auch nie hinterfragt. Für mich stellte mein Steuerberater den verlängerten Arm des Finanzamts dar, aber dass ein Steuerberater noch viel mehr sein kann, war mir vor dem Seminar von Zacharias nicht bewusst gewesen. Heute glaube ich, dass auch dein Steuerberater das richtige Mindset braucht und so wenig wie ich das hatte, haben es auch viele Steuerberater nicht. Alle anderen Unternehmer, die ich zu dem Zeitpunkt kannte, zahlten auch so hohe Steuern, daher hatte ich mich damit abgefunden. Ich dachte, halb so wild, solange man seine Finanzen im Griff hat. Und das hatte ich: Meine Immobilien waren zu dem Zeitpunkt schon abbezahlt und über mein Gehalt konnte ich ebenso wenig klagen. Doch durch Zacharias erkannte ich, was für Chancen ich all die Jahre ungenutzt verstreichen ließ. Dass ich jahrzehntelang viel zu viel Steuern bezahlt hatte. Diese Erkenntnis tat natürlich weh. Nach dem ersten Schock beschloss ich, mit Zacharias zu arbeiten, um mich für die Zukunft besser aufzustellen."

„Verstehe. Wo genau habt ihr dann angesetzt?"

„Zuerst einmal ging ich in die Beratung zu Zacharias, das gab mir schon einmal Sicherheit und Planbarkeit. Er schaute sich mein Unternehmen genau an, machte eine Bestandsaufnahme und setzte eine ITHAKA-Strategie für mich auf. Sie sah als ersten Schritt vor, dass ich mein Einzelunternehmen in eine GmbH verwandeln sollte. Dann kam in Schritt Zwei, die Holding, drüber. Dadurch zahle ich inzwischen deutlich weniger Steuern und habe größere unternehmerische Freiheiten als je zuvor. Als Berater zu arbeiten, macht mir immer noch Spaß, ich könnte mir aber auch langsam etwas anderes vorstellen. Manche der Unternehmen, mit denen ich zusammenarbeite, wären interessante Firmen, in die ich investieren könnte – mit der GmbH und der Holding-Struktur ist das jetzt auch einfach umsetzbar."

„Wann hast du denn angefangen, mit Zacharias zusammenzuarbeiten?", will Stefan wissen.

„Vor ungefähr zwei Jahren. Ich wünschte nur, ich hätte Zacharias früher getroffen – ich hätte zum Beispiel nicht alle meine Immobilien privat gekauft, wenn ich gewusst hätte, welche Alternativen es gibt. Auch in meinen Überlegungen einer eigenen Familienstiftung wäre ich schon weiter, aber es ist wie es ist und jetzt hole ich das alles nach", antwortet Finn.

Stefan kommt nicht umhin, nachzurechnen. Finn ist ungefähr 50 Jahre alt. Wenn er sich seit zwei Jahren von Zacharias beraten lässt, hat er sicher gute zwanzig Jahre seine Beraterfirma auf konventionelle Weise geführt. Eine ganz schön lange Zeitspanne, wenn man in derselben Zeit Steuern hätte sparen können. Gut, dass zumindest er sich jetzt schon mit dem Thema befasst.

Das Anschnallzeichen ist angesprungen und wenig später setzt das Flugzeug auch schon wieder zur Landung an. Dieser Flug vergeht unglaublich schnell, denkt sich Stefan. Jetzt weiß er immerhin, dass er diesen Segeltörn in interessanter Gesellschaft verbringen wird!

Der Strukturlose-Immobilien-Nerd-Unternehmer

In Kalamata erwartet sie ein angenehm kleiner Flughafen. Alles ist überschaubar und es ist lediglich ein kurzer Weg zum Gepäckband. Sie setzen sich auf eine Bank, um die Wartezeit zu überbrücken, bis das Gepäck einläuft. Stefan setzt sich neben Peter, den einzigen Reiseteilnehmer, mit dem er außer „Hallo“ noch kein Wort getauscht hat. Tom hat ihm auf dem Weg zum Gepäckband zugeraunt, dass Peter „ganz groß in Immobilien unterwegs“ sei. Da ist er ja mal gespannt. Stefan schätzt Peter auf Ende 40. Das Karohemd schlackert um seine Taille, als hätte er eine Größe zu groß gekauft. Unter dem Hemd trägt er eine dunkle Jeans, die zu seinen robusten, aber gepflegten Schuhen passt. Insgesamt strahlt Peter eine Mischung aus Selbstbewusstsein und Unaufdringlichkeit aus, was darauf schließen lässt, dass er in der Welt der Immobilien möglicherweise eine erfolgreiche, aber bodenständige Rolle einnimmt. Sie nicken sich zu.

„Freut mich, dass wir Gelegenheit haben, uns zu unterhalten. Ich habe gehört, du bist die beste Ansprechperson, wenn es um Immobilien geht?“, startet Stefan direkt in das Gespräch.

„Das könnte man so sagen, ja“, bestätigt Peter mit einem zufriedenen Grinsen. „Ich habe eine ziemliche Affinität für Immobilien. Ich habe bereits in jungen Jahren angefangen, Immobilien zu erwerben. Ich fand das Modell, über die Miete zusätzliche Einnahmen zu generieren, schon immer interessant. Die langfristige Perspektive, eine Immobilie mit Gewinn zu verkaufen, selbstverständlich auch. Heute weiß ich allerdings, dass im Bereich Immobilien noch so viel mehr möglich ist“, raunt er ihm beinahe verschwörerisch zu.

„Ach ja? Was meinst du damit genau?“, beißt Stefan an. Bestimmt geht es um das Steueroptimierungs- und Gestaltungspotenzial. Das ist ja der Dauerbrenner in diesem Unternehmerkreis.

„Ich meine damit, dass ich zwar mit meinen Immobilien viel Vermögen aufgebaut habe, aber ich hätte noch so viel mehr rausholen können, auch für mich persönlich, wenn ich Zacharias zu Beginn meiner Unternehmerlaufbahn schon gekannt hätte. Vielleicht hast du es auch schon von dem einen oder anderen hier gehört: Die wahre Euphorie, die aus der Beschäftigung mit Steuern und der Zusammenarbeit mit Zacharias entsteht, gilt nicht den Steuern selbst, das sind schließlich auch nur Zahlen, sondern der neuen Perspektive, die damit einhergeht. Es hat uns alle persönlich und unternehmerisch auf ein ganz anderes Level gehoben. Aber um zu deiner Frage zurückzukommen, welches Potential ich meine: Als ich anfing, in Immobilien zu investieren, habe ich das relativ planlos gemacht. Ich dachte mir nichts groß dabei und kaufte die Immobilie privat. Eine nach der anderen, wann immer es mir meine Finanzen und die Bank erlaubten. Im Nachhinein kann ich das gar nicht glauben, wie naiv ich war. Ich stand finanziell gut da, das nicht, aber ich hätte noch so viel mehr Potenzial ausschöpfen können."

„Wie das? Klingt für mich eher, als wenn du bereits früh den richtigen Riecher entwickelt hättest, wenn du nacheinander Immobilien kaufen konntest."

„Lass mich dir ein Beispiel geben. Zuerst einmal musst du wissen, dass ich ein Geschäft für Baumaterialien führe. Wir haben alles, was man für den Bau eines Hauses benötigt. Wirklich alles. Das Unternehmen hat mein Großvater aufgebaut."

„Aha", denkt Stefan. „Auch ein Unternehmerkind wie ich."

„Kurze Zeit nach der Ausbildung bin ich direkt in unser Unternehmen eingestiegen und habe es anschließend schrittweise übernommen. Aber das Bauunternehmen alleine war mir nicht genug, ich wollte mir separat noch etwas für meine Altersvorsorge aufbauen. Also dachte ich mir, ich kombiniere meine Affinität für das Handwerk und für Immobilien. Mit dieser Einstellung kaufte ich meine erste Immobilie: Ein etwas in die Jahre gekommenes und daher günstiges Haus, das ich anschließend privat renoviert habe, mit Baumaterialien meiner Firma. Das habe ich unter der Hand gemacht, ohne das Finanzamt zu informieren. Eigentlich hätte ich eine Entnahme für die Baumaterialien machen müssen, aber das hätte mich Steuern gekostet, deswegen ging ich lieber den inoffiziellen Weg. Meine Arbeitszeit habe ich privat investiert, also steuerfrei. Ich kenne mich in dem Metier ja bestens aus und mithilfe der Kontakte, die ich zu Malermeistern, Fliesenlegern und anderen Handwerkern hatte, war das Haus im Handumdrehen bezugsfertig. Natürlich habe ich die Handwerker schwarz bezahlt, ich musste ja die Kosten möglichst gering halten. Das bleibt natürlich unter uns", sagt Peter und zwinkert Stefan zu.

„Das erklärt sich von selbst. Und wie ging es weiter mit dem Haus?"

„Ich habe es herausgeputzt und vermietet, bevor ich es zehn Jahre später verkauft habe – nach dieser Frist musste ich keine Steuern mehr auf den Verkauf zahlen."

„Klingt doch super! Ich wüsste gar nicht, was es da noch zu optimieren gibt!", kommentiert Stefan.

„Naja, statt meine Arbeitszeit privat zu investieren, hätte ich mir selbst eine Rechnung für meine Arbeitszeit stellen können! Ich hätte das steuerlich optimieren können, sodass ich am meisten aus der Sache raushole. Allerdings hätte ich dafür natürlich eine GmbH gebraucht. Und die hatte ich damals ja noch nicht. Deswegen machte ich so weiter wie bei diesem ersten Haus. Mein Bauunternehmen habe ich natürlich weitergeführt. Mein Herz schlug immer für diese Firma – sie ist schließlich seit drei Generationen in unserer Familie. Aus diesem Grund beschäftigen mich meine Unternehmen sozusagen 24/7, selbst beim Abendessen reden meine Frau und ich häufig über den Betrieb. Ich wüsste ja sonst gar nicht, worüber ich mit meiner Frau abends reden soll nach so vielen Jahren Ehe“, scherzt er.

Stefan lächelt brüderlich. Anna sagt ihm oft genug, dass sie gerne auch mal etwas anderes besprechen würde als seine Neuigkeiten aus dem Sanitärinstallationsalltag. Oftmals fallen ihm leider kaum andere Themen ein. „Und werden deine Kinder irgendwann deinen Betrieb übernehmen?“, fragt Stefan. Sie müssten nach seiner Schätzung etwa im richtigen Alter sein, zumindest um in die Firma einzusteigen. Ein Glück, dass seine Mädchen noch so klein sind, dass er sich mit der Frage der Nachfolge noch nicht beschäftigen muss.

„Ich habe die Hoffnung noch nicht ganz verloren, dass meine Kinder einmal Interesse daran zeigen, aber ich gebe mich auch keinen Illusionen hin. Die sind so beschäftigt mit den Sozialen Medien, immer auf der Jagd nach dem nächsten Like oder wie das heißt. Naja, sie haben zum Glück auch kaum Grund, sich um ihre Zukunft zu sorgen, ich habe schließlich nicht nur für meine Rente vorgesorgt, sondern für sie gleich mit. Sie werden irgendwann ein ziemliches Immobilienvermögen erben, aber bis dahin vergeht hoffentlich noch eine Weile. Am Geschäftsalltag des Baustoffhandels sind sie jedoch kaum interessiert, eher noch am Immobiliengeschäft – Immobilien sind cooler als Baumaterialien in ihren Augen. Heutzutage will die junge Generation ja alles so einfach wie möglich, sie wollen viel Kohle scheffeln, aber gleichzeitig eine Work-Life-Balance, die vor allem aus Freizeit besteht. Manchmal frage ich mich schon, wie so eine Generation überhaupt irgendeine Art von Betrieb führen soll. Wenn ich da nicht jeden Morgen hingestiefelt wäre und all meine Energie reingesteckt hätte, wäre das doch den Bach runtergegangen.“

„Meine Worte“, denkt Stefan nur. Es kommt ihm vor, als würde er sich selbst zuhören. „Das kenne ich nur zu gut“, pflichtet er folglich bei. „Allerdings ist es schon auch wichtig, soziale Kontakte zu pflegen, nicht wahr?“

„Absolut. Ich verbinde das am liebsten gleich mit dem Geschäftlichen. Das Einzige, was mir seit vielen Jahren heilig war, sind meine Unternehmertreffen. Wir treffen uns einmal im Monat zum Stammtisch, da bin ich jedes Mal dabei. Manchmal fahren wir auch Golfen, das tue ich allerdings mehr den anderen zuliebe, der Sinn dahinter hat sich mir noch nicht erschlossen.“

Stefan muss an Toms Worte denken, dass er der Arbeit nicht mehr die absolute Priorität einräumen sollte, sondern auch seinen Hobbies – wenn er denn welche hätte – nachgehen sollte. Er weiß inzwischen, dass da was dran ist, aber im Vergleich zu diesem Peter ist er ja ein Einserschüler beim Thema Freizeit! Er weiß genau, welche Frage Tom jetzt stellen würde, also stellt er sie selbst: „Für was begeistert du dich dann? Also abgesehen von Immobilien und Baustoffen."

„Gute Frage", sagt Peter nach einiger Bedenkzeit. „Neben Immobilien würde ich Sportwagen mein Hobby nennen. Ich habe da vor einigen Jahren angefangen zu sammeln. Mein erster war ein Porsche, so einen wollte ich schon als Kind besitzen. Über die Jahre sind noch ein paar schöne Modelle dazu gekommen. Sie stehen in einer Lagerhalle, die ich angemietet habe. Wenn das Jahr gut gelaufen ist und ich ein oder zwei Immobilien zu meinem Altersvorsorge- und Familienvermögensportfolio hinzufügen konnte, gönne ich mir am Ende des Jahres einen Sportwagen, um mir selbst etwas Gutes zu tun. Man könnte es Sammelleidenschaft nennen."

„Das klingt nach einer schönen Belohnung", meint Stefan und denkt dabei im Stillen: „Für was die Leute sich alles begeistern können!" Sportwagen wären nichts für ihn. Er hat sich schon so lange nichts mehr gegönnt, außer Familienurlaube. Er müsste erst einmal überlegen, womit er sich gerne belohnen würde. Vor allem interessiert ihn ja weniger, wofür Peter sein Geld ausgibt, sondern eher, wie er es erwirtschaftet.

„Wie genau hast du deine Firmenstruktur aufgebaut, um dir das alles leisten zu können?", fragt Stefan daher.

„Ich habe mich für eine Struktur entschieden, bei der ich meine Firma weiterhin als Einzelunternehmen führe und meine Immobilien im Privatbereich kaufe. Ich wollte schlicht gesagt die Kontrolle und den Überblick behalten und mit einem Einzelunternehmen und privat erworbenen Immobilien war das einfach und alles schön getrennt. Ich dachte, wenn es kompliziert wird, wird es auch teuer, deshalb bin ich nie auf die Idee gekommen, etwas anderes zu tun. Mein Einkommen war selbst für meinen Lebensstandard mehr als ausreichend, also habe ich nie den Druck verspürt, mich um steuerliche Angelegenheiten oder komplexere finanzielle Planungen zu kümmern. Meine Steuerberaterin, die ich praktisch von meinem Vater übernahm, erledigte diese Dinge in meinen Augen sehr gut."

„Kommt mir bekannt vor", sagt Stefan. „Der Steuerberater scheint bei Familienunternehmen Teil des Pakets zu sein."

„Bei dir wohl auch? Dann weißt du ja, wie das ist. Weil sie schon so lange unser Unternehmen beriet, habe ich mich immer auf sie und ihre Expertise verlassen. Sie machte die Dinge so, wie sie schon immer gemacht wurden. Das hatte früher immer gut funktioniert, und es gab keinen Grund, etwas zu ändern. Immobilien habe ich ja als mein Hobby angesehen, dafür beschäftigte ich mich selbst mit dem Immobilienmarkt und behelligte meine Steuerberaterin nicht groß mit dem Thema. Ich schaute regelmäßig, wie sich der Markt entwickelte, wie sich die Gesetzgebung änderte und was das für meine bestehenden Immobilien oder neue Investitionen bedeutete. Ich war da also immer ziemlich auf dem neuesten Stand, was diese Entwicklungen betrifft. Aber ich ging damals nicht darüber hinaus und überlegte, wie ich meine Immobilien steuerlich optimieren oder einen ganzheitlichen Ansatz verfolgen könnte. Ich verstand das Spiel, aber nicht welche Strategien es zusätzlich gab, um zu gewinnen. Ein bisschen so wie ein fußballbegeisterter Ölscheich, der einen Verein besitzt und sich mit den Statistiken der Spieler beschäftigt, die er einkauft, aber nicht mit der Wirtschaftlichkeit dahinter. Dieser Ölscheich ist mit den Aspekten vertraut, die ihn interessieren – wie viele Tore der Spieler im vergangenen Jahr geschossen hat, zu welchem Preis man den Spieler am besten einkauft und sowas – aber wann und zu welchem Zeitpunkt man ihn am besten wieder verkauft, das überlässt der Ölscheich dem Verein. Bei mir war das ähnlich, all die administrativen Teile überließ ich meiner Steuerberaterin."

„Das klingt, als wärst du mit dieser Strategie gut gefahren", wirft Stefan ein.

„Für viele Jahre ging das gut, da hast du recht", stimmt Peter ihm zu. „Dann beging ich einen kostspieligen Fehler: Ich verkalkulierte mich. Ich hatte ein Mehrfamilienhaus erworben, das dringend renoviert werden musste. So weit, so gut, darin war ich ja Experte, doch die Renovierungskosten fielen dummerweise deutlich höher aus, als ich gedacht hatte. Sie beliefen sich auf eine halbe Million Euro, eine erhebliche Summe. Und jetzt kommt die Krux an der Sache: Ich übersah schlicht eine gesetzliche Regelung, nach der ich innerhalb der ersten drei Jahre nicht mehr als 15 Prozent des Kaufpreises in die Renovierung investieren durfte, wenn ich sie direkt steuerlich absetzen wollte. Wenn man diese Grenze überschreitet, werden die Kosten aktiviert und über einen Zeitraum von 50 Jahren abgeschrieben, statt im ersten oder gleichmäßig auf maximal fünf Jahre zu verteilen."

„Was bedeutete das für dich? Für wie viel hast du denn das Mehrfamilienhaus erworben?"

„Für 2,5 Millionen Euro", sagt Peter und man sieht ihm seine Empörung an, auch wenn der Vorfall bereits einige Jahre zurückliegt.

„Also konntest du die Renovierungsarbeiten nicht wie geplant als sofort abzugsfähige Werbungskosten abziehen und deine Einkünfte fielen wesentlich höher aus, als geplant?"

„Korrekt", bestätigt er und presst frustriert die Lippen zusammen. „Die 500.000 Euro, die ich in die Renovierung gesteckt hatte, waren für mich im Kopf zu 50 Prozent abzugsfähig gewesen. Ich hatte also fest damit gerechnet, 250.000 Euro vom Finanzamt zurückzubekommen. Diese 500.000 Euro hatte ich in meiner Steuererklärung für dieses Jahr daher wie geplant als Ausgaben verbucht. Plötzlich stand ich vor einem Problem, das ich nicht erwartet hatte. Meine Steuerberaterin teilte mir mit, dass ich die 500.000 komplett zahlen müsste und pro Jahr nur zwei Prozent von diesen 500.000 als steuerlichen

Aufwand absetzen konnte. Zwei Prozent statt 50 Prozent, das ist doch ein Witz! Der Steuerschaden war enorm. Ich hatte das Geld, das ich ans Finanzamt aufgrund dieser Lücke nachzahlen musste, bereits fest eingeplant für ein anderes Renovierungsprojekt, das ich in letzter Sekunde abbrechen musste. Fast hätte ich mich dafür verschuldet, der Vertrag war beinahe schon unterschrieben. Danach war die Gelegenheit natürlich verstrichen und das Objekt an einen anderen verkauft. Auf lange Sicht konnte ich die Renovierungskosten zwar abschreiben, aber eben nicht im selben Jahr. Das war schon ein erheblicher Unterschied! Damit rechnet doch keiner, dass das Steuersystem so perfide sein kann."

„Und daran war nichts mehr zu rütteln?", fragt Stefan.

„Das Kind war da schon in den Brunnen gefallen. Zu diesem Zeitpunkt konnte ich nichts mehr ändern, da die Renovierung bereits abgeschlossen war", erklärt Peter mit rotem Gesicht. „Ich hatte die Steuererklärung auch schon eingereicht. Das hatte ich ordentlich in den Sand gesetzt. Der Sommerurlaub in dem Jahr war eine ziemliche Trauerveranstaltung."

„Das kann ich mir vorstellen. Die Familie soll ja am besten nichts mitbekommen, wenn es geschäftlich mal nicht optimal läuft", stimmt Stefan ihm zu. „Aber offensichtlich konntest du dich wieder aufrappeln, oder?"

„In der Tat. Im Nachhinein erwies sich diese Erfahrung als äußerst wertvoll, denn ohne diesen Reinfall wäre ich wohl zu stolz gewesen, jemanden wie Zacharias zu Rate zu ziehen. Anfangs war ich aber wirklich frustriert, manche würden das schon als Depression bezeichnen. Zeitweise habe ich sogar selbst eine Therapie in Betracht gezogen. Dafür war ich allerdings zu stolz. Ich bin es gewohnt, Herausforderungen auf eigene Faust zu lösen. Ich war allerdings wirklich geschockt. Und wütend auf meine Steuerberaterin, wie du dir vorstellen kannst. Ich habe sie zwar meist vor vollendete Tatsachen gestellt, weil ich mich beispielsweise erst bei ihr meldete, nachdem ich das Mehrfamilienhaus schon gekauft hatte. Aber sie hat sich auch nie dafür interessiert und nie über ihren Schreibtisch hinausgeblickt, sie war mehr eine Verwalterin als eine Gestalterin – bei Zacharias ist das zum Glück ganz anders. Den hole ich von Anfang an ins Boot und wir planen gemeinsam meine Investitionen. Der versteht halt auch meine Perspektive als Unternehmer und Immobilieninvestor, weil er selbst ein ähnliches Mindset hat und in Immobilien investiert. Meine damalige Steuerberaterin kannte das ja alles nur auf dem Papier, sie besaß keinerlei Immobilien und hatte auch kein persönliches Interesse an dem Thema. Das ist, als ob man bei einem Finanzberater ist, der selbst noch nie auf dem Finanzmarkt investiert hat. Also beschloss ich, den Steuerberater zu wechseln."

„Und wie genau bist du dann bei Zacharias gelandet?"

„Ich habe mich online schlau gemacht, was ich zum Thema Immobilienkauf und -verkauf alles wissen sollte. Dabei stolperte ich über einen Hinweis auf die ITHAKA-Strategie auf Zacharias Webseite. Ich rief ihn an, machte einen Termin mit ihm aus und seitdem hat sich einiges in meinem Leben zum Besseren gewendet."

„Was genau hast du denn umgestellt?"

„Das liegt mittlerweile einige Jahre zurück. Zunächst habe ich die ITHAKA-Strategie, die Zacharias mir damals erstellt hat, umgesetzt. Das war ein richtiger Wendepunkt in meinem Leben: Ich erkannte, dass es an der Zeit war, einige Dinge zu ändern. Zum Beispiel habe ich angefangen, wieder Sport zu treiben – nach sage und schreibe 20 Jahren Pause! Ich habe mir ein Fitnessprogramm zugelegt und mache jetzt regelmäßig Übungen", verkündet Peter mit kaum zu überhörendem Stolz. Stefan muss schlucken. Peters hat eine imposante Statur: Seine breiten Schultern und aufrechte Haltung verleihen ihm sogar im Sitzen eine gewisse Präsenz. Wenn jemand wie Peter nach 20 Jahren sportlicher Untätigkeit zu so einer Figur zurückfinden kann, gibt es für Stefan auch weniger Ausreden.

„Das war eine große Umstellung, aber ich fühle mich schon viel besser. Tatsächlich war ich bis vor nicht allzu langer Zeit noch deutlich runder. Aber nicht nur das. Ich habe auch meine Ernährung umgestellt. Mehr Obst und Gemüse, weniger Fast Food und zuckerhaltige Snacks. Das hat mir nicht nur geholfen, mich besser zu fühlen, sondern auch dabei, ein paar Pfunde zu verlieren. Und das Beste daran ist, dass ich jetzt mehr Zeit mit meiner Familie verbringe. Das hatte ich während all der Jahre aus den Augen verloren, die ich so stark im Betrieb eingebunden war. Jetzt nehmen wir uns regelmäßig Zeit für Familienausflüge, nicht nur, wenn ich Urlaub habe. Es ist erstaunlich, wie eine kleine Veränderung in der Denkweise so viele positive Veränderungen in meinem Leben bewirken konnte. Es war wirklich eine wertvolle Lektion für mich. Alles fing mit einigen Umstellungen in meinem Unternehmen an: Die GmbH aufzusetzen, die Holding zu gründen, einige meiner Immobilien vom Privat- ins Geschäftsvermögen zu verschieben, mir selbst steuerlich optimierte Rechnungen für die Renovierungsarbeiten zu stellen. Mittlerweile kann ich sagen, dass ich neben einer professionellen Ausrichtung meiner geschäftlichen Aktivitäten vor allem eines gewonnen habe: Lebensqualität. Das ist es, was ich anfangs gemeint habe: Ich bin ein anderer Mensch geworden. Deswegen ist es viel mehr als nur Steueroptimierung und -gestaltung. Es geht um den Funken. Ein Funke, der mich antreibt und mich voller Vorfreude auf die Zukunft blicken lässt."

„Das klingt wirklich, als wäre die Fehlkalkulation mit der Renovierung des Mehrfamilienhauses im Endeffekt ein Glücksfall gewesen, sonst hättest du dein Leben vielleicht nicht so radikal umgestellt, oder?", mutmaßt Stefan.

„Das denke ich auch. Mittlerweile bin ich froh, dass das damals so gelaufen ist. Ich habe diesen Schock gebraucht, um meine Probleme wirklich an der Wurzel zu packen und zu lösen. Es war ein Fehler, der mich letztendlich auf den richtigen Weg gebracht hat. Teures Lehrgeld, aber ich habe das offensichtlich gebraucht."

Lehrgeld, das Stefan sich gerne sparen würde, hofft er insgeheim. Das Gepäckband springt an und wenig später rollen sie ihre Koffer zum Ausgang.

Der Kapitän

In der Ankunftshalle wartet schon ein weißgrauer Mann auf sie, der ein Schild hochhält. Statt eines Namens steht auf dem Schild lediglich ‚Steuern machen Spaß!'.

„Sehr witzig", denkt Stefan lakonisch. Mittlerweile hat er doch nun wirklich verinnerlicht, dass Steuern angeblich Spaß machen. Jetzt sind sie also offiziell das „Steuern machen Spaß!"-Team. Nun gut.

Der sehnige, kräftige Mann stellt sich als ihr Kapitän vor. Er sieht tatsächlich so aus, wie man sich einen Kapitän vorstellt. Da fehlt nur noch die Pfeife im Mundwinkel. Seine Haare sind schon ergraut und heben seine tiefe Gesichtsbräune noch hervor. Seine Klamotten sind einfach, aber elegant. Man sieht ihm an, dass er die Turnschuhe am liebsten direkt in Bootsschuhe umtauschen würde.

„Hallo alle zusammen, ich bin Yannis, euer Kapitän auf dieser Reise", sagt er herzlich und lächelt. „Es freut mich, dass ihr alle sicher angekommen seid. Wir haben zwei Taxis für euch bereitgestellt, um zum Hafen zu gelangen."

Sie dackeln einer Schulgruppe gleich hinter dem Kapitän her aus der Ankunftshalle. Kaum, dass sich die Türen vor ihnen öffnen, empfängt sie ein Schwall angenehm warmer Luft und das Zirpen der Grillen ist unüberhörbar.

„Wow!", denkt Stefan. „Was für ein fantastisches Ambiente."

Er hat verdrängt, wie schön Reisen ist. Yannis führt sie zu den wartenden Taxis und redet kurz mit den Taxifahrern auf Griechisch, bevor er ihnen zuwinkt, dass sie einsteigen können. Nachdem er mit allen anderen Teilnehmern der Reise schon ein Kennenlerngespräch geführt hat, setzt sich Stefan im Großraumtaxi neben Yannis. Schon fahren sie durch die felsige Landschaft Griechenlands, die mit Olivenbäumen gespickt ist wie ein Weihnachtsstollen mit Rosinen. Stefan bewundert die Aussicht im letzten Schein der untergehenden Sonne. Der Flughafen ist so klein, dass sie sofort inmitten der Natur sind.

„Wunderschön", sagt Stefan mehr zu sich selbst.

„Warte ab, bis du die Küste siehst", scherzt der Kapitän mit einem Lächeln.

„Entschuldige die Frage, aber wie kommt es, dass du so perfekt Deutsch sprichst? Ich höre nicht die Spur eines Akzents!", entfährt es Stefan.

„Meine Eltern sind Griechen, aber ich bin in Deutschland aufgewachsen. Früher, als ich noch öfter als Skipper und Kapitän gearbeitet habe, bin ich oft zwischen Deutschland und Griechenland hin und hergependelt. Es ist eine leidenschaftliche Verbindung zu meinem Erbe, gepaart mit der Liebe zur See."

„Was hält dich denn noch dort, wenn es hier doch so schön ist?"

„Tatsächlich komme ich mittlerweile nur noch selten hierher, und nur im Sommer. Gerade war ich mit meiner Freundin im Urlaub und hänge jetzt noch den Segeltörn mit euch dran, weil ich mit Zacharias mittlerweile gut befreundet bin und seine ITHAKA-Segeltörns immer wieder gerne mitmache. Ich wohne in Deutschland und kümmere mich dort um mein Immobilienportfolio. Daher gleicht jede Reise nach Griechenland mittlerweile mehr einem Urlaub."

„Das gibt es ja nicht", denkt Stefan. „Auf dieser Reise hat sogar der Kapitän ein Immobilienvermögen aufgebaut!" Er muss sich eingestehen, dass er nicht gedacht hätte, dass Yannis sich das leisten könnte. Er bemerkt, dass auch Magdalena, die auf der anderen Seite von Yannis sitzt, große Augen macht und sich interessiert ihrem Gespräch zuwendet.

„Das hätte ich mir ja denken können – sobald man Zacharias kennenlernt, verwandelt man seine kühnsten Unternehmerträume in Wirklichkeit", kommentiert Stefan lakonisch.

„Das könnte man so sagen. Zacharias hat da sicherlich eine Schlüsselrolle gespielt, das Ganze noch deutlich größer und komfortabler aufzubauen. Weißt du, ich hab mich schon sehr früh für Immobilien interessiert. Ich habe früh angefangen, Geld zur Seite zu legen und in Immobilien zu investieren. Die Idee mit diesen Immobilien war es, mir ein passives Einkommen für den Ruhestand aufzubauen."

„Wow! Und wie hast du dir deine erste Immobilie erarbeitet?"

„Es war nicht einfach, aber mit einer klaren Vision und harter Arbeit kann man viel erreichen. Die erste Immobilie, die ich erworben habe, war schon etwas in die Jahre gekommen. Zum Glück bin ich handwerklich geschickt und habe einige Freunde, die als Handwerker arbeiten. So konnte ich die Kosten bei den Renovierungsarbeiten durch meinen Arbeitseinsatz und deren Hilfe niedrig halten. So war das bereits ein profitables Geschäft. Allerdings wäre ich nie so weit gekommen, wenn ich nicht Zacharias getroffen hätte."

„Falls du das nächste Mal jemanden brauchst, der dir ein Bad einbaut, kannst du dich bei mir melden. Ich habe einen Sanitärinstallationsbetrieb."

„Fantastisch, dann sollten wir auf jeden Fall zusammenarbeiten!"

„Ich freue mich darauf. Wie genau hast du Zacharias dann eigentlich kennengelernt?", will Stefan wissen.

„Ich war der Kapitän auf Zacharias erster ITHAKA-Reise", erzählt Yannis. „Und seitdem auch der Kapitän auf jedem weiteren seiner Segeltörns, wir fanden uns sofort sympathisch."

„Das ist doch eine schöne Art, sich kennenzulernen. Ich nehme an, Zacharias hat dir offenbart, was du alles steuerlich absetzen kannst."

„Genau, mein Freund. Er wies mich auf Kosten hin, die ich vorher privat beglichen habe und die ich jetzt als Werbungskosten bei meinen Immobilien ausweisen kann."

„Was genau?"

„So ziemlich alles, was grob mit meinen Immobilien zu tun hat", grinst Yannis. „Fachliteratur beispielsweise, sehr viel Fachliteratur ist abzugsfähig. Alle Bücher, die annähernd mit Immobilien oder Steuern zu tun haben, kommen infrage. Das umfasst Telefonkosten, zu einem gewissen Anteil zumindest, weil ich ja mit meinen Mietern telefoniere oder Makler anrufe, zum Beispiel. Auch Reisekosten kann ich wunderbar absetzen, etwa wenn ich zu meinen Immobilien fahre. Dafür verwende ich mein Auto, was bedeutet, dass ich wiederum gewisse Kfz-Kosten in meiner Steuererklärung aufliste. Früher dachte ich immer, dass ich in diesem Zusammenhang nur 0,30 Euro pro Kilometer absetzen kann. Jetzt weiß ich, dass ich bei Fahrten, die meine Immobilien betreffen, auch die tatsächlichen Kfz-Kosten absetzen darf. Im letzten Jahr bin ich hier auf 1,22 Euro pro Kilometer gekommen. Bei 5.000 Kilometern, die ich zwischen meinen Immobilien hin und her fahre, habe ich statt 1.500 Euro jetzt satte 6.100 Euro abgesetzt. Dafür habe ich alle Belege wie Tanken, Autowäsche, Reifen, Werkstattrechnungen, Versicherungen, Steuern und so weiter gesammelt. Ja, selbst die Abschreibung meines Neuwagens ist in diese Aufstellung geflossen. Doch es hat sich gelohnt. Meine Werbungskosten haben sich deutlich erhöht, seit ich weiß, was alles möglich ist. Selbst wenn ich zum Baumarkt fahre, setze ich das ab. Dasselbe gilt für Bewirtungskosten, etwa wenn ich mit Zacharias oder meiner Architektin essen gehe. Scherzhaft könnte man sagen, dass mein Finanzamt mitisst, allerdings nicht am Tisch sitzt, sondern mir einen Teil über Steuererstattungen zuschießt. So viele Ausgaben, die ich vorher als Privatausgaben nicht weiter beachtet habe, sind jetzt ein fester Bestandteil meiner Steuererklärung. Wenn du sowieso Kosten hast und du veränderst den Bereich, in dem diese Kosten anfallen, sodass sie steuerlich abzugsfähig sind, ist das immer positiv. Plötzlich ist dein ganzes Leben abzugsfähig", lacht er. „Das Finanzamt winkt so gut wie alles durch, wenn es mit meiner Immobilienverwaltung zu tun hat. Selbst Kontogebühren, weil ich über das Konto meine Immobilien manage, sind absetzbar. Auch Software, Materialkosten, Möbelstücke und Dekorationen für die vermieteten Immobilien kann ich steuerlich geltend machen. Wie soll das Finanzamt schließlich merken, ob das jetzt privat oder für die Immobilien war? Seminare sind auch noch so ein Beispiel, wo das gut geht."

„Da hast du ja wirklich eine Menge Möglichkeiten. Was für Seminare besuchst du denn da so?"

„Nun, ich versuche, Seminare zu wählen, die nicht nur informativ sind, sondern auch an attraktiven Orten stattfinden. Zum Beispiel bin ich letzten Monat zu einem Immobilienseminar nach Mallorca geflogen. Das Beste daran ist, dass ich die gesamte Reise komplett steuerlich absetzen kann."

„Ich reise gerne einen Tag vorher an, übernachte in einem schönen Hotel und gehe mit den anderen Seminarteilnehmern essen – das alles ist ebenfalls steuerlich absetzbar. Wenn ich möchte, kann ich sogar eine Woche Urlaub dranhängen. In dem Fall ist das dann anteilig absetzbar. Beispielsweise der Flug zur Hälfte. Das lohnt sich also immer, Urlaub anzuhängen, wenn man ohnehin vorhatte, einen zu machen. Natürlich muss man alles dokumentieren und das Seminar nachweisen können."

„Du kennst dich echt wahnsinnig gut aus!"

„Zacharias sei Dank", erwidert Yannis. „Hast du auch in Immobilien investiert?"

„Naja, ich hab nur mein eigenes Haus und eine Wohnung, aber mit wirklicher Investition wie bei dir hat das noch nichts zu tun. Hast du Tipps für einen Anfänger wie mich?"

„Es ist sehr vorausschauend, dass du dir darüber Gedanken machst. Mein erster Tipp ist, sich wirklich intensiv damit zu beschäftigen. Die Gefahr besteht darin, in Immobilien zu investieren, ohne einen klaren Plan zu haben. Es erfordert einen gewissen Aufwand und Zeit, sich in die Materie einzuarbeiten. Wie man Immobilien findet und wie sich das steuerlich auswirkt – all das nimmt Zeit in Anspruch. Du könntest beispielsweise ein Immobilienseminar besuchen, wo viele wichtige Dinge aufgezeigt werden. Das hilft, einen Überblick zu bekommen und kann eine gute Basis für deine weiteren Schritte sein. Es ist wichtig, nichts zu überstürzen, sondern erst Kenntnisse aufzubauen, um fundierte Entscheidungen treffen zu können.

Mein zweiter Tipp wäre, deine Ausgaben jetzt schon anders zu planen, da sie dann abziehbar sind. Wenn du beispielsweise ein Seminar besuchst, sind die Kosten dafür abzugsfähig. Allerdings verlangt das Finanzamt in der Regel einen Nachweis, dass du auch aktiv in dem Bereich tätig wirst. Wenn du nie eine Immobilie erwirbst, nachdem du ein Seminar besucht hast, könnte das Finanzamt die Kosten nachträglich ablehnen. Das ist aber auch nicht so schlimm, dann musst du diese Steuern im schlimmsten Fall zurückzahlen, das ist alles. Ein interessanter Punkt ist auch, dass du Ausgaben, die im Zusammenhang mit dem Thema stehen, bereits planen kannst, auch wenn du noch keine Immobilie besitzt. Wenn du heute ein Seminar besuchst und erst nächstes Jahr ein Unternehmen gründest oder eine Immobilie kaufst, kannst du die Kosten bereits in der Steuererklärung ansetzen. Das nennt sich ‚vorweggenommene Werbungskosten'. Allein sich mit dem Thema zu beschäftigen, zahlt sich also schon ab dem ersten Tag aus."

„Ich kann also Ausgaben steuerlich absetzen, bevor ich die Immobilie erworben habe? Sozusagen die Kosten, die für die Suche der Immobilie anfallen?"

„Genau. Wenn du beispielsweise nach Mallorca fliegst, um dort nach Immobilien zu suchen, mit der Absicht, eine zu kaufen, wäre die gesamte Reise komplett abzugsfähig, ja. Es ist wichtig, die Ausgaben zu dokumentieren und im Rahmen der Realität zu bleiben. Je höher die Ausgaben und je unrealistischer, desto eher könnte es zu einer Diskussion mit dem Finanzamt kommen. Aber es ist immer einfach, wenn du nachweisen kannst, dass du zwei Jahre später tatsächlich eine Immobilie auf Mallorca gekauft hast. Das Finanzamt sieht das manchmal natürlich anders, aber versuchen kann man es ja. In meiner Erfahrung geht auch jedes Finanzamt anders damit um, was nun genau und zu welchem Grad absetzbar ist. Da gibt es auch einiges an Interpretationsspielraum."

„Kann es denn negative Folgen haben, wenn ich versuche, einen Kostenpunkt abzusetzen und das Finanzamt lehnt das ab?"

„Der Versuch, eine Zahlung steuerlich abzusetzen, ist nicht strafbar. Du darfst eine andere Sichtweise als das Finanzamt einnehmen und du bekommst davor keinen Ärger vom Finanzamt. Du musst lediglich im Fall einer Prüfung die notwendigen Nachweise erbringen können. Sorgfältige Dokumentation ist also der Schlüssel zu einem reibungslosen Steuerprozess. Solange du also keine abstrusen, aus der Luft gegriffenen Forderungen stellst, wird das Finanzamt deine Vorschläge entweder annehmen oder ablehnen, mehr können sie nicht tun."

„Wie lange gilt denn dieser Zeitraum, währenddessen ich vorweggenommene Werbungskosten einbringen kann? Wie lange darf es maximal dauern, bis ich die Immobilie auch wirklich erwerbe?"

„Grundsätzlich kommt es auf den Einzelfall an," erklärt Yannis. „Die Steuererklärung für das Jahr 2023 kannst du bis ins Jahr 2025 einreichen. Bis dahin hast du Zeit, abzuschätzen, wie nah du schon dran bist, die Immobilie zu erwerben. Die Dokumentation ist dabei wie gesagt entscheidend. Ansonsten wird es schwierig."

Aus dem Fenster können sie zum ersten Mal das Meer sehen, das im Mondlicht verheißungsvoll funkelt.

„Falls es zunächst nicht klappen sollte mit der Immobiliensuche, musst du zumindest beweisen können, dass du ernsthaft auf der Suche bist und dass deine Absicht klar ist. Das Finanzamt kann deine Ausgabe im schlimmsten Fall rückwirkend rauswerfen, und dann müsstest du die Steuer nachzahlen."

„Wie viele Immobilien besitzt du denn mittlerweile?"

„Beinahe mehr, als ich zählen kann", zwinkert er ihm zu. „Die Zusammenarbeit mit Zacharias hat mir noch einmal einen richtigen Boost gegeben. Ich habe mittlerweile so viele Immobilien, dass ich die GmbH und Holding drüber gespannt habe. Mein Hauptjob ist jetzt die Verwaltung meiner Immobilien auf sehr strategischem Level. Um die tatsächliche Verwaltung kümmern sich natürlich Dienstleister, die ich beauftrage."

„Warum arbeitest du dann eigentlich noch als Kapitän, wenn du so erfolgreich bist mit deinen Immobilien, wenn ich fragen darf?"

Yannis lächelt versonnen. „Naja, ehrlich gesagt mache ich das hier nur noch bei Segeltörns von Zacharias – aus Dankbarkeit und weil es mir einfach Freude macht. Und ein bisschen Sentimentalität ist auch noch im Spiel. Denn wer will nicht Kapitän sein?"

„Zumindest Kapitän des eigenen Unternehmens", denkt sich Stefan. Er fühlt neue Begeisterung für sein Unternehmerleben. Bei all den Möglichkeiten, die sich ihm bieten könnten, wird ihm ganz schwindlig.

Das Taxi biegt in die Einfahrt zum Hafen ein und Zacharias unterbricht sie mit einem laut tönenden „Wir sind angekommen, liebe Freunde". Trotz der langen Anreise und der späten Stunde kommt Stefan sich wie bei einem Ausflug als Kind vor. Vorfreude liegt in der Luft. Jetzt, da er die anderen Unternehmer schon ein bisschen kennt, fühlt er sich bestens aufgehoben. Kaum ist das Taxi zum Stehen gekommen, springen sie enthusiastisch aus dem Auto. Stefan streckt sich erst einmal nach der Fahrt. Dann schnappt auch er sich sein Gepäck und sie laufen Richtung Pier.

4 Die ITHAKA-Steuerstrategie

Das Segelboot

Der Hafen liegt verlassen da und die Boote dümpeln ruhig. Das sanfte Klatschen der Wellen gegen die Kaimauer gibt Stefan sofort ein entspannendes Urlaubsgefühl.

Als Zacharias sie am Pier entlang zu ihrem Boot führt, kann Stefan seinen Augen kaum glauben. Vor ihnen schaukelt ein großer, majestätischer Katamaran auf dem Wasser. Das glänzende Weiß des Rumpfes, die holzverkleideten Sitzflächen und die sauberen Linien des maritimen Designs vermitteln sofort ein Gefühl von Luxus und Abenteuer. Es ist ein Anblick, der Stefans Erwartungen bei weitem übertrifft. Er verspürt ein angenehmes Grollen im Bauch, die Vorfreude macht sich bemerkbar. Sie holen ihr Gepäck aus den Taxis und laden es auf das Boot. Der Kombüsenchef Dimitris ist bereits an Bord und begrüßt sie herzlich. Stefan hat keine Zeit gehabt, sich auf diese Reise wirklich vorzubereiten, aber ein paar Segelbegriffe hat er immerhin kurz nachgeschlagen. Dimitris scheint bester Laune zu sein. Er heißt sie in hervorragendem Englisch willkommen und hilft ihnen, ihre Kabinen zu finden. Stefan teilt seine Kabine mit Tom, was ist ihm auch am liebsten ist. Er hat Sorge gehabt, dass ihm auf dem Boot klaustrophobisch zumute sein würde, aber er wird schon damit klarkommen. Die Kabinen sind zwar eng, aber das Gemeinschaftsdeck sieht geräumig und einladend ein.

Die Mägen aller Teilnehmer knurren bereits merklich. Sobald alle ihr Gepäck abgeladen haben, klingelt auch schon die Glocke und sie setzen sich um den Tisch an Deck. Die Luft ist angenehm mild und umhüllt sie wie ein warmes Handtuch. Während sie auf das Essen warten, hält Zacharias eine kurze Willkommensrede:

„Ich stehe heute vor euch nicht nur als euer Gastgeber auf diesem wunderbaren Katamaran, sondern auch als euer Reiseleiter auf dieser aufregenden metaphorischen Reise zu immer noch mehr Leichtigkeit in Sachen Steueroptimierung, Steuergestaltung und Unternehmertum. Es erfüllt mich mit Stolz und Freude, dass wir alle hier sind, bereit für ein weiteres Abenteuer, das unser Denken wieder einmal verändern und unsere Horizonte erweitern wird. Unser gemeinsames Ziel ist es, neue Wege zu erkunden und voneinander zu lernen. Die meisten von uns haben ihre individuelle ITHAKA-Reise bereits absolviert, Höhen und Tiefen erlebt und es gibt so viel, das wir voneinander lernen können. Auf diesem Segeltörn werden wir Gelegenheit haben, unsere Erfahrungen und Weisheit zu teilen, voneinander zu profitieren und uns gegenseitig zu inspirieren. Aber meine Freunde, das ist nicht alles. Wir stehen hier auch vor der Aufgabe, unsere Komfortzonen zu verlassen. Das gilt insbesondere für den neuesten Zuwachs in unseren Reihen – willkommen, daher noch einmal ganz besonders, Stefan."

Stefan lächelt verlegen. Ihm ist es unangenehm, als der Neue herauszustechen. Doch Tom klopft ihm kameradschaftlich auf die Schulter, während Zacharias sein Glas erhebt.

„Wir müssen mutig sein und neue Horizonte ansteuern. Der Hafen, den wir morgen verlassen, mag sicher und vertraut gewesen sein, aber die wahre Magie des Lebens liegt oft außerhalb unserer Komfortzonen. Es ist nicht immer einfach, sich auf das Unbekannte einzulassen. Es erfordert Mut, Entschlossenheit und die Bereitschaft, Risiken einzugehen. Doch genau diese Risiken sind es, die uns wachsen lassen, die uns die besten Geschichten und Erinnerungen schenken. Und ich versichere euch, dass wir auf dieser Reise viele unvergessliche Geschichten schreiben werden. Lasst uns diese Zeit nutzen, uns auszutauschen, unsere Perspektiven zu erweitern und größer zu denken. Gemeinsam sind wir stark und gemeinsam werden wir in der Lage sein, Berge zu versetzen. Ich freue mich darauf, mit euch dieses Abenteuer zu erleben und zu sehen, wie wir alle am Ende dieser Reise als reichere und inspiriertere Menschen zurückkehren. Lasst uns die Segel setzen und mutig in Richtung neuer Horizonte aufbrechen! Cheers und willkommen in Griechenland!"

Sie stoßen an und stürzen sich hungrig aufs Essen. Anschließend zieht es die meisten früh ins Bett, so auch Stefan. Er schaut kurz auf dem Handy nach, ob seine Mitarbeiter versucht haben, ihn zu erreichen. Erleichtert sieht er, dass er keine neuen Nachrichten erhalten hat, bis er realisiert, dass es mittlerweile später Freitagabend ist und ohnehin niemand mehr gearbeitet hat, seitdem er am Kalamatas-Flughafen zuletzt sein Postfach überprüft hat. Als er sich in seine Koje legt, fallen ihm innerhalb von Sekunden die Augen zu.

Verschiedene Unternehmer, verschiedene Situationen

Stefan wacht langsam auf und spürt eine ungewöhnliche Bewegung.

„Warum schaukelt es hier so stark?", wundert er sich. Noch benommen von der plötzlichen Bewegung, überlegt er, ob vielleicht sein Schlafzimmer unter Wasser steht. Wie in diesem wirren Traum, als seine Lagerhalle überflutet war. Verwirrt blinzelt er und versucht, die Situation zu begreifen.

Dann, wie ein Blitz, erinnert er sich an den Grund für das Schaukeln. Ein Lächeln breitet sich auf seinem Gesicht aus. Er ist nicht in seinem Schlafzimmer und es steht auch nicht unter Wasser. Er liegt auf einem Boot! Die Realität trifft ihn wie eine Welle, als die Erinnerungen an die aufregende Reise zurückkehren. Die sanfte Bewegung des Bootes wiegt ihn in einen neuen Tag voller Entdeckungen.

Nach dem Frühstück an Deck – griechischer Joghurt mit Honig und Früchten – lädt Zacharias alle Teilnehmer ein, sich noch einmal kurz mit ihrem Namen und ihrem aktuellen Reisestatus vorzustellen, wie er das nennt. Jeder erwähnt, wie seine aktuelle Unternehmensstruktur aussieht – die Holdings und GmbHs schwirren nur so durch den Raum – und wie gut es ihm finanziell geht. Stefan kann kaum hinhören. Er hält seine Vorstellung kurz und knapp.

„Ich bin Stefan und neu hier, wie ihr wisst. Ich führe einen Sanitärinstallationsbetrieb und suche nach neuer Inspiration, wie ich mein Unternehmen steuerlich optimieren kann. Und irgendwie damit wohl auch mich optimieren kann und einen Weg aus dem Hamsterrad finde. Die Leichtigkeit, die ihr ausstrahlt, ist auf jeden Fall beflügelnd. Da möchte ich auch hinkommen."

Damit hat er weder zu viel noch zu wenig gesagt, findet er. Zacharias steht auf und bedankt sich für die Vorstellungsrunde.

„Vielen Dank, damit sind wir alle auf dem neuesten Stand. Bei jedem Frühstück möchte ich in den nächsten Tagen eine Inspiration teilen. Heute übernehmen das Jakob und Peter – die beiden haben nämlich bei unserer letzten gemeinsamen ITHAKA-Reise ein besonders cleveres Immobilienkonstrukt ausgeheckt. Erzählt uns doch mal, was genau steckt da dahinter?"

Jakob und Peter grinsen um die Wette. Schließlich erhebt sich Jakob und verkündet:

„Das könnte man so sagen! Wir haben gemeinsam eine GmbH gegründet, um in Immobilien zu investieren. Ich steuere hauptsächlich das Kapital bei, während Peter als Experte im Immobilienbereich sich um die Auswahl und Renovierung der Immobilien kümmert. Zusammen suchen wir nach passenden Immobilien und investieren das Vermögen unserer GmbH darin. Und wisst ihr was? Ich muss kaum etwas machen, außer Kapital beizusteuern. Natürlich kostet mich das Anteile, schließlich bin ich über meine Holding nur mit 50 Prozent an unserer gemeinsamen GmbH beteiligt. Aber am Ende erzielen wir viel bessere Ergebnisse, weil wir unsere Stärken kombinieren. Es ist letzten Endes eine einfache Rechnung: 50 Prozent von einer Million sind wesentlich mehr als 100 Prozent von 200.000 Euro", rechnet er vor.

„Peter hat ein tiefgründiges Verständnis für Immobilien und trifft viel weniger Fehlentscheidungen als ich es als Laie oder Halblaie tun würde. Durch diese Zusammenarbeit habe ich vielleicht pro Immobilie weniger Return on Investment, aber wir können mehr Immobilien kaufen und insgesamt weniger Fehlentscheidungen treffen. Und in den Fehlentscheidungen liegt das größte Potenzial für finanzielle Rückschläge."

Die beiden grinsen sich erneut an wie zwei Frischverliebte. Stefan ist der Begeisterung schon wieder überdrüssig. Diesmal greift er sich innerlich am Kragen und sagt sich: „Hör auf, neidisch zu sein! Hör zu und lerne!" Schließlich sind ihm alle hier meilenweit überlegen.

„Genau", ergreift Peter nun das Wort. „Wenn ich das alleine machen würde, hätte ich vielleicht zehn Wohnungen. Aber so haben wir Hunderte und wenn ich die hundert durch zwei teile, besitze ich anteilsmäßig fünfzig. Heißt für mich: Ich kann schneller wachsen. Unsere Zusammenarbeit ist wie ein Hebel."

Peter schaut in die Runde und sieht in den Gesichtern der Zuhörer das Verständnis für seine Worte.

„Das ist eine banale, aber einflussreiche mentale Überwindung: Wir denken immer, wir müssen alles alleine machen, um 100 Prozent zu behalten. Aber in Wirklichkeit können wir viel mehr erreichen, wenn wir die Expertise und das Fachwissen anderer nutzen. Das gilt nicht nur für Immobilien, sondern für viele Bereiche im Unternehmertum. Unter anderem deswegen sind wir ja auch hier."

Die beiden setzen sich wieder und lehnen sich zufrieden zurück.

„Und genau das Gleiche gilt für die Steuerberatung", fügt Zacharias hinzu. „Ihr müsst nicht alles selbst machen, um alles zu behalten. Ihr könnt mit den richtigen Partnern – also mit mir und meinem Team – viel weiter kommen und am Ende sogar mehr behalten, als ihr je erwartet hättet."

Alle applaudieren. Stefan klatscht einfach mit und merkt wieder, wie ihn die unterschiedlichsten Gedanken überfallen. Er fühlt sich hin- und hergerissen: Er sitzt dort und hört Jakobs und Peters leidenschaftliche Worte über die Vorteile der Zusammenarbeit und es löst einen inneren Konflikt in ihm aus. In seiner Brust scheinen zwei Herzen zu schlagen. Ein Teil von ihm wurde von der Inspiration berührt. Es ist, als ob ein kleines Licht in seinem Inneren aufgeleuchtet ist und er erkennt, dass er auch anders vorgehen könnte als bisher. Er müsste kein Einzelkämpfer mehr sein. Jakobs und Peters Geschichte gibt ihm ein warmes Gefühl. Auf so etwas hätte er auch Lust, das klingt mehr nach spaßigen Projekten mit Freunden, bei denen man auch Geld verdient. Auch das Miteinander und Füreinander, das Zacharias in seiner Eröffnungsrede erwähnt hat, wirken immer noch nach.

Gleichzeitig gibt es da diese Bedingungen, die er sich selbst auferlegt hat, die Erwartungen seines Vaters und den traditionellen Unternehmerweg, den er bisher beschritten hat – immer auf geringstmögliches Risiko ausgerichtet. Altbewährtes und harte Arbeit statt Neues ausprobieren und mehr riskieren. Oder hat er das Risiko bisher total falsch eingeschätzt und sich blenden lassen – geht er nicht ein viel höheres Risiko ein, wenn er alles auf eigene Faust macht, anstatt sich Verbündete zu suchen und gemeinsam wahre Durchschlagskraft zu entwickeln?

Er ist bereits erfolgreicher Unternehmer und besitzt zwei Immobilien – könnte er sich nicht auch einfach damit zufriedengeben? Umgekehrt steht er erst am Anfang seiner Unternehmerreise, er ist Mitte 30. Ein Alter, in dem noch alle Möglichkeiten offenstehen. Ein Alter, in dem er hervorragend eine neue Unternehmensstruktur ausprobieren könnte, um viele, noch kommende Jahre davon zu profitieren. Bisher hat er seine Planung stets auf die nächsten fünf oder zehn Jahre beschränkt. Was, wenn er sich erlaubt, längerfristig zu denken? Vielleicht erfordert wahres Unternehmertum eine „unendliche" Denkweise. Wer weiß – wenn er sich auf diesen Zacharias einließe, könnte er in Peters Alter finanziell genauso gut dastehen und selbst jede Menge Immobilien verwalten.

Zacharias unterbricht Stefans Gedankenstrom:

„So, und nun lasst uns endlich in See stechen!"

Alle stehen auf und suchen sich einen Platz an Deck, wo sie nicht im Weg sind. Jakob und Tom kennen offensichtlich alle Handgriffe und helfen bei den Vorbereitungen. Zwei weitere Besatzungsmitglieder – die Geschwister Ianna und Nikos – kommen an Bord und die Yacht ist startklar, um auszulaufen. Der Motor brummt samtig auf und schon schippern sie gemächlich aus dem Hafen hinaus aufs offene Meer. Eine leichte Brise weht Stefan um die Nase, er lässt seine Gedanken schweifen und genießt den Ausblick auf die türkise Endlosigkeit.

Deine Wunsch-Situation

Mit vollen Segeln kommen sie schnell voran und der Hafen ist nach kurzer Zeit nur noch ein weißer Punkt am Horizont. Stefan macht sich nun endlich daran, eine Pro-und-Kontra-Liste zu erstellen, was für oder gegen eine Zusammenarbeit mit Zacharias spricht. Kaum hat er den ersten Punkt auf seine Liste geschrieben – kostet Geld, zusätzliche Ausgabe mit unsicherer Rendite, steuerliche Absetzbarkeit zu klären – merkt er, dass ihm die Augen zufallen. Dabei hat er doch ausgiebig geschlafen! Kaum im Urlaub angekommen, meldet sich sein Körper und möchte wohl den Schlaf nachholen, den er sich jahrelang nicht gegönnt hat. Er kämpft kurz dagegen an, bevor er schließlich wegnickt.

In Stefans Traum befindet er sich in einem großen, sonnendurchfluteten Raum. Es sieht aus wie sein Haus, nur viel größer. Es scheint eine Sommerparty im Gang zu sein. Mitten in diesem Traumgeschehen steht Herr Drachenstein, jedoch nicht in menschlicher Form. Diesmal hat er die Gestalt einer kleinen Schildkröte angenommen. In seinem Maul hält er einen Umschlag mit dem Absender „Finanzamt“. Stefan beugt sich zu Herrn Drachenstein hinunter. Er tätschelt ihm den Panzer und nimmt ihm den Umschlag aus dem Maul. Der Brief darin verkündet, dass das Finanzamt ihm 200.000 Euro zurückerstattet und Stefan zur neuen steueroptimierten Unternehmensstruktur gratuliert. Von Herrn Drachensteins Glückwunschrede schnappt Stefan nur Fetzen auf, so überwältigt ist er.

„Endlich einer, der versteht, dass Steuern auch anders gehen“, bekommt er noch mit, als es plötzlich beginnt, Konfetti zu regnen. Anna wird aus einer Konfettikanone in Stefans Arme geschossen. Er fängt sie gekonnt auf und wirbelt sie umher. Anna strahlt vor Freude und sie küssen sich im Konfettiregen. Stefans Kinder tauchen aus dem Bällebad direkt neben ihm auf und tollen fröhlich um ihn herum. Mareike nimmt seine Hand und strahlt ihn mit ihrer Zahnlücke an.

„Ich bin so froh, dass du von dieser komischen Arbeitskrankheit endlich genesen bist, Papa!“, ruft sie und läuft mit Lena an der Hand zur Rutsche weiter.

Assistentin Frau Pfeiffer taucht plötzlich auf. Sie liest ihm freudestrahlend aus einem Brief vor, in dem steht, dass die neue Unternehmensstruktur sie an diesem Tag bereits um 50 Prozent reicher gemacht hat, als sie mit dem Einzelunternehmen gewesen wären.

„Und ich bin so gespannt, wie das erst wird, wenn wir die Immobilien-GmbH gründen und das Lagergebäude kaufen!“, ruft sie begeistert.

Überall im Raum stehen überdimensionierte Champagnergläser, in denen funkelnde Blasen aufsteigen. Stefan nimmt einen Schluck aus einem dieser Gläser und reiht sich dann in den fröhlichen Tanzreigen ein, der sich um ihn gebildet hat. Alle lachen, tanzen und feiern ausgelassen.

Mit einem kleinen Schrecken wacht Stefan auf und ist beruhigt zu sehen, dass er während seines Nickerchens nicht ins Wasser gefallen ist. Er reibt sich die Augen und richtet sich auf.

Nach ein paar Minuten fühlt er sich wieder Herr der Lage. Er merkt, dass er immer noch ein Grinsen im Gesicht trägt. Nun da er sich entschieden hat, sich ernsthaft auf die Themen Steuern und neue Leichtigkeit einzulassen, wird es Zeit, dass er ein paar Worte mit diesem Zacharias wechselt! Der Moment ist gekommen, seine Träume in die Tat umzusetzen.

Der Unternehmer-Steuerberater

Stefans Blick schweift über das Boot. Zacharias hat das Steuer mittlerweile abgegeben und die griechischen Geschwister haben übernommen. Zacharias sitzt neben dem Steuerrad im Heck des Katamarans. Stefan marschiert schnurstracks zu ihm. Naja, er versucht es vielmehr. Auch wenn der Katamaran sich kaum zur Seite neigt, ist es doch gar nicht so einfach, einen Fuß gerade vor den anderen zu setzen. Gezwungenermaßen hält er sich an den Verstrebungen fest, die den Mast mit dem Deck verbinden.

Nach einer gestolperten Ewigkeit ist er schließlich bei Zacharias im Heck angekommen und setzt sich neben ihn auf die hölzerne Sitzgelegenheit.

„Na, wie verträgt dein Magen die Segelreise?"

„So weit, so gut! Es gibt nichts, was einen hartgesottenen Unternehmer wirklich in die Knie zwingt", gibt Stefan keck zurück.

„Das kann man wohl so sagen. Nach dem, was ich von Tom über dich gehört habe, zwingt dich sicher nichts in die Knie", antwortet Zacharias. „Warst du jemals an dem Punkt, an dem du daran dachtest, dein Unternehmen aufzugeben?"

Stefan ist verblüfft. Die Frage hat ihm noch nie jemand gestellt. Hat er sich die Frage selbst je gestellt? Eigentlich wollte er doch die Fragen in dieser Konversation stellen.

„Aufgeben war für mich nie eine Option, mein Betrieb ist immerhin schon seit 50 Jahren in der Familie. Mein Großvater hat den Betrieb aufgebaut, da kann ich ihn doch nicht einfach aufgeben", gibt er stolz zurück.

„Das freut mich zu hören. In dir steckt ganz offensichtlich ein starker Unternehmergeist. Das finde ich wirklich toll", erwidert Zacharias.

„Danke! Apropos Unternehmergeist: Mich würde sehr interessieren, was eigentlich deine Geschichte ist. Natürlich möchte ich auch mehr darüber erfahren, was du eigentlich mit all den Unternehmern hier auf dem Boot angestellt hast, dass sie ohne Unterlass Lobeshymnen auf dich und deine Beratung singen. Erst einmal interessiert mich aber, was eigentlich dein Hintergrund ist. Das hat schon mein Großvater immer gesagt: ‚Lerne seine Geschichte kennen und du kennst den Menschen.' Also, wie bist du darauf gekommen, Steuerberater zu werden?"

Zacharias überlegt einen Moment, bevor er antwortet.

„Wenn mein Papa keine Steuerberatungskanzlei gehabt hätte, wäre ich nie Steuerberater geworden. Man geht oft nach diesen äußeren Dingen, was andere erwarten. Ganz oft war es so bei mir. Mein Vater hat mich nicht direkt dazu gedrängt, ihm in die Kanzlei nachzufolgen. Aber mit Sicherheit haben seine Äußerungen unbewusst diesen Wunsch in mir hervorgerufen. Er hat oft von seiner Arbeit erzählt und ich habe das wahrscheinlich einfach aufgegriffen. Die Steuerkanzlei war von klein auf ein ständiger Begleiter in meinem Leben. Als ich älter wurde und meine eigene berufliche Richtung wählen musste, lag es nahe, dass ich diesen Weg einschlug, den mein Vater vorgezeichnet hatte. Es war gewissermaßen vorbestimmt, aber nicht durch Druck, sondern durch das, was ich um mich herum gesehen und gehört habe."

„Das heißt, du bist Steuerberater geworden, ohne es wirklich zu wollen?", fasst er zusammen.

„Ja und Nein, ganz so simpel ist es nicht gewesen. Ich habe 20 Jahre meines Lebens den Steuern gewidmet – vom Studium bis weit in meine Selbständigkeit. Mehr als zehn Jahre habe ich als klassischer Steuerberater gearbeitet. Ich war voll und ganz überzeugt, dass ich Steuern liebe, dass ich meinen Beruf liebe. Ich konnte mir auch selbst verkaufen, dass ich Steuerberatung liebe. Aber dann habe ich von einem Tag auf den anderen verstanden, dass das, was ich da gemacht habe, überhaupt nicht mein Ding war. Inzwischen verstehe ich meine Tätigkeit anders, weil ich nicht nur die Zahlen und Beträge sehe, sondern den Menschen und das Unternehmenskonstrukt als Ganzes. Durch diesen erweiterten Blick kann ich erfassen, welche Möglichkeiten das Steuerrecht bietet. Ja, man könnte fast sagen, welche unglaubliche Macht Steuern auf ein komplettes Leben haben kann. Diese Macht, diese Erkenntnis, ist seitdem mein wahrer Antrieb. Seitdem ich Steuern in einem anderen Licht sehe, machen sie mir wirklich Spaß. Das ist keine abgedroschene Phrase, sondern ernst gemeint."

„Aha", sagt Stefan noch nicht ganz überzeugt.

„Lass mich dir ein Beispiel geben: Ich war früher im Besitzdenken und nicht im Kontrolldenken. Die Erkenntnis aber, dass Besitz gar nicht so vorteilhaft ist, gab mir die Möglichkeit, alles zu verändern. Kontrolle wird niedrig besteuert, Besitz wird hoch besteuert. Als ich das Besitzdenken gehen ließ, veränderte sich für mich viel. Und jetzt helfe ich anderen Unternehmern, diese Perspektiven zu sehen und ihre Steuer- und Vermögensstrategien zu optimieren, um in vielerlei Hinsicht erfolgreicher zu sein. Und über den steuerlichen Erfolg kommst du nach und nach zu anderen Erfolgen, zu persönlichen Erfolgen – das Thema Steuern ist ein Türöffner in eine andere Welt."

„Er hat also einen komplett anderen Zugang zur Steuerberatung gefunden", denkt Stefan. „Da hat er aber offensichtlich eine ganz schöne Weile gebraucht, bis diese Erkenntnis durchgesickert ist."

„Wie erklärst du dir, dass du so viele Jahre als Steuerberater im althergebrachten Sinn arbeiten konntest, ohne dass dir aufgefallen ist, dass es dir eigentlich gar nicht zusagt?", fragt er Zacharias diesem Gedanken folgend. Zacharias berichtet mit offensichtlicher Erleichterung, dass er sich aus dieser Situation mittlerweile herausgearbeitet hat.

„Ich war 25 Jahre lang depressiv, aber es war mir nicht bewusst. Es ist, als ob ich all diese Jahre in einer Art Trance gelebt hätte. Ich dachte, das ist normal, wie mein Leben damals war. Dass es für mich keine bessere Option gab. Ich dachte lange Zeit, es geht allen Menschen so. Das Büro war meine persönliche Hölle. Aber ich dachte, das gehört dazu, morgens bis abends dort zu sein. Ich habe diese Gedanken und Ziele übernommen, die gar nicht meine eigenen waren. Ich projizierte die Ziele anderer auf mich selbst. Ich war in diesem Hamsterrad gefangen und dachte, das gehörte sich so. Ich habe mich am Montag bereits nach dem Freitag gesehnt – endlich Wochenende. Als der Freitag kam, war aber der Montag bereits wieder sehr nah und alles begann von vorne. Also konnte ich das Wochenende nicht genießen, weil der Sonntag von der Vorahnung des Montags überschattet war. Wenn ich nach Hause kam, war ich so erledigt, dass ich mich nur noch auf die Couch fallen lassen konnte. Ich hielt das für absolute Normalität. Was für ein Wahnsinn. Ich dachte, das ist Leben. Schwer und gleichförmig!"

Stefan hört aufmerksam zu. Er findet die Leidenswege anderer Menschen immer erstaunlich. Über 20 Jahre in so einer Situation festzustecken und es nicht einmal sehen zu können!

„Das klingt nach einer enorm harten Zeit. Vor allem über so einen langen Zeitraum. Wann hat das denn begonnen?"

Zacharias atmet tief durch. Seine Augen blicken über das Meer in die Ferne. „Diese Dunkelheit in meinen Gedanken, die begann bereits mit 15 oder 16 Jahren. Die Depression war ein ständiger Begleiter, ein Schatten, der mich nicht losließ, eine Krankheit, die sich in mir immer wohler fühlte, wie ein Krebsgeschwür, das sich durch deinen Körper frisst. Ein Parasit, der dich nicht verlassen will. Und das über 25 lange Jahre. Nachts ließen mich meine Gedanken nicht schlafen. Also ging ich nicht ins Bett. Ich lag auf der Couch, aus Angst, ins Bett zu gehen und dort diese Gedanken vorzufinden. Aus Angst, am nächsten Tag wieder aufstehen zu müssen, habe ich die Nächte so lange wie möglich gemacht und lag bis um zwei Uhr morgens auf dem Sofa. Und bin dann irgendwann ins Bett gegangen, wo ich weitere Stunden herumlag ohne Schlaf zu finden. Bis ich irgendwann doch einschlief und kurze Zeit später wieder aufstehen musste. Natürlich war es nicht immer so extrem, aber aufgrund dieser Krankheit, dieser Dunkelheit und Schwere in meinem Leben hat mich das Schlafproblem gut zwei Jahrzehnte begleitet."

Zacharias blickt wieder auf das Meer, dessen glitzernde Oberfläche kaum einen stärkeren Kontrast zu seiner Geschichte bilden könnte. Vorsichtig fragt Stefan:

„Und hast du herausgefunden, woher diese Dunkelheit in deinem Leben kam?"

„Da gab es viele Faktoren, die dazu beitrugen. Mein Beruf als klassischer Steuerberater, den ich mehr als 20 Jahre lang ausübte, intensivierte die Dunkelheit in mir. Ich habe etwas studiert, das ich nie wirklich wollte. Ich wurde konventioneller Steuerberater, obwohl ich das nie beabsichtigt hatte. Ich führte einen Beruf aus, der mich niemals erfüllte. Das war mein Pfad, rückblickend betrachtet. Vorher glaubte ich, dass das der richtige Weg sei, dass das meine Ziele wären. Es war ein Trugschluss. Ich erinnere mich daran, dass ich manchmal sagte, dass ich vielleicht zuerst etwas anders machen sollte, bevor ich mich für das Steuerrecht entscheide. Das hätte mir zu denken geben sollen. Diese Möglichkeit hätte mir Türen zu ganz anderen Karrierewegen geöffnet, aber sie war nie wirklich eine Option für mich. Ich wurde förmlich in eine Richtung gedrängt, die nie meine eigene war. Ich habe BWL mit Fachrichtung Steuern studiert und wurde ohne Umwege Steuerberater. So bin ich lange in die falsche Richtung gegangen. Erst im Nachhinein wurde mir bewusst, was diese Illusion mit mir angestellt hat. Irgendwann wurde mir klar, dass ich depressiv war, dass ich ernsthaft krank bin und trotzdem hat es noch bis zum Jahr 2017 gedauert, bis ich mich aus diesem inneren Gefängnis befreien und komplett andere Wege gehen konnte. 2017 war der Wendepunkt in meinem damaligen Leben. Tatsächlich hätte ich es schon viele Jahre vorher bemerken können. Ich hatte zwei Jahrzehnte meines Lebens in dieser Dunkelheit verbracht. Es ist erstaunlich, wie man depressiv sein kann, ohne es zu realisieren. Heute begegne ich vielen depressiven Menschen in meiner Arbeit und ich verstehe die vielen Facetten, die diese Erkrankung haben kann."

Er blickt Stefan direkt an, als er das sagt. Oder bildet Stefan sich das nur ein? Gefühlt wollen ihm in letzter Zeit alle etwas unterschieben, zuerst Tom den Burn-out und jetzt will ihm Zacharias eine Depression unterjubeln? Nicht mit ihm. Ein Schmunzeln huscht über Zacharias Gesicht und sein Blick bleibt an Stefan haften, als er sagt:

„Es war ein harter Weg, aber er hat mich zu dem gemacht, der ich heute bin. Die Dunkelheit hat auch ihr Gutes, weil sie mich lehrte, das Leben und die Menschen auf eine tiefere Weise zu verstehen. Heute will ich meine Vergangenheit nicht missen, diese Dunkelheit war es, die mich heute so leicht sein lässt. Es war in meinem Fall einfach notwendig. Ich wäre sonst nicht der Zacharias, der ich heute bin. Oft habe ich schon die Frage gestellt bekommen, was ich meinem 18-jährigen Ich raten würde. Meine Antwort darauf ist immer die gleiche: Nichts, absolut nichts. Erstens weil dies eben mein Weg war und zweitens weil ich damals nie auf mein heutiges Ich gehört hätte. Jeder Rat wäre sinnlos gewesen."

Das ist wirklich ein sehr ehrlicher und offener Einblick in Zacharias Leben. Vielleicht hat Stefan sich getäuscht und Zacharias will ihm wirklich seine Geschichte erzählen, statt ihm nur etwas verkaufen zu wollen.

„Woran hast du gemerkt, dass du etwas ändern musstest in deinem Leben? Woher kam diese Erkenntnis, dass du eine Depression mit dir rumgeschleppt hast? Was war dieser Wendepunkt 2017 in deinem Leben, von dem du gesprochen hast?“, fragt er.

„Der Wendepunkt in meinem Leben war der 17. April 2017, Ostermontag. Wenn du mich kurz davor gefragt hättest, ob ich mit Begeisterung und 100 Prozent Überzeugung das liebe, was ich tu, hätte ich, ohne zu zögern, Ja gesagt.

An diesem Tag las ich ein Buch von Andreas Nau und Martin Gehring mit dem Titel ‚WERTvoll in die Zukunft: Revolutionen beginnen im Kopf: Was mich und mein Unternehmen veränderte‘. Davor sagte meine Frau immer: ‚Zacharias, lies doch mal ein Buch.' Und ich habe ihr geantwortet: ‚Warum soll ich ein Buch lesen? Ich weiß doch eh alles – was soll mir da ein anderer erzählen, das ich noch nicht gehört habe? Ich lese doch ohnehin so viel Fachliteratur.‘ Davon war ich damals wirklich überzeugt. Kaum zu glauben. Dadurch schützte ich mich davor, meine Sichtweise hinterfragen zu müssen. Heute weiß ich: Das war ein unbewusster Schutzmechanismus. Aber an dem Tag gab ich meiner Frau nach. Sie schaute zunächst etwas verdattert und wollte ihren Ohren nicht trauen. Naja, kurzum: Ich las dann eben dieses Buch und es hat mein Leben auf den Kopf gestellt. Es war, als ob diese Geschichte direkt aus meinem Leben erzählt wurde. Der Protagonist in dem Buch war in derselben Lage wie ich – gefangen im Hamsterrad. Ich habe das Buch an einem Tag gelesen. Und dabei Rotz und Wasser geheult.“

„Okay, Wow“, ist Stefan mit so viel Offenheit und Nähe zu einem bisher unbekannten Menschen doch etwas überfordert. Zacharias schmunzelt erneut und fügt hinzu: „Eine amüsante Anekdote dazu: Einer der Autoren des Buches ist mittlerweile sogar Kunde bei uns. So entwickelt sich das Leben manchmal – aus einer einfachen Begegnung wurde eine echte Unternehmerfreundschaft.“

„Und wie ging es dann für dich weiter?“

„Naja, der 17. April war der Auslöser. An diesem Tag wurde mir bewusst, wie schlecht es mir eigentlich ging. Meine Depression wurde in diesem Jahr verstärkt durch die Tatsache, dass mein Bruder zu Jahresbeginn in die Steuerkanzlei eingestiegen war. Mein Bruder ist zehn Jahre jünger und hat sich im Wesentlichen den gleichen Weg gebahnt wie ich: Er studierte Steuerrecht, wurde Steuerberater und stieg dann eben auch bei mir in der Kanzlei ein. Er folgte praktisch meinen Fußstapfen. Ich projizierte auf ihn, dass er eigentlich diesen Weg des Steuerberaters nicht gehen wollte. Ich brachte die Einwände ein, die ich bei mir selbst hätte einbringen sollen.

Dabei war für meinen Bruder der klassische Steuerberater tatsächlich die richtige Entscheidung, es ging ihm gut damit. Nur mir ging es nicht gut damit. Ich hatte mir diesen Beruf aufgezwungen und nun nahm ich einfach an, dass es für meinen Bruder ähnlich war. Ich wollte sozusagen vergangenes Unrecht – dass ich mich selbst dazu gezwungen hatte, diesen Weg zu gehen – wieder gut machen, indem ich meinen Bruder vor dem vermeintlich selben Fehler bewahrte. Der aber für ihn ja gar kein Fehler war, verstehst du? – Es war eine sehr verworrene Situation. Ich verhielt mich wie ein Zombie in den ersten vier Monaten des Jahres. Das meinte zumindest meine Frau. Ich kann mich kaum an diese Zeit erinnern, alles verschwimmt in einem Nebel. Ich kann mich nur erinnern, dass ich meinen Bruder von allen Dingen, die die Steuerkanzlei betrafen, fernhalten wollte. Was natürlich Unsinn war. Er war ja gerade erst dort eingestiegen und es machte ihm Spaß."

Ein Ausdruck von Entschlossenheit erscheint in Zacharias Augen.

„Aber dann las ich dieses Buch und es war, als ob sich der Schleier lüftet. Plötzlich eröffnete sich mir, dass ich diese Dunkelheit verlassen konnte. Davor hatte ich einfach keine Vorstellung davon, wie ich aus diesem Hamsterrad ausbrechen könnte. Aber nachdem ich das Buch gelesen hatte, war mir klar: Der Schmerzpunkt war erreicht und ich konnte mich endlich auf den Weg in ein neues Leben machen."

„Es wäre vermutlich besser gewesen, wenn dein Schmerzpunkt niedriger gelegen hätte?", wirft Stefan ein.

„Absolut. Heute sage ich immer: Setze deine Schmerzgrenze niedriger. Je schneller du den Schmerzpunkt erreichst, desto schneller wirst du handeln. Das Prinzip gilt zum Beispiel auch für den Gewinn. Ein Unternehmer, dessen Saldo bei Null liegt, empfindet vielleicht erst bei einem Minus von 50.000 einen richtigen Schmerz. Aber jemand, der seine Latte höher legt, empfindet Schmerz schon bei einem Gewinn von 500.000, weil er eine Million erreichen möchte. Du kannst das wirklich gut daran festmachen. Je früher du diesen Schmerzpunkt erreichst, desto leichter wird es sein, tätig zu werden. Und das war damals bei mir der Wendepunkt. Dass ich endlich meinen Schmerzpunkt erreicht hatte."

Stefan muss schlucken. Seinen Schmerzpunkt niedriger setzen? Das mit dem Gewinn leuchtet ihm ein, aber in anderen Situationen könnte „den Schmerzpunkt niedriger setzen" auch gleichbedeutend sein mit „sich in ein Weichei verwandeln"? Will er jemand sein, der bei der kleinsten Schwierigkeit aufgibt? Wo liegt eigentlich sein Schmerzpunkt? Bisher hat er nie hinterfragt, dass er einfach alles für sein Unternehmen geben würde.

„Das ist eine interessante Sichtweise", gibt er sich diplomatisch. „In deinem Fall wäre es sicher gut gewesen, wenn dein Schmerzpunkt niedriger gelegen hätte. Woran hast du dann festgemacht, dass du depressiv warst?"

„Irgendwann war es einfach so schlimm, dass ich mir eingestehen musste, dass das nicht normal sein kann", antwortet Zacharias. „Ich konnte mir selbst nicht eingestehen, dass ich depressiv war. Meine Depression hat sich wahrscheinlich auch dadurch verschlimmert, dass es mich extrem viel Energie gekostet haben muss, mir diese selbst nicht einzugestehen. Diese Selbstlüge ständig aufrecht zu erhalten ist anstrengend, doch es hat funktioniert, meine Selbstlüge war so stark, dass für mich diese Lüge gar nicht erkennbar war. Ein sich immer weiter und verstärkender Effekt. Heute bin ich froh und dankbar darüber, dass ich noch in diesem Leben bin. Schließlich kapierte ich es und habe aufgehört mich selbst zu sabotieren: Natürlich leide ich unter Depressionen. Das war die einzige Erklärung. Die negativen Gedanken beherrschten mein Leben. Meine Verstimmungen waren das Tagesprogramm. Es handelte sich nicht um vorübergehende Verstimmungen oder einen schlechten Tag – Nein, das war mein Alltag. Ich durchlebte himmelhoch jauchzende Momente und war binnen weniger Sekunden zu Tode betrübt. Jeden Tag aufs Neue. Meine Stimmungsschwankungen waren extrem. Ich benötigte immer wieder neue Glücksmomente, um meine innere Leere zu füllen. Glück, das habe ich damals gedacht, war für mich überlebensnotwendig. Heute im Rückblick verstehe ich, dass Glück süchtig machen kann. Dass diese Art der seichten Glücksmomente alles schlimmer machen kann, weil kurzlebige Euphorie wie eine Droge ist. Ich musste immer mehr davon erleben, um überhaupt meinen Alltag zu bewältigen. Im Laufe der Zeit lieferten diese flüchtigen Glücksmomente immer weniger Befriedigung. Ganz gleich, in welcher Form ich das Glück jagte, es brachte mich nirgendwohin. Oberflächliche Augenblicke des Glücks reichten irgendwann nicht mehr aus, um mein Bedürfnis nach Dopamin zu stillen. Es gab keine Steigerung an Glücksmomenten mehr, um meiner Sucht gerecht zu werden. Das trieb meine Depression weiter an. Schließlich konnte ich meiner Frau unter Tränen gestehen, dass ich depressiv war. Wir führten eines dieser typischen Gespräche, irgendwann mitten in der Nacht von zwei bis fünf Uhr morgens. Meine Frau war überfordert und gestand, dass sie nicht wusste, wie sie damit umgehen sollte. Da habe ich ihr gesagt: „Das musst du jetzt auch nicht. Ich weiß doch auch nicht, wie ich damit umgehen soll, woher sollst du das also wissen?" Meine Depression meiner Frau gegenüber zuzugeben, das war der erste Schritt, den ich wagen musste."

Stefan fühlt sich überfahren, das wird ihm doch ein bisschen zu persönlich, dafür dass sie sich vorher gar nicht kannten. Andererseits, jetzt sind sie schon so weit gekommen, jetzt will er auch die Details wissen.

„Als du dann zu 100 Prozent wusstest, dass du depressiv bist, was hast du gemacht?", fragt er.

„In Prozenten habe ich das nicht festgemacht, ich habe mich einfach nicht mehr dagegen gewehrt, ich habe mich mir selbst geöffnet. Als ich erkannte, dass ich wirklich depressiv war, war das ein Wendepunkt. Ich konnte nicht mehr so weitermachen, das war für mich klar. Am nächsten Tag, am 18. April, stand eine Teamsitzung in meiner Kanzlei an, die war ohnehin anberaumt gewesen. Ich habe eine sehr emotionale Rede gehalten und dabei viele Tränen vergossen. Ich hatte eine Liste von Dingen vorbereitet, die ich ab sofort nicht mehr tun würde. Ich war radikal in meiner Entscheidung und legte von heute auf morgen eine 180-Grad-Wendung hin. Das war mein persönlicher Weg. In dieser Sitzung habe ich gesagt – ich weiß diesen Satz heute noch ganz genau und wie ruhig ich dabei war – dass eine Veränderung für mich alternativlos ist, dass ich die Dinge ab sofort radikal anders angehe. Überlebensnotwendig. Vorher hatte mein Team meine Rede vielleicht nicht ernst genommen und dachte, ich hätte nur einen emotionalen Ausbruch. Dass sich das wieder legen würde. Aber nach dieser klaren Ansage verstanden sie die Dringlichkeit. Der nächste entscheidende Schritt kam – ich weiß es noch wie heute – am 10.11.2021. Bis dahin wusste außerhalb meiner Kanzlei niemand von meiner Depression, all die Jahre hatte ich es für mich behalten, weil ich genug mit mir selbst zu tun hatte. Ich war noch nicht so weit gewesen, in die Offensive zu gehen. Aber im November 2021 war der richtige Zeitpunkt gekommen: Vor 50 Kollegen hielt ich eine Vortrag über mein Leben und meine Depression. Als Titel wählte ich: Von der Steuerhölle in den Steuerhimmel. Niemand wusste, dass ich über meine Depression sprechen würde, aber ich tat es. Es war ein befreiender Schritt für mich, die Dinge öffentlich zu machen."

Stefan muss diese ganzen Informationen erst einmal verdauen. Da hat Zacharias ja einiges durchgemacht. Dass die Leute ihr eigenes Unglück auch immer so lange aushalten! Als Unternehmer trägt man ja die Verantwortung für sein Unternehmen, das kann doch nicht gut gegangen sein für die Kanzlei!

„Und was hatte das für Auswirkungen auf dein Unternehmen?"

„Naja, mit meiner Aktion habe ich erst einmal alles auf den Kopf gestellt, wie du dir vorstellen kannst. Nach dem 17. April bin ich erst einmal viel in der Gegend herumgefahren, habe andere Unternehmer besucht und mich coachen lassen. Davon profitierte die Kanzlei langfristig, aber kurzfristig war das natürlich eine große Herausforderung für mein damaliges Team. Bis zu dem Zeitpunkt trug ich mit meiner eigenen Arbeitskraft bis zu einem Drittel zum Umsatz bei. Ich war ja nur im Unternehmen und habe Umsatz generiert. Und das fiel von heute auf morgen beinahe komplett weg. Natürlich habe ich meinen Umsatzbeitrag nicht wirklich von 100 auf 0 reduziert, aber unsere Kanzlei stürzte für zwei Jahre erstmal ins Chaos. Wir machten da wirklich harte Zeiten durch. Finanziell, in Bezug auf die Mitarbeiter, letztendlich in allen Bereichen. Ich hatte damals 13 Mitarbeiter. Von dem damaligen Team ist heute nur noch eine Person da. Die anderen sind gegangen, gegangen worden und wir haben neue eingestellt, von denen viele auch wieder gingen und gegangen wurden. Erst seit 2020 sind wir personell wieder auf dem richtigen Weg. Heute zählen wir 30 Köpfe im

Team und alle sind auf unsere Linie eingeschworen und ziehen an einem Strang. Und damit habe ich den Schritt vom getriebenen Selbstständigen zum gelassen agierenden und vor allem freien Unternehmer vollzogen. Du bist ja als Unternehmer nicht frei, wenn du trotzdem im Hamsterrad rennst. Seit ich all diese Veränderungen durchgeführt habe, arbeite ich am Unternehmen statt im Unternehmen. Ich werde nicht vom Unternehmen getrieben, sondern treibe das Unternehmen voran. Das hat schließlich auch mein Bedürfnis geweckt, anderen Unternehmern auf ihrem Weg zu helfen. Deswegen sitzen wir nun hier und unterhalten uns."

„Das klingt, als ob du nicht nur bei deinem Unternehmen, sondern auch persönlich einiges umgekrempelt hast?", möchte Stefan wissen.

„Stimmt, vor allem habe ich mich auf eine Reise zu mir selbst begeben", bestätigt Zacharias. „Zusätzlich zum Unternehmen habe ich extrem an mir selbst gearbeitet. Wo ich früher im Außen war, bin ich heute oft in meinem Inneren. Dieser Weg ist heute mein Antrieb. Alles kannst du verändern, alles was du bist, steckt bereits in dir. Das ist ein nie endender Weg. Mag dieser Weg am Anfang noch so schmerzhaft sein, aber wenn du durch diesen Schmerz durchgehst, ihn bewusst aushältst, ist alles, was danach kommt, schön und leicht. Das Leben ist nicht schwer, wir Menschen tendieren nur dazu, es uns selbst so unglaublich schwer zu machen. Meine Depression resultierte daraus, dass ich mich immer ausschließlich auf andere konzentriert habe. Bereits in meiner Kindheit habe ich mich gefragt, was andere denken. Diese Frage zu beantworten, war für mich unglaublich wichtig, obwohl ich natürlich nie wusste, was die anderen wirklich dachten. Das kann man ja nicht wissen. Ich habe also ständig im Kopf gelebt und gegen meine eigenen Werte verstoßen. Alles, was ich gemacht habe, entsprach den Werten anderer Personen, die mir wichtig waren und die ich beeindrucken wollte. Und das hat bereits in meiner Kindheit und Jugendzeit zu Depressionen geführt. Über zwei Jahrzehnte staut sich dann so einiges an. Tatsächlich dauerte es bis Ende 2022, bis ich vollkommen im Reinen mit mir selbst war. Ich habe alles, was nicht mehr zu mir passte, über Bord geworfen. Ich musste schonungslos ehrlich zu mir selbst sein. Das ist heute mein stärkster Antrieb. Es geht nicht mehr nur um Persönlichkeitsentwicklung. Ich habe unheimlich viel in dieser Richtung gemacht und sogar zwei Jahre lang täglich Tagebuch geführt. Ich bin früh um halb fünf aufgestanden und habe eine Tagebuch-Routine durchgezogen. Heute weiß ich, dass Persönlichkeitsentwicklung oft dazu dient, sich vor sich selbst zu verstecken. Es ist paradox: Wir beschäftigen uns mit Persönlichkeitsentwicklung, um nicht auf uns selbst achten zu müssen. Es ist pure Beschäftigungstherapie, mit der wir uns von uns selbst ablenken und unser Gewissen beruhigen, dass wir doch etwas tun. Damals war das für mich notwendig und ich halte Tagebuchschreiben für durchaus hilfreich, aber es ist nicht der Heilige Gral. Vor allem dann nicht, wenn du dein Tagebuch wie ein

Poesiealbum führst, am besten noch mit einem rosa Schleifchen drumherum. Ein Tagebuch soll dir als Wegweiser, als Reflexion deiner selbst dienen. Im Tagebuch kannst du radikal ehrlich zu dir sein. Halte dein Tagebuch unter Verschluss, es ist dein persönlicher Schatz, aber nur dann, wenn du es auch so nutzt. Wenn du jeden Tag das Gleiche schreibst, verfehlt es meiner Meinung nach den großen Nutzen, den es durchaus haben kann. In Kombination mit anderen Maßnahmen kann es eine große Unterstützung für dich und für deinen persönlichen Weg sein."

Stefan ist erleichtert – dann kann er sich das Tagebuch-Schreiben vielleicht ja sparen. Das hat er noch nie verstanden, wie so viel erzwungene Introspektion im wirklichen Leben etwas zum Besseren wenden soll. Vielleicht versucht er es mal, aber auf seine Weise, ohne Schnörkel. Wirklich selbstreflektierend und schonungslos ehrlich – ansonsten kann er es sein lassen. Das nimmt er auf jeden Fall für sich mit.

Zacharias fährt fort: „Diese Dinge habe ich nach und nach auf meiner Reise erkannt. Es war nicht so, dass am 17. April plötzlich alle Erkenntnisse auf einen Schlag kamen. Sie entwickelten sich kontinuierlich. Heute kann ich dir viele Dinge nennen, die weit wichtiger sind als das, was wir oft für wichtig halten, denn letztlich liegt alles in uns selbst. Es ist so einfach, doch wir machen es uns unglaublich kompliziert und schwer, indem wir uns immer auf andere fokussieren."

„Hast du ein Beispiel, in welcher Hinsicht wir uns das Leben selbst erschweren?", hakt Stefan nach.

„Ein Beispiel ist eine Phrase, die ich oft höre, wenn ich Personen auf Veranstaltungen begegne", entgegnet Zacharias. „Viele meiner Teilnehmer sind oft euphorisch, wenn sie an einem meiner Seminare teilnehmen. Klar, auf einmal eröffnen sich für sie ungeahnte Möglichkeiten. Danach bekomme ich allerdings zu hören, dass sie meine Ideen interessant finden und gerne so ein selbstbestimmtes Leben führen möchten, wie ich es beschreibe, aber ‚der Alltag' mache es unmöglich für sie. Im Alltag könnten sie das doch alles nicht umsetzen."

Stefan nickt unbewusst. Das Gefühl teilt er. Seit er sich mit all diesen Steuergestaltungs- und -optimierungsthemen beschäftigt, hat er das Gefühl, in einer Blase unterwegs zu sein, in der er in seinem Unternehmerleben deutlich mehr Gestaltungsfreiheit als bisher haben könnte. Was sich aufregend anfühlt. Wenn er aber nur daran denkt, dass er nach dieser Griechenlandreise wieder zurück ins Büro gehen und sich dort mit den üblichen Herausforderungen des Büro-Alltags herumschlagen wird, fällt es ihm schwer, die beiden Welten zu vereinen. Aber daran will er jetzt lieber noch gar nicht denken.

„Auf diesen Satz: „Aber morgen ist doch wieder Alltag" entgegne ich stets: Der Alltag ist ebenfalls unsere Verantwortung. Es liegt an uns, wie viel

‚Alltag' wir leben. Bei mir existiert das Wort ‚Alltag' eigentlich nicht mehr, da ich auch für diesen verantwortlich bin. Du kannst auch in Dingen, die du vielleicht nicht besonders gerne tust, das Besondere sehen. Das passt wunderbar zur ITHAKA-Strategie. Ich habe vieles gemacht, bei dem ich lange nicht verstanden habe, warum. Doch nach und nach fügte sich ein Puzzleteil nach dem anderen in das Gesamtbild. Mein Puzzle ist noch nicht fertig, aber ich sehe bereits Teile des entstandenen Bildes. Plötzlich verstehe ich, warum ich all diese Dinge in der Vergangenheit getan habe. Was ich 2017 getan habe, ergab teilweise erst 2021, 2022 und 2023 Sinn und kommt jetzt erst zur Anwendung. Meine gesamte Reise hat dazu geführt, dass die ITHAKA-Strategie und Zacharias Zaster entstanden sind. Das sind meine Möglichkeiten, meine neuen Überzeugungen und meine Erfahrungen in Form von Produkten mit anderen zu teilen."

„Wahnsinn", denkt Stefan. Er findet es immer interessant, wie die private Entwicklung mancher Unternehmer so eng mit der Entwicklung ihrer Firmen verknüpft zu sein scheint. Ob das bei ihm eigentlich auch der Fall ist?

Der Weg zum wahrhaftigen Unternehmer

Stefan weiß erstmal gar nicht, was er sagen oder fragen soll, so enorm ist er von Zacharias persönlicher Entwicklung fasziniert. So schauen sie beide aufs Wasser und hören den Wellen zu, die gegen die Bordwand klatschen. In einiger Entfernung ragt eine Insel aus dem Wasser, aber Stefan müsste auf einer Karte nachschauen, wo sie sich gerade befinden und welche Insel das entsprechend ist. Es tut ihm gut, mal nicht die Kontrolle und vor allem die Verantwortung für alles innezuhaben.

„Was meinst du eigentlich damit, dass du vom getriebenen Selbstständigen zum freien, wahrhaften Unternehmer geworden bist?", wendet er sich schließlich wieder an Zacharias.

„Naja, vor allem, dass ich mich von der Fremdwertschätzung gelöst habe und stattdessen auf meine Selbstwertschätzung setze. Die meisten Unternehmer da draußen haben anfangs Angst vor diesem Prozess. Die Angst, andere zu enttäuschen und deshalb ihre Bedürfnisse über die eigenen zu stellen, anstatt zu den eigenen Werten zu stehen, ist weit verbreitet. Wir stellen uns lieber in den Dienst anderer, weil das in der Gesellschaft anerkannt ist und wir uns oft eine Art falsche Tugend einreden. Viele Unternehmer denken: ‚Ich erschaffe etwas, ich kümmere mich um meine Mitarbeiter, ich versorge meine Familie. Solange ich mich in den Dienst der anderen stelle, werde ich glücklich sein.' Und stellen sich selbst hinten an. Diese Menschen brauchen verzweifelt diese Anerkennung von außen, sei es von Kunden oder Mitarbeitern und projizieren anschließend dieses Glück auf sich selbst und denken, sie sind nur deshalb glücklich, weil andere glücklich sind. Doch diese anderen spiegeln uns nur wieder. Wenn du jemanden glücklich machst und er zeigt es dir nicht, hat es keinen Einfluss auf dich. Das beweist, dass es letztendlich nicht darum geht, andere glücklich zu machen, sondern Wertschätzung von außen zu erfahren, weil sich das gut anfühlt."

Zacharias Worte ergeben für ihn zwar Sinn, erscheinen Stefan aber sehr provokativ. Natürlich strebt er nach vielen Dingen auch, weil er weiß, dass sie ihm Anerkennung von seiner Familie und von seinen Freunden einbringen werden. So funktioniert das nun einmal, sie leben in einer Gemeinschaft.

„Wäre es nicht extrem egoistisch, zu ignorieren, was andere möchten und ausschließlich sein eigenes Glück zu suchen?", äußert Stefan seine Zweifel.

„Guter Punkt", antwortet Zacharias und kontert direkt: „Ist es gleichzeitig nicht auch egoistisch, andere lediglich für die eigene Bestätigung zu nutzen, um sich selbst glücklich zu fühlen? Solange du nach der Wertschätzung anderer lechzt, befindest du dich in einem Zustand der Fremdbestimmung und machst dein Glück von anderen abhängig. Du gibst die Verantwortung für dein Leben ab. Das musste ich auch erst erkennen und meinen Selbstwert unabhängig davon machen, ob mein Kunde glücklich ist oder ob ich morgen eine Million auf dem Konto habe. Oder davon, dass ich Tag und Nacht arbeite. Das ist alles nur eine Form der Fremdwertschätzung. Wenn jemand früh morgens ins Büro kommt und bis spät in die Nacht arbeitet, ist das meist ein starkes Zeichen, dass er von Fremdwertschätzung abhängig ist. Diese Person lechzt nach gesellschaftlicher Anerkennung, weil sie ihre eigenen Werte nicht kennt. Viele von uns bemerken nicht, dass dieser Lebensstil und diese Art der Priorisierung uns nicht wirklich glücklich macht. Die größte Lüge in unserem Leben ist eben die Selbstlüge. Ich denke, die Frage, was andere über uns denken, hat speziell für uns Unternehmer eine enorme Bedeutung. Unsere Existenz steht und fällt mit unserem Ruf und mit unserem Erfolg. Doch als wahrhaftiger Unternehmer ist es dir zunehmend weniger wichtig, was andere denken. Du beginnst, deinen eigenen Weg zu gehen. Du denkst zwar immer noch zu viel an die Meinungen anderer, aber der Großteil dieser Sorgen schwindet. Du übernimmst die Verantwortung für dein Wohlergehen. Davor hast du sie maximal im Außen gesucht, aber dann findest du sie in dir selbst."

„Ist es für einen Unternehmer nicht auch essentiell, in die Gedanken anderer einzutauchen und deren Erwartungen erfüllen zu können? Das ist doch ein wesentlicher Bestandteil des Unternehmertums. Schließlich müssen wir Produkte schaffen, die andere Menschen haben wollen, Mitarbeiter anziehen, die für uns arbeiten wollen, und unsere Produkte effektiv vermarkten. In all diesen Bereichen müssen wir verstehen, was in den Köpfen anderer vorgeht: Was sind ihre Beweggründe, was wollen sie und was benötigen sie?"

Zacharias grinst, ihm scheint der Schlagabtausch Spaß zu machen, und Stefan stellt überrascht fest, dass es ihm ähnlich geht.

„Das ist ein hervorragender Einwand. Natürlich hast du damit recht, aber zum Glück verlieren wir nicht automatisch die Fähigkeit, andere zu verstehen, wenn wir uns selbst besser verstehen. Im Gegenteil, durch eine gesunde Distanz können wir oft besser erkennen, was unsere Mitarbeiter wirklich antreibt oder was die Kunden wirklich bewegt. Weil wir nicht alles in einen Topf werfen. Weil wir ein klares, unverrückbares Selbstbild pflegen, dass es uns auch erlaubt, die anderen so zu sehen und akzeptieren, wie sie sind. Meiner Erfahrung nach ist es von entscheidender Bedeutung, diesen Perspektivwechsel von den anderen zu sich selbst vollziehen zu können und zu reflektieren: Was benötige ich eigentlich? Was sind meine eigenen Ziele und Motivationen? Warum setze ich mich für etwas ein und weshalb stehe ich morgens überhaupt auf? Um uns dann aus dieser Position der Stärke heraus mit den Bedürfnissen der anderen zu beschäftigen."

„Das verstehe ich, allerdings finde ich es schwierig, das umzusetzen. Wo genau fängst du an? Wie erkennst du, was die Meinung der anderen ist und was deine?“

„Ich weiß, was du meinst. Das war auch für mich anfangs die entscheidende Herausforderung. Der erste Schritt bestand dann für mich darin, die Schuld nicht mehr bei anderen zu suchen. Das ist nämlich eine klassische Reaktion, die ich auch bei vielen meiner Kunden beobachtet habe. Sie neigen dazu, die Schuld dem Finanzamt, dem Staat, den Steuergesetzen, den Kunden oder den Mitarbeitern zuzuschieben. Selbst unseren Politikern wird viel Schuld gegeben, als würden diese unsere Unternehmen leiten. Wenn irgendetwas nicht so läuft, wie man es gerne hätte, ist zunächst einmal jemand anders schuld: die Mitarbeiter, der Markt, die Regierung, der Steuerberater oder die Bank. Vielleicht hast du dich selbst auch schon mal dabei ertappt, dass dein erster Gedanke war: ‚Das können die doch nicht machen! Was denken die eigentlich, wer sie sind?'

Stefan überlegt kurz. Natürlich hat er schon einmal so gedacht, vielleicht auch öfter, als er zugeben möchte. Wenn es nun aber auch stimmt, dass das Finanzamt ihn ausnehmen möchte. Währenddessen führt Zacharias weiter aus:

„Anstatt die Schuld bei anderen zu suchen, habe ich begonnen, mich selbst zu fragen: Was kann ich tun, um die Situation zu verbessern? Und was kann der andere tun? Wobei ich weiß, dass ich nicht beeinflussen kann, ob die andere Partei diese Handlung umsetzt. Dieser Perspektivwechsel war entscheidend. Anstelle zu denken, dass andere etwas tun müssen, um mir zu helfen, holte ich den Ball zurück in mein Spielfeld und fragte mich, was ich selbst tun kann. Du kannst zum Beispiel selbst Maßnahmen ergreifen, um mit einem schlechten Mitarbeiter umzugehen. Du kannst ihn darauf ansprechen oder du kannst ihn entlassen. Du kannst deine Unternehmenskultur verändern, sodass du passende Mitarbeiter anziehst. Das sind die Stellschrauben, an denen du drehen kannst. Dem Mitarbeiter die Schuld in die Schuhe zu schieben, dass er nicht deinen Erwartungen entspricht, bringt dich nicht weiter. Die Schlüsselfrage ist: Was kannst du selbst tun? Diese Denkweise lässt dich aktiver und früher handeln, anstatt auf andere zu zeigen oder zu warten. Diese Erkenntnis hat mir geholfen, meine Abhängigkeit von der Meinung anderer zu reduzieren.“

Zacharias begeistert sich offensichtlich für diese Lebenseinstellung. Er gestikuliert lebhaft, während er weiter ausholt. „Diese Denkweise ändert alles, denn auch in anderen Bereichen tendieren wir zu voreiligen Fehlschlüssen. Oft neigen wir dazu, zu schnell in fertigen Ergebnissen zu denken. Wir haben bereits eine Lösung im Kopf, ohne den Raum für andere Möglichkeiten zu lassen. Manche Unternehmer denken vielleicht: ‚Das funktioniert bei dir, aber bei mir nicht.‘ Ganz klassisch auch der Gedanke: ‚Das haben wir schon immer so gemacht, das geht nicht anders.‘ Diese Unternehmer meinen, die Antwort bereits zu kennen, ohne den Raum der Frage vollständig auszuleuchten. So geht es dir vielleicht in diesem Moment. Du denkst, dass all diese Steueroptimierungs- und Steuergestaltungsideen zwar für alle anderen Unternehmer an Bord dieses Katamarans funktionieren, aber für deinen Betrieb nicht taugen. Weil du dein Unternehmen schon seit Jahren so führst, wie du es nun einmal führst. Weil es ein Familienbetrieb ist und dein Vater und dein Großvater sich ja etwas dabei gedacht haben, als sie das Unternehmen aufbauten. Das mag sein, ich will ihnen ihre Kompetenz auch überhaupt nicht absprechen, nur darauf hinweisen: Das war zu ihrer Zeit. Jetzt ist eine andere. Die Entscheidung also, ob und wenn ja, inwiefern du von Steuergestaltung profitieren kannst und welche Auswirkungen das auf dein Unternehmen, letztendlich auch auf dein Leben, ja auf deine weitere Entwicklung haben könnte, solltest du nicht übers Knie brechen. Sondern dich eben erst einmal auf diese Entdeckungsreise einlassen und dich mit dem Thema auseinandersetzen. Dafür sind wir jetzt hier.“

Stefan fühlt sich ertappt. Er öffnet den Mund, um etwas zu erwidern oder sich zumindest irgendwie zu verteidigen, aber das wäre sinnlos. Zacharias hat seine Gedanken und Zweifel gut zusammengefasst, also klappt er nach einigen peinlichen Sekunden den Mund wieder zu.

„Das ist auch in unserer Kanzlei der rote Faden“, führt Zacharias weiter aus. „Wenn wir beispielsweise Strategietage veranstalten, sagen wir ganz bewusst: Uns interessiert nicht die Lösung. Wir befassen uns zunächst mit der Herausforderung, lassen uns darauf ein. Dadurch generieren wir Ideen, bei denen wir nicht von vornherein eine Lösung im Kopf haben. Wenn man sich direkt auf einen Weg einschießt, schränkt man nur seinen Horizont ein und kommt lediglich auf Ideen, die zu diesem Weg passen. Vielleicht hast du aber noch gar nicht erkannt, welche Lösung die beste ist. Die beste Idee ist dir noch nicht gekommen, sie ergibt sich erst im Prozess und der braucht seine Zeit.“

Stefan findet diesen Ansatz spannend. Es klingt deutlich kreativer, Entscheidungen so ergebnisoffen anzugehen.

„Hast du ein konkretes Beispiel für mich, damit ich mir das besser vorstellen kann?“, fragt er.

„Klar“, grinst Zacharias. „Als ich damals vor den Scherben meiner damaligen Unternehmerexistenz stand, rief ich einen befreundeten Unternehmer an. Ich sah zu diesem Zeitpunkt den einzigen Ausweg darin, die Steuerkanzlei zu verlassen. Ich hatte keine Lust mehr auf die klassische Steuerberaterung, also hieß das im Umkehrschluss, dass ich in der Steuerkanzlei nichts mehr verloren hatte. Richtig? – Das ist klassisches Lösungsdenken: Es lässt keinen Spielraum für Flexibilität. Der besagte Freund teilte damals dieselben Gedanken mit mir, die ich soeben mit dir geteilt habe. ‚Die offensichtlichste Lösung muss nicht die beste sein', sagte er. ‚Die beste Lösung mag Zeit benötigen, bis sie sich zeigt, aber sie ist da.' Er riet mir, in der Kanzlei zu bleiben und zu versuchen, innerhalb der Kanzlei etwas Neues auszuprobieren. ‚Gib nicht alles auf, was du dir erarbeitet hast', war noch ein Rat von ihm. ‚Mach doch das, was du tun willst, in deiner Kanzlei.' Ich habe sofort verstanden, dass er recht hatte. Ich brauchte nur jemanden, der mir das direkt ins Gesicht sagt."

„Und wahrscheinlich wären wir nicht hier, wenn du nicht in der Kanzlei geblieben wärst, nicht wahr?", wirft Stefan ein.

„Da hast du vollkommen recht", bestätigt Zacharias. „Das war ein entscheidender Moment. Ich erkannte, dass Veränderungen ein Prozess sind und nicht über Nacht geschehen. Ich konnte all das, was ich in der anschließenden Zeit über meine wahren Leidenschaften entdeckte, innerhalb der Kanzlei umsetzen. Dabei kann ich meinem jüngeren Bruder nicht genug danken, denn er hielt mir in dieser Zeit den Rücken frei, sodass ich meinen Ideen nachgehen konnte. Heute sehe ich, welches Potenzial in unserer Kanzlei liegt, da bei uns alle Fäden zusammen laufen. Die Bilanzen, die Buchhaltung, die Löhne. Alle Zahlungsströme, die in das Unternehmen hinein und heraus fließen. Diese Information haben nicht einmal die Banken. Die Banken kommen tatsächlich oft zu uns und fragen nach Unterlagen. Die wir natürlich nur mit Einwilligung des Kunden weitergeben, das versteht sich von selbst. Unser Wissen über die Unternehmen, mit denen wir zusammenarbeiten, ist also ein unglaublich starker Hebel, wodurch wir den Unternehmern in einer Vielzahl an Bereichen helfen können. Ein Unternehmensberater hat diese Daten gar nicht. Das Schöne ist, dass ich dieses Wissen dazu nutze, um Dinge zu erschaffen, die mich begeistern. Mit diesem Ansatz konnte ich mich auf einmal wieder für das Thema Steuern begeistern. Ich sehe seitdem Steuern nicht mehr als eine Belastung, wie sie auch der Unternehmer traditioneller Weise interpretiert, sondern als eine Möglichkeit zur Optimierung und Gestaltung, bis hin zur kompletten Transformation. Ein Weg, der für mich bis vor kurzem selbst noch unvorstellbar war. Ich dachte früher, Steuern seien einfach eine Ausgabe, mit der ich mich abfinden muss. Heute sehe ich sie als einen Hebel, den ich nutzen kann. So haben sich all die Werkzeuge ergeben, die uns heute in der Kanzlei zur Verfügung stehen. Während dieser Übergangszeit haben wir in der Kanzlei viele Veränderungen vorgenommen, vieles ausprobiert und komplett neu entwickelt. Zum Beispiel ist die pauschaldotierte Unterstützungskasse neu dazugekommen. Weil wir alles selbst entwickelt haben, sitzen wir mit den Unternehmern in einem Boot – im wahrsten Sinne des Wortes. Was wir unseren Kunden anbieten, haben wir selbst ausprobiert und optimiert. Und wir sitzen bereits an neuen verrückten Projekten, die noch streng geheim sind, die wir aber mit Hochdruck intern vorantreiben. Ich kann es selbst kaum erwarten, diese Projekte unseren Kunden vorzustellen."

Stefan muss unweigerlich an seinen eigenen Steuerberater denken. Eine solche Aussage aus dem Mund von Herrn Vogel wäre undenkbar. Herr Vogel hat über den Tellerrand der Steuern anderer Unternehmen noch nie hinaus geblickt und genau das ist oft die Herausforderung, mit der er in der Kommunikation zu kämpfen hat. Er kann Herrn Vogel nicht einmal verständlich machen, was er eigentlich möchte. Denn Herr Vogel folgt seinem Schema F, ohne ihn dezidiert um seine Meinung zu fragen. Mit Zacharias dagegen hat er das Gefühl, dass sie zumindest im Gespräch an einem Strang ziehen. Dass Zacharias selbst viele seiner Erfahrungen teilt und seine Situation als Unternehmer daher tatsächlich versteht. Allerdings kann er das natürlich auch alles einfach nur behaupten.

„Das klingt fantastisch, aber was genau kann ich mir darunter vorstellen?", möchte Stefan daher wissen.

„Früher waren wir einfach eine klassische Steuerberatungskanzlei. Ein einzelnes, starres Unternehmen. Mittlerweile haben wir für unsere Beratertätigkeiten eine Consulting-GmbH sowie eine Immobilien-GmbH gegründet, die unsere Immobilen verwaltet. Später haben wir eine Immobilien-Invest-GmbH hinzugefügt. Unsere Ehefrauen haben eine GbR gegründet. Alles in allem verfügen wir mittlerweile über eine komplexe, in sich abgestimmte Unternehmensstruktur. Innerhalb dieses Konstrukts können wir flexibel Bausteine hinzufügen oder wegnehmen, je nachdem, wie es zu unserer Strategie passt. Wir kreieren Zahlungsströme, die hin und her fließen und am Ende höher sind als vorher. All das haben wir selbst umgesetzt. Wir wissen, was wir empfehlen, weil wir es selbst umsetzen, das macht uns so authentisch. Das ITHAKA-Konzept von uns ist so authentisch, weil wir es erst einmal bei uns umgesetzt haben, passend zu unserer Struktur. Die Steuerkanzlei selbst ist zum Beispiel noch in der GbR."

Das hatte Stefan nicht erwartet. Das stellt tatsächlich einen Lichtblick für ihn dar, wenn Zacharias eigenes Unternehmen in Form einer GbR besteht. Vielleicht muss er ja nicht zwanghaft direkt in die GmbH wechseln, wie es die anderen Unternehmer an Bord des Katamarans getan haben. Das gibt ihm Hoffnung. Diese ITHAKA-Strategie klingt mittlerweile weniger nach einer Gebrauchsanleitung, die er strikt befolgen muss, sondern vielmehr nach einem maßgeschneiderten Leitfaden, der an die spezifischen Bedürfnisse und Ziele jedes Unternehmens angepasst werden kann. Im nächsten Moment greift Zacharias Stefans nächster Frage bereits vorweg.

„Wir werden oft gefragt, warum wir keine GmbH sind. Ich sage dann immer: Weil es zu unserer individuellen Steuersituation so gerade am besten passt. Vielleicht brauchen wir irgendwann eine GmbH, aber aktuell ist die GbR steuerlich besser optimiert. Alles kann, nichts muss, hauptsache für alle

Chancen offen. Auf so eine eher spielerische Art kam zum Beispiel auch der ‚Steuern macht Spaß'-Podcast zustande. Oder auch unser eigener Kanal auf YouTube, in dem das ganze Team involviert ist."

„Was steckt denn genau hinter diesem Podcast? Wie ist die Idee entstanden? Mir ist es neu, dass Steuerberater – auch wenn du ja definitiv kein konventioneller Steuerberater bist – einen Podcast führen", interessiert sich Stefan. Auch eine Sache, die sein eigener Steuerberater nie machen würde. Allein die Vorstellung, dass Herr Vogel einen Podcast einläutet, bringt ihn innerlich zum Schmunzeln.

„Der Podcast war tatsächlich eine interessante Entwicklung für uns", antwortet Zacharias. „Sie kam über einen Freund namens Maurice, der ebenfalls Unternehmer ist. Maurice schlug vor, dass wir eine Live-Sendung bei Instagram machen könnten, bei der unsere Follower live Fragen zu Steuer- und Unternehmensangelegenheiten stellen könnten, und wir würden diese direkt beantworten. Die Resonanz war überwältigend. Daraufhin schlug Maurice vor, einen Podcast ins Leben zu rufen, und ohne groß nachzudenken, stimmte ich zu. Maurice ist mein Sparringspartner, der mich dazu ermutigt, neue Ideen auszuprobieren und aus meiner Komfortzone auszubrechen. Früher hätte ich mir nie die Zeit genommen, um so etwas umzusetzen, aber heute ist Zeit kein Thema mehr, denn ich habe erkannt, dass Zeitmangel oft nur eine Ausrede ist. Wenn etwas wirklich wichtig ist, findest du die Zeit dafür. Es geht darum, die Prioritäten richtig zu setzen. Früher stand meine Beschäftigung im Hamsterrad an erster Stelle, deshalb hatte ich nie Zeit für etwas anderes. Der Podcast ist auch ein ausgezeichnetes Beispiel dafür, wie Kooperationen uns voranbringen können und welche wichtige Rolle sie im Unternehmertum spielen. Du kannst zwar versuchen, alles alleine umzusetzen, aber du wirst nie dieselbe Qualität und Größe erreichen wie in der Zusammenarbeit mit anderen. In der Vergangenheit war ich oft im Wettbewerbsdenken gefangen. Ich habe ständig unsere Kanzlei mit anderen verglichen, doch das war ein großer Fehler. Denn es gibt immer jemanden, der vermeintlich besser ist. Deswegen habe ich diesen Ansatz aufgegeben, ich vergleiche uns nicht mehr ständig mit anderen. Wettbewerbsdenken, auch innerhalb der eigenen Branche, ist meiner Meinung nach ein Irrweg. Heutzutage kenne ich viele Steuerberater und profitiere enorm von diesen Kooperationen."

Natürlich leuchtet Stefan das ein, aber es fällt ihm doch schwer, sich auch nur vorzustellen, mit anderen Sanitärinstallationsunternehmen zusammenzuarbeiten. Zu groß ist seine Sorge, dass sie ihnen Kunden wegschnappen würden oder ähnliches.

„Natürlich sind wir in vielen Bereichen noch nicht da, wo wir sein wollen", fährt Zacharias fort. „Aber ich kann das mittlerweile objektiv betrachten.

Wenn da eine andere Kanzlei ist, die super gut ist, dann freue ich mich für sie. Deren Erfolg tut unserem eigenen Erfolg keinen Abbruch. Ich gönne es ihnen. Ich bin nicht traurig, weil sie schon weiter sind als wir. Wir schätzen unsere eigene Reise und wissen, dass jeder seine eigene Geschwindigkeit und seinen eigenen Weg hat. Unser Fokus liegt darauf, kontinuierlich zu lernen, zu wachsen und unsere Ziele zu erreichen, anstatt uns mit anderen zu messen. Und Kooperationen sind das beste Mittel, um schneller zu wachsen. Schau dir Peter und Jakob an.“

Das optimale Steuer-Konstrukt aufbauen

Stefan ist froh, das zu hören. Dass Zacharias sich nicht für den tollsten Steuerberater der Welt hält. Dass er selbst noch eine Reise vor sich hat und klein angefangen hat. Die Strategie scheint aufzugehen für Zacharias, wenn er nach dem geht, was Zacharias ihm gerade erzählt hat und was für Geschichten die anderen Unternehmer mit ihm geteilt haben. Zacharias Bescheidenheit macht ihn Stefan umso sympathischer. Die gefühlte Distanz zwischen ihnen hat sich deutlich verringert. Zacharias scheint sich auch tatsächlich für seine Unternehmersituation und sein Leben zu interessieren – das Gefühl hat ihm vorher noch kein Steuerberater vermitteln können. Schon gar nicht Herr Vogel. Ihre Gespräche geben Stefan außerdem das Gefühl, dass Zacharias sich gut in Stefans Ausgangspunkt hineinversetzen kann. Schließlich hat er selbst auch klein angefangen und erst nach und nach sein Unternehmen und seine Einstellung als Unternehmer geändert. „Gefühlt stand Zacharias in der Vergangenheit an der Stelle, an der ich jetzt gerade selbst stehe", denkt er sich. Stefan mag es an sich selbst, dass er neuen Vorschlägen stets kritisch gegenübersteht. Er gibt sich eben gerne die nötige Zeit, sich überzeugen zu lassen. Zacharias hat er nun eingehend auf Herz und Nieren geprüft und ist zu dem Entschluss gekommen, dass er ihm wohl vertrauen kann. Es ist offensichtlich, wie sehr Zacharias den anderen Unternehmern an Bord geholfen hat. Noch beeindruckender findet Stefan nur, wie sie sich jetzt alle gegenseitig unterstützen und auch Zacharias in diesem Füreinander und Miteinander eingebunden ist. Diese Stimmung des geteilten Erfolgs verbreitet sich wie ein Fieber und steckt auch ihn langsam an. Ein Erfolgsfieber.

„Das klingt für mich alles sehr überzeugend", teilt er seine Gedanken mit Zacharias. „Was mich jetzt natürlich am meisten interessiert: Wie würdest du in meiner Situation vorgehen? Wenn du dich in meine Lage als Einzelunternehmer hineinversetzt? Wie würdest du für mich das optimale Steuerkonstrukt aufbauen?"

Zacharias nickt.

„Tja, das ist die Eine-Million-Euro-Frage, nicht wahr? Das kann ich kaum aus dem Bauch heraus sagen. Um das optimale Steuerkonstrukt für dich aufzubauen, ist es zunächst entscheidend, deine aktuelle finanzielle Situation zu verstehen. Diese Ist-Aufnahme ist der Ausgangspunkt für deine individuelle ITHAKA-Strategie. Wir führen eine umfassende Analyse durch, bei der wir Daten wie deinen Umsatz und Gewinn genau definieren, aber auch andere relevante Kennzahlen erfassen. Wir erfassen aber nicht nur deine finanziellen Daten wie Umsatz und Gewinn, sondern auch weitere entscheidende Informationen. Wie viele Mitarbeiter beschäftigst du? Welche Geschäftsform hast du gewählt? Welche Beteiligungen liegen vor? Wie sieht es mit betrieblichen Gebäuden aus – welche Gebäude gehören dem Unternehmen beziehungsweise werden angemietet? Welche betriebliche Altersversorgung hast du bereits aufgebaut und wie sind deine Mitarbeiter in deine Altersvorsorge integriert? – Wir gehen da sehr ins Detail. Wir interessieren uns nicht nur für dein Unternehmen, sondern wollen auch vieles von dir privat wissen. Wie sieht es mit deinem Privatvermögen aus? Wie ist deine private Situation – Haus, Frau, Kinder, Geschwister, Eltern? Wir führen also nicht nur eine Ist-Aufnahme deines Unternehmens, sondern auch deiner Person durch. Wir nehmen dein gesamtes Unternehmen und auch dein steuerliches Leben unter die Lupe, einschließlich deiner privaten Steuererklärung. Aber auch sonstige private Verhältnisse und Situationen, die sich aus deiner Steuererklärung nicht ableiten lassen, interessieren uns. Denn was du vielleicht nicht ahnst: Deine Steuererklärung ist eine wahre Schatzkiste an Informationen. Viele Unternehmer schauen sich vorrangig das Ergebnis der Steuererklärung an, ob sie Geld zurückerhalten oder nachzahlen müssen. Dabei verstecken sich dort so viele wertvolle Hinweise. Wir finden darin beispielsweise Angaben zu Versicherungen, deine vermieteten Immobilien – Mieteinnahmen, Zinsen, Abschreibung, Tilgung, Reparaturen – und komische Riester- oder Rürup-Renten, von denen du vielleicht nicht einmal mehr selbst weißt. Das Einzige, was wir nicht daraus ablesen können, sind deine privaten Ausgaben. Deine Golfmitgliedschaft, die dich mehrere tausend Euro pro Jahr kostet, zum Beispiel. Dafür gibt es unseren eigenen entworfenen Budgetplan, in dem du sämtliche privaten Ausgaben eintragen kannst. Auch von deiner Ehefrau, deinen Kindern, da sind auch deine sonstigen Lebenshaltungskosten enthalten – Essen, Urlaub und so weiter – die du übrigens teilweise auch steuerlich geltend machen kannst, aber das ist eine andere Geschichte. Zahlreiche Versicherungen können wir aus deiner Steuererklärung erkennen, aber es gibt auch Versicherungen, die ausschließlich privat sind, auch dafür brauchen wir deine Angaben im Budgetplan. Zum Beispiel deine Lebensversicherung, falls du eine hast. All das sind wichtige Ausgaben, über die wir uns zunächst einen Überblick verschaffen."

Stefan kann sich gut vorstellen, dass da auch bei ihm einiges an Ausgaben zum Vorschein kommen würden, die er schon lange nicht mehr auf dem Schirm hat. Er hat sich schon so lange vorgenommen, bei seinen Finanzen einmal aufzuräumen, aber irgendwie kommt er natürlich nie dazu. Wenn er Anna dazuholt, könnte er sicher die Motivation aufbringen.

„Das sind ja einiges an Dokumenten und Informationen, die ihr da benötigt. In welcher Tiefe braucht ihr denn diese Information?"

„Diese Analyse ist umfangreich, aber nicht so umfangreich, wie es vielleicht klingt. Wir brauchen zum Beispiel am Anfang keine komplette Lohnliste. Es reicht, wenn du uns mitteilst, dass du 30 Mitarbeiter hast und die meisten in Vollzeit arbeiten. Auch bei deinen Immobilien brauche ich anfangs nicht alle Details, sondern nur gewisse allgemeine Daten wie den geschätzten Verkehrswert, Eigentümer, Mieteinnahmen, Kapitaldienst, Darlehenshöhe und Ähnliches. Das sind alles Infos, die du sehr schnell zusammen hast."

Das beruhigt Stefan. Er hat nun wirklich keine Lust, sich mit unzähligen Dokumenten herumzuschlagen und all diese Informationen für Zacharias aufbereiten zu müssen. Das wäre ja ein riesiger Zeitaufwand. Wenn sich das organisatorisch im Rahmen hält und es vor allem um klare Kennzahlen geht, bekommt er das sicher hin. Aufmunternd fügt Zacharias hinzu:

„Mit der Ist-Aufnahme legen wir das Fundament für die maßgeschneiderte ITHAKA-Strategie, die dich auf deinem Weg zur unternehmerischen Leichtigkeit unterstützt. Keine Angst, das ist für jeden machbar. Deine finanzielle Situation, sowohl geschäftlich als auch privat, bildet den Ausgangspunkt, von dem aus wir gemeinsam die richtigen Schritte unternehmen. Sobald wir ein klares Bild deiner aktuellen Situation haben, können wir uns gemeinsam deine Ziele und langfristigen Pläne ansehen. Was möchtest du mit deinem Unternehmen erreichen? Welche Wachstumsziele hast du? Welche Risiken möchtest du minimieren? Diese Informationen sind entscheidend, um die besten steuerlichen Maßnahmen zu entwickeln, die zu deinem unternehmerischen Erfolg beitragen. Welche Träume – neue Unternehmen, neue Geschäftsideen – hast du noch? Ja, auch Träume wollen wir wissen, denn mit unserer ITHAKA-Strategie sind diese erstens möglich und zweitens können wir diese steuerlich optimiert einbauen. Wir berücksichtigen auch deine persönlichen Bedürfnisse und Werte, um sicherzustellen, dass das Steuerkonstrukt nicht nur wirtschaftlich, sondern auch persönlich zu dir passt."

Allmählich versteht Stefan besser, was sich hinter dieser ITHAKA-Strategie genau verbirgt. „Das klingt super spannend, aber auch sehr zeitaufwendig", wendet er ein. „Und was, wenn ich diese ganze ITHAKA-Strategie durchführe und mich dann doch entscheide, nichts zu ändern?"

„Die ITHAKA-Strategie mag auf den ersten Blick zeitaufwendig erscheinen, aber ich kann dir versichern, dass sich der Aufwand in den meisten Fällen wirklich lohnt. Der entscheidende Punkt ist, dass wir dir dabei helfen, deine Steuersituation zu optimieren und zu gestalten. Dadurch sparst du am Ende erheblich Steuern, die meisten zahlen nach Analyse und Optimierung nur die Hälfte ihrer bisherigen Steuerbelastung. Und diese Optimierung und Gestaltung deiner Steuern haben den magischen Effekt, dass auch du plötzlich ein anderer wirst. Steuern ist für viele ein unglaublich schwerer Rucksack und plötzlich wird dieser leicht. Es hat eine unglaublich positive Auswirkung auf dein Leben, ich glaube letztendlich ist es das, was unsere ITHAKA-Strategie so erfolgreich macht."

Zacharias ist anzuhören, wie sehr ihn das mit Stolz erfüllt, dass ihre ITHAKA-Strategie viel weiter geht als eine reine Steuerstrategie. Stefan versteht, warum.

„Wir bieten auch an, eine Vorab-Einschätzung zu geben, ob sich eine ITHAKA-Strategie für dich auszahlen wird oder nicht. Das bieten wir kostenlos an, auch wenn es natürlich einen Aufwand für uns bedeutet. Dadurch kannst du dich vergewissern, dass es sich auch lohnt, uns deine Kennzahlen und Steuererklärungen zur Verfügung zu stellen und unsere Fragen zu beantworten."

„Das klingt wirklich fair", gibt Stefan zurück. „Und minimiert das Risiko erheblich."

„Du sagst es. Auch für uns ist es sinnvoll, denn wir möchten, dass du wirklich mit Überzeugung hinter unserer Zusammenarbeit stehst. Natürlich erfordert die ITHAKA-Strategie auch von deiner Seite ein gewisses Engagement, damit wir überhaupt einen Einblick in dein Unternehmen und deine private finanzielle Situation erhalten. Wie gesagt lautet das Motto bei uns: Miteinander, Füreinander. Das fängt damit an, dass wir von Anfang an am gleichen Strang ziehen."

„Hmm, verstehe. Das sollte ja machbar sein."

„Ich habe übrigens eine weitere gute Nachricht für dich: Du kannst die Kosten unserer Zusammenarbeit steuerlich geltend machen. Im Grunde bezahlst du uns von dem, was du an Steuern einsparst. Das ist doch eine klare Win-Win-Situation, oder?"

„Ja, das klingt tatsächlich ziemlich gut."

„Ich bin überzeugt, dass wir gemeinsam eine Strategie entwickeln können, die nicht nur deine Steuern optimiert, sondern auch dein Unternehmen und dein Leben auf den Weg zu mehr Erfolg und Leichtigkeit bringt. Was hältst du davon, dass wir die steuerliche Ersteinschätzung direkt hier durchführen? Dann kann ich dir zumindest aufgrund der nackten Zahlen direkt sagen, ob du ein ITHAKA-Kandidat bist oder nicht."

Stefan ist überrascht. Das kommt jetzt doch sehr plötzlich.

„Jetzt, direkt hier?", fragt er ungläubig. „So einfach ist das?"

„Klar", sagt Zacharias mit einem Grinsen. „Für die steuerliche Ersteinschätzung brauchst du keine tiefgehenden Informationen, das hast du alles im Kopf. Und ich kann dir problemlos eine erste Einschätzung geben."

Stefan überlegt kurz. Warum eigentlich nicht?

„Okay!"

Die kostenfreie Ersteinschätzung

Stefan ist gespannt wie ein Flitzebogen und wippt mit dem Bein auf und ab. Als er es bemerkt, legt er schnell eine Hand auf sein Knie, um es zu unterbinden. Wie lange hat er das jetzt gemacht, ohne dass er es mitbekommen hat. Er blinzelt in die Sonne, schmiert die Augen mit der anderen Hand ab und schaut wieder zu Zacharias. Der lächelt wie immer.

„Entspann ruhig erstmal. Wir sind hier ja nicht in der Schule."

Stefan versucht, zurückzulächeln. Er fühlt sich tatsächlich etwas wie in der Geschichtsstunde früher, als der Lehrer ihn und seine Klassenkameraden nach Jahreszahlen ausfragte. Er befasst sich mit dem Thema Steuern so ungern, da ist er sich nicht sicher, ob er wirklich alle von Zacharias' Fragen aus dem Stegreif beantworten kann.

„Na, dann schieß mal los", gibt er sich betont gelassen.

„Super. Erste Frage: Wie viel Steuern hast du letztes Jahr gezahlt?"

Das weiß Stefan natürlich aus dem Effeff. Schließlich wurmt ihn diese Zahl jedes Jahr. Er sagt es Zacharias.

„Alles klar. Und wie hoch lag dein Umsatz letztes Jahr?"

Das ist Stefans ganzer Stolz, also kann er Zacharias auch diese Zahl direkt mitteilen.

„Perfekt. Wie viel Gewinn hast du letztes Jahr erzielt?", will Zacharias als nächstes wissen.

Diese Zahl teilt Stefan normalerweise nicht mit jedem, aber Zacharias kann er ja vertrauen, also nennt er ihm gerne seinen Gewinn. Erst jetzt bemerkt er, dass Zacharias scheinbar aus dem Nichts einen kleinen Notizblock gezaubert hat und seine Antworten fleißig mitnotiert. „Das ist mal vorbereitet", denkt Stefan. Zacharias lässt den Stift sinken und fragt: „Besitzt dein Unternehmen Immobilien?"

„Aktuell nicht, nein. Wir mieten unsere Lager- und Büroräume", antwortet Stefan.

„Verstehe. Wie viele Mitarbeiter hast du aktuell? Du hattest beim Seminar schon erwähnt, dass es 20 sind, nicht wahr?" „Wow!", denkt Stefan, „Gutes Gedächtnis."

„Stimmt genau, gut gemerkt", bestätigt er.

„Na klar", gibt Zacharias zurück. „Ich hatte so ein Gefühl, dass sich unsere Wege noch einmal kreuzen werden und ich mir das am besten direkt merke. Dann habe ich schon eine ungefähre Einschätzung deiner steuerlichen Ausgangssituation im Betrieb. Kommen wir zu deiner Person und deinen

Ausgaben im Privatbereich. Wie viel Gehalt zahlst du dir monatlich aus? Beziehungsweise wie viel entnimmst du durchschnittlich monatlich aus der Firma? – Als Einzelunternehmer zahlst du dir ja selbst kein Gehalt."

Nach kurzem Zögern gibt Stefan auch darüber bereitwillig Auskunft.

„Wie viel beträgt in etwa dein Privatvermögen, also alles, was du auf der hohen Kante hast? Keine Sorge, alle Informationen, die du mir in diesem Gespräch und auch in anderen Gesprächen mitteilst bleiben natürlich höchst vertraulich."

Das beruhigt Stefan. Solche intimen Informationen gibt er nicht gerne preis, aber in diesem Fall sieht er ein, weshalb Zacharias das wissen muss.

„Sehr gut. Wie sieht es mit Immobilien aus, besitzt du privat Immobilien?", fragt Zacharias weiter.

„Ja, wir zahlen gerade noch unser Haus ab, meine Frau und ich, und ich besitze selbst noch eine Wohnung, die ich vermiete."

„Perfekt. Das heißt, du bist verheiratet. Habt ihr Kinder?"

„Ja, zwei Mädchen", sagt Stefan voller Stolz.

„Das klingt wunderbar. In welchem Bereich arbeitet denn deine Frau und wie hoch ist ihr Bruttogehalt?"

„Meine Frau arbeitet in der Buchhaltung bei einem großen Konzern, der Fliesen herstellt", antwortet Stefan und nennt ihr Bruttogehalt. „Sie arbeitet da seit ein paar Jahren wieder, seit die Kinder im Kindergarten sind."

„Das war auch schon alles", grinst Zacharias ihn an.

„Das sind die Kennzahlen, die ich brauche, um dir eine Ersteinschätzung geben zu können. Was dir vielleicht so nicht klar ist: Als Einzelunternehmer zahlst du bei den Zahlen den Spitzensteuersatz, daher kann ich dir direkt sagen: Da du in der GmbH nur 30 Prozent zahlst und wenn du mit etwas weniger frei verfügbarem Geld monatlich auskommen kannst, lohnt sich die GmbH alleine dafür. Außerdem hast du 20 Mitarbeiter in deinem Team, das ist ein unglaublicher Hebel, den du da nutzen kannst. Je mehr Personal du hast, desto mehr kannst du in diesem Bereich bewegen. Da kannst du beispielsweise die Entgeltoptimierung nutzen und du kannst natürlich eine pauschaldotierte Unterstützungskasse aufsetzen. Wahrscheinlich hast du deine Mitarbeiter bisher als Kostenposition betrachtet. Ich sage dir, dass sie eine Investition sind und keine Kosten. Vielmehr noch: Deine Mitarbeiter sind dein Fahrschein zur persönlichen Freiheit."

„Wow, okay. Ein richtig schöner Gedanke, aber das Ticket zu meiner Freiheit, so weit bin ich wohl noch nicht", denkt Stefan. Jetzt, als es konkret um seinen Betrieb geht, wird alles auf einmal so viel greifbarer und konkreter, merkt er. Auf der anderen Seite fühlt es sich toll an, auf einmal gefühlt so viel Macht in den Händen zu halten.

„Außerdem hast du erwähnt, dass deine Frau in der Buchhaltung eines großen Konzerns arbeitet", fährt Zacharias fort. „Hast du schon einmal überlegt, dass du sie auch in deinem eigenen Betrieb anstellen könntest?" Anna und er haben darüber gesprochen, dass es durchaus eine Möglichkeit wäre, da Anna ohnehin das Unternehmen wechseln möchte.

„Klar, an sich könnten wir uns das beide vorstellen. Was brächte das denn für steuerliche Vorteile?", fragt er neugierig.

„Riesige! Am besten stellst du deine gesamte Familie bei dir an, Großeltern, Kinder. Und das meine ich ganz ernst. Die Familie an Bord zu holen, ist Teil der ITHAKA-Strategie. Wichtig ist dabei natürlich immer, dass du privat und geschäftlich überhaupt miteinander verknüpfen möchtest. Das sollte wohlüberlegt sein. Wenn ihr euch das beide vorstellen könnt, bringt es tatsächlich deutliche steuerliche Vorteile."

„Das muss ich mit Anna besprechen", gibt Stefan zurück. „Das ist natürlich ein weiterer Punkt, der dafür sprechen würde. Ich hatte ja keine Ahnung, dass das einen Unterschied macht, ob ich meine Frau anstelle oder einen x-beliebigen Buchhalter!"

„Klar, macht das einen Unterschied", bestätigt Zacharias. „Genau wie es einen Unterschied macht, ob du deine Büroräume und Lagerräume von einem externen Unternehmen mietest oder von deiner eigenen Immobilien-GmbH."

„Das haben mir die anderen Unternehmer auch schon erzählt. Beziehungsweise mir davon vorgeschwärmt. Also, dass sie an sich selbst vermieten und dadurch Steuern sparen", fügt Stefan hinzu.

„Genau, das ist der steuerliche Königsweg oder auch der Zasterweg, wie ich ihn gerne nenne. Die Kunst besteht darin, so viele Zahlungen wie möglich zu generieren, die du an dich selbst bezahlst. An dich selbst ist dabei breiter und weiter gedacht – es schließt dein Unternehmen und deine Familie mit ein. So erschaffst du einen Kreislauf des Geldes, indem du den geringstmöglichen Steuersatz bezahlst. Und vom Finanzamt jedes Jahr Geld geschenkt bekommst. Es ist wichtig, immer das große Ganze im Blick zu behalten. Dabei hilft dir die ITHAKA-Strategie. Mit der ITHAKA-Strategie erhältst du einen Überblick und erschaffst einen Plan, wie du das große Ganze am effektivsten gestaltest."

„Dieses große Ganze – schließt das mit ein, dass ich meine Eltern anstelle und den Lohn, den ich ihnen zahle, später von ihnen vererbt bekomme?", denkt Stefan den Gedanken weiter.

„Genau, das ist eine Möglichkeit von vielen", bestätigt Zacharias. „Darum geht es – eine langfristige Perspektive und einen möglichst geschlossenen

Kreislauf des Geldes. Entweder erhältst du dieses Gehalt dann in Form des Erbes zurück oder auch in Form einer Schenkung."

„Faszinierend, wenn man das zu Ende denkt", sagt Stefan. „Und das ist alles mit meinem jetzigen Einzelunternehmen nicht so einfach möglich, nehme ich an?"

„Ein Einzelunternehmen kann auch eine passende Gesellschaftsform sein. Die GmbH mit Holding ist nicht immer das Allheilmittel. Es gibt durchaus Gründe, die gegen eine GmbH sprechen. Selbst dann, wenn es wie bei dir steuerlich Sinn ergibt, in eine andere Unternehmensstruktur zu gehen – wenn dir das passende Mindset fehlt, kann es sein, dass du in der Einzelfirma besser aufgehoben bist. Doch deine Fragen allein sind schon ein Zeichen, dass du das passende Mindset mitbringst."

„Wenn du das so formulierst, kann ich mich mit dem Gedanken, mein Einzelunternehmen durch eine GmbH zu ersetzen, sogar anfreunden", meint Stefan. Zacharias Kommentar schmeichelt ihm.

5

Immobilien: Festes Vermögen für leichte Steuern

Warum Immobilien für Unternehmer so attraktiv sind

„Eine Sache verstehe ich noch nicht ganz: Warum dreht sich stets alles um Immobilien? Ich könnte das Geld aus der Steueroptimierung doch auch stattdessen in Aktien oder Anleihen investieren? Oder in Gold oder Rohstoffe?", fragt Stefan, nachdem er alles ein bisschen sacken lassen hat.

„Gute Frage", gibt Zacharias zurück. „Natürlich kannst du auch in Aktien, Gold oder Rohstoffe investieren. Das eine schließt das andere nicht aus. Ich bin grundsätzlich ein Fan von Sowohl-als-auch statt von Entweder-oder, allerdings haben Immobilien im Vergleich zu den anderen Anlageformen einen entscheidenden Vorteil. Das Steuerrecht bevorzugt in Deutschland zwei Gruppen ganz besonders: Immobilienbesitzer und Unternehmer. Unternehmer bist du schon und Immobilien besitzt du auch. Indem du weitere Immobilien zu deinem Portfolio hinzufügst und das Ganze über eine Immobilien-GmbH abwickelst, profitierst du auf die beste Weise von den bestehenden Steuergesetzen. Durch diese Kombination zündet der Zaster-Weg den Booster für dich."

„Okay, das hatte ich so gar nicht auf dem Schirm!"

„Und damit bist du nicht der Einzige, schließlich sagt dir das Finanzamt von sich aus nicht, wie du am besten vorgehst. Daher bringt dir die steuerliche Privilegierung als Immobilienbesitzer und als Unternehmer gar nichts, wenn du diese nicht aktiv nutzt. Deswegen haben wir unsere ITHAKA-Strategie entwickelt."

Bisher hat Stefan von seinen Privilegien noch nicht besonders viel gespürt, aber das liegt wohl vor allem an ihm, weniger an den geltenden Gesetzen, wie ihm langsam klar wird.

„Warum ist das eigentlich so? Also, warum werden genau diese Gruppen vom Staat steuerlich gefördert?", kommt ihm in den Sinn zu fragen.

„Simpel ausgedrückt: Weil es im Interesse des Staates liegt. Immobilienbesitzer werden gefördert, weil Wohnraum knapp ist. Also schafft der Staat Anreize, sodass die Bürger lieber in Immobilien investieren, als Geld unter der Matratze zu verstecken. Und steuerliche Hebel sind da langfristig am effektivsten. Auch Unternehmer sind für den Staat hilfreiche Mitspieler in seinem Vorhaben, da sie Arbeitsplätze schaffen und die Konjunktur ankurbeln. Also werden auch Unternehmer gefördert. Über alle Parteigrenzen hinweg wollen Politiker Wohnraum und Arbeitsplätze schaffen, also fördern sie sowohl Immobilieninvestoren als auch Unternehmer und das wird sich so schnell auch nicht ändern. Das Schöne ist eben auch, wenn du beides besitzt – Immobilien und Unternehmen – potenzieren sich die Effekte. Du nutzt die Privilegien beider Rollen und sie verstärken sich gegenseitig. Stell es dir wie ein Spiel vor: Sobald du die Regeln kennst, kannst du deine Privilegien ausschöpfen. Dadurch zahlst du auf Immobilieninvestitionen in der richtigen Konstellation wesentlich geringere Steuern als bei Aktien, Gold oder anderen Investitionen. Denn bei keiner Anlageart kannst du den Hebel des Fremdkapitals besser einsetzen als bei Immobilien."

„Also ist es sogar ein doppelter Hebel, wenn ich meinen Gewinn aus dem Unternehmen in Immobilien investiere, wenn ich dich richtig verstehe. Weil ich erstens von den Steuervorteilen für die Immobilienbesitzer profitiere und zweitens von den Steuervorteilen für den Unternehmer. Richtig?", sagt Stefan langsam, während er ein Klicken in seinem Kopf zu hören glaubt.

„Exakt", bestätigt Zacharias mit einem breiten Grinsen.

„Das heißt, durch die richtige steuerliche Gestaltung kann ich viel schneller Vermögen aufbauen", fasst Stefan zusammen und grinst ebenfalls. „Das ist ja unglaublich!"

„Finde ich auch", meint Zacharias. „Deswegen mag ich meinen Job auch inzwischen so sehr! Nehmen wir mal ein Beispiel, damit noch deutlicher wird, wie groß der Hebel dieser Doppelrolle aus Unternehmer und Immobilien ist: Also, eine private Immobilie von dir muss renoviert werden, sie ist aktuell circa eine Million wert. Und gehen wir außerdem mal davon aus, dass die Steuergrenze von 15 Prozent für die Renovierungskosten in diesem Fall nicht gilt, weil du die Immobilie schon länger in deinem Besitz hast. Deine fiktive Immobilie braucht ein neues Dach, weil es in die Jahre gekommen ist und es an einigen Stellen hineinregnet. Du sagst dir also: „Zeit für ein neues Dach" und renovierst das Haus. Die Gesamtkosten belaufen sich auf

150.000 Euro im Privatbereich. Nach der Renovierung ist die Immobilie dementsprechend 1,15 Millionen wert. Und jetzt kommt der Knackpunkt: Du holst diese 150.000 Euro nicht bei einer Bank, sondern bei deiner eigenen Firma, bei deiner Holding. Deine Holding ist deine Bank. Natürlich kannst du auch kombinieren, also einen Teil von deiner Holding nehmen und einen Teil von der Bank. In diesem Beispiel nehmen wir alles von unserer Holding. Dementsprechend zahlst du auch die Zinsen nicht an eine fremde Bank, sondern an deine eigene Holding. Das machst du sogar gerne! Warum? Weil du im Privatvermögen schon den Spitzensteuersatz bezahlst und dieser Zins für diese Aufwendung der Immobilie ist steuerlich abzugsfähig, weil du die Immobilie ja vermietest. Das heißt, du holst dir die 150.000 bei deiner eigenen Holding und du freust dich über die hohen Zinsen, die deine Holding erhält. Ich weiß, das klingt erst mal absurd und widerspricht fast allem, was du bisher über Finanzen zu wissen glaubtest: Du freust dich über höhere Zinsen, während 99,9 Prozent der Menschen sich ärgern. Der Unterschied: Du zahlst die hohen Zinsen an dich selbst. Auch hier hast du wieder den Vorteil, dass du den aktuellen Zinssatz, der eigentlich negativ ist, als Unternehmer positiv nutzen kannst. Von diesem Prinzip bin ich selbst immer wieder begeistert. Plötzlich habe ich keine Angst vor steigenden Zinsen, sondern freue mich sogar darauf. Ist das nicht paradox?"

Stefan kann es kaum glauben. Das widerspricht tatsächlich fast allem, das er jemals von einem Finanz- oder Steuerberater gehört hat. Ihm ist, als ob er gerade durch ein Schlüsselloch blickt, hinter dessen Tür sich ungeahnte Schätze verbergen.

„Du zahlst dir also diese sechs Prozent Zinsen auf diese 150.000 Euro und schließt einen zehnjährigen Darlehensvertrag mit deiner eigenen Firma ab", fährt Zacharias fort. „Und jetzt kommt ein weiterer Trick: Du tilgst nicht innerhalb dieser zehn Jahre. Das darfst du so handhaben und kannst sagen, dass du die Tilgung erst nach Ablauf der zehn Jahre vornehmen wirst. Das bedeutet, das Geld wird einfach von deinem Firmenkonto auf dein Privatkonto transferiert, um damit die Renovierung zu bezahlen. Und dabei sparst du ungefähr 70.000 Euro Steuern durch die Renovierung. Die hier von mir veranschlagten sechs Prozent Zinsen für das Darlehen entsprechen 9.000 Euro Zinsen im Jahr. In zehn Jahren hast du so 90.000 Euro Zinsen an deine eigene Holding bezahlt und noch knapp 42.000 Euro von deinem Finanzamt erhalten. Gleichzeitig hat deine Holding die Zinsen mit 30 Prozent versteuert, von den 90.000 Euro sind also 27.000 Euro an das Finanzamt zurückgeflossen. Unter dem Strich bedeutet das: 42.000 minus 27.000, also immer noch 15.000 Euro mehr Geld. Und es kommt ja noch hinzu, dass die 90.000 Euro nicht weg sind, sondern sie haben nur das Konto gewechselt. Bei einer fremden Bank wären die 90.000 Euro weg. Das ist ein gewaltiger Geld- und Vermögenshebel. Du hast den Wert deiner Immobilie um 150.000

Euro gesteigert und gleichzeitig 70.000 Euro Steuern durch die Renovierung eingespart. Nun gehen wir noch einen Schritt weiter: Du verkaufst diese Immobilie jetzt an deine Ehefrau. Für besagte 1,15 Millionen Euro – ohne dass sie sich dafür Geld bei der Bank holen muss, weil deine Holding ihr ebenfalls ein Darlehen gewährt. Alternativ könntest du die Immobilie auch an deine Holding für dieselben 1,15 Millionen Euro verkaufen."

Stefan kam bis hierhin gerade noch so mit, aber jetzt ist er raus.

„Moment. Warum sollte ich das tun?", fragt er daher verdutzt.

„Das ist vorteilhaft, weil du wieder deine Holding als Bank nutzen kannst. Du verkaufst die Immobilie an deine Ehefrau für 1,15 Millionen Euro, aber sie muss dir kein Geld bezahlen, da du ihr ein Verkäuferdarlehen gewährst. Somit kann sie dir vergleichsweise hohe Zinsen zahlen und sie kann diese als Werbungskosten bei der Vermietung absetzen, was wiederum ihre Steuerlast erheblich reduziert. Und du kannst erneut wieder mit der Tilgung spielen und durch Zinsen an dich selbst dein Vermögen vermehren. Der Verkauf an deine Ehefrau ist besonders sinnvoll, wenn der Wert der Immobilie seit dem Kauf erheblich gestiegen ist. In diesem Fall profitiert deine Ehefrau von höheren Abschreibungen als du, da du die Immobilie vor zehn Jahren für 500.000 Euro erworben hast und die anfängliche Abschreibung nur zwei Prozent bzw. 10.000 Euro betrug. Angenommen, das Gebäude ist mittlerweile 1,5 Millionen Euro wert, dann beläuft sich die Abschreibung bei zwei Prozent bereits auf 30.000 Euro – vorausgesetzt, dass die Abschreibung so gering bleibt. In der Zukunft bestehen gute Chancen, dass deine Abschreibung höher wird. Stell dir vor, diese wird auf fünf Prozent erhöht: Dann hättest du plötzlich eine Abschreibung von fünf Prozent auf 1,5 Millionen gleich 75.000 Euro und bei dir wären es immer noch 10.000 Euro. Ein wahnsinniger Hebel. Zusätzlich zahlst du weiterhin Zinsen, wobei hier nicht einmal die Grunderwerbsteuer anfällt. Dieser Aspekt ist besonders wichtig. Viele Immobilieninvestoren fürchten die Grunderwerbsteuer und betrachten sie oft als Hindernis für ihre Immobilienprojekte. Sie scheuen die Grunderwerbsteuer wie der Teufel das Weihwasser."

„Ich vermute, jetzt erzählst du mir gleich, dass die Grunderwerbsteuer eigentlich gar nicht so schlimm ist, wie alle immer denken?", fragt Stefan.

„Du hast mich durchschaut. Denn richtig eingesetzt ist die Grunderwerbsteuer absolut kein Hindernis. Was viele jedoch nicht wissen: Bei Ehegatten genießt du eine Befreiung von der Grunderwerbsteuer, weshalb deine Frau in diesem Fall keine fünf oder sechs Prozent – je nach Bundesland – auf den Verkaufspreis von 1,5 Millionen Euro zahlen muss. Das bedeutet, sie spart sich 75.000 Euro Grunderwerbsteuer. Aber Achtung: Dieses Privileg gilt nicht für alle Verkäufe innerhalb deiner Familie. Das gilt zum Beispiel nicht für Geschwister. Für Eltern und Kinder gilt es und auch für die Ehefrau. Du zahlst auch Grunderwerbsteuer, wenn du an deine eigene GmbH verkaufst. Das ist der Nachteil, deswegen muss man da individuell nachrechnen: Lohnt es sich, an deine eigene GmbH zu verkaufen oder lohnt es sich nicht? Von der Grunderwerbsteuer bist du nur befreit, wenn du an Ehepartner und geradlinigen Verwandte verkaufst, also Kinder oder Eltern."

„Okay, das hätte ich tatsächlich nicht erwartet", reagiert Stefan. „Aber was soll meine Frau jetzt mit der Immobilie machen?"

„Sie an dich zurückverkaufen."

„Wie bitte?"

„Wir nennen das Modell liebevolle die Ehegattenschaukel. Warum? Weil du nach weiteren zehn Jahren das Spiel wieder umdrehst. Dann verkauft deine Frau die Immobilie wieder an dich und das Spiel beginnt mit neuen, in der Regel größeren Zahlen erneut. Da macht das Schaukeln so richtig Spaß!

Stefans Kopf dampft wie eine Lokomotive aus dem 19. Jahrhundert. Das ist alles komplettes Neuland für ihn. Er hat keine Ahnung gehabt, dass es überhaupt einen Unterschied macht, ob er eine Immobilie nun an seine Ehefrau Anna verkauft oder an einen fremden Dritten! Und jetzt das, das ist ja viel mehr als nur ein Verkauf an seine Ehefrau.

„Zurück zu dir", fährt Zacharias fort. „Du kannst also diese Immobilie für 1,5 Millionen Euro steuerfrei verkaufen und hast dabei ohnehin schon 70.000 Euro an Steuern gespart durch die Abzugsfähigkeit der Renovierungskosten. Im Grunde genommen hast du 70.000 Euro vom Finanzamt als Geschenk erhalten. Auch wenn nicht jeder diese Chancen sofort sieht – die wenigsten wissen davon, selbst für erfahrene Steuerberater ist das oft neu. Auch wenn du das vielleicht nicht unmittelbar in Anspruch nehmen kannst, halte ich es für enorm wichtig, davon zu wissen, sodass du es bei Bedarf nutzen kannst. Nicht jede Immobilie bietet diese individuellen Gestaltungsmöglichkeiten, aber es lohnt sich, nach solchen Gelegenheiten Ausschau zu halten. Und jetzt ...", macht Zacharias eine Kunstpause, „... holen wir uns erstmal was zu trinken. DU siehst aus, als könntest du dringend eine Erfrischung gebrauchen!"

„Unbedingt!"

Der steuerlich privilegierte Unternehmer

Nach einem Ausflug an die Bar setzen Zacharias und Stefan ihre Unterhaltung fort.

„Das klingt alles echt faszinierend“, beginnt Stefan, „Ich frage mich jetzt nur: Wenn Unternehmer in Deutschland steuerlich privilegiert sind, warum hat sich das für mich noch nie so angefühlt? Mein Eindruck ist immer, dass ich erst nach Dubai oder in irgendeine andere Steueroase auswandern müsste, um irgendwelche Privilegien genießen zu können.“

Zacharias nickt verständnisvoll.

„Das höre ich ganz oft. Dubai wäre für mich persönlich nie eine wirklich ernsthafte Alternative, selbst wenn du dort auf alles nicht einen Cent Steuern bezahlen würdest. Doch das ist ein anderes Thema. Der Hauptgrund, warum du die Unternehmerprivilegien bisher kaum gespürt hast, liegt darin, dass du zwar Unternehmer bist, dich aber verhältst wie eine Privatperson. Du führst dein Unternehmen wie eine Erweiterung deiner privaten Finanzen. Und dadurch gehen dir all die Vorteile durch die Lappen, die mit einem steuerlich optimierten Unternehmen möglich sind. Dabei geht es gar nicht so sehr darum, dass du noch nicht in der GmbH bist. Auch in der GmbH machen viele den Fehler, sich ein hohes Gehalt zu zahlen und sich teure Autos zu holen, weil sie denken, dass das dazugehört. Viel wichtiger als solche Statussymbole für den eigenen Marktwert ist aber das Mindset, das Geld des Unternehmens im Kreislauf zu halten, anstatt eben immer aus dem Unternehmen herauszuholen. Dann fallen nämlich die Steuern an. Als Einzelunternehmer ist bei dir die Trennung zwischen privat und geschäftlich natürlich weniger vorhanden, daher rutschst du sozusagen immer wieder in die Rolle einer Privatperson. Und als solche bist du nun einmal nicht steuerlich privilegiert.“

„Verstehe. Und wie sehen grob die Schritte aus, durch die ich von den Privilegien eines Unternehmers profitieren kann?“ „Genau kann ich dir das erst sagen, sobald wir deine individuelle ITHAKA-Strategie verfasst haben. Aber grundsätzlich gibt es einige Schritte, die ich dir gerne schon einmal erläutere. Der erste Schritt betrifft die Wahl deiner Gesellschaftsform. In deiner derzeitigen Einzelfirma zahlst du vergleichsweise hohe Steuern. Wir empfehlen daher oft den Wechsel zur GmbH. In einer GmbH zahlst du weniger Steuern, da der Steuersatz in der GmbH schlicht niedriger ist als im Privatbereich. Statt 45 oder 50 Prozent zahlst du in der GmbH nur 30 Prozent – das ist eine Differenz, die sich schnell bemerkbar macht.“

„Ja, das leuchtet ein.“

„Der zweite wichtige Schritt bezieht sich darauf, wie du an dein Geld gelangst, nachdem es in der GmbH erwirtschaftet hast. Die meisten Menschen setzen das Geschäftsführergehalt zu hoch an, was steuerliche Nachteile mit sich bringt. Um dieses Problem zu lösen, nehmen wir uns Zeit, um die optimale Gehaltshöhe zu ermitteln. Du erhältst von der GmbH nur das Geld, das du wirklich benötigst, und nichts darüber hinaus. In dieser Hinsicht solltest du auch sehr strikt sein, alles Unnötige wird gestrichen. An dieser Stelle kommt dir unsere Zusammenarbeit wieder zugute, denn der Kanzlei als unabhängigem Dritten fällt es leichter, solche Einschnitte vorzunehmen. Persönlich fällt einem das ja oft schwer, die Relevanz der eigenen Ausgaben zu bewerten. Zum Beispiel eine Golfmitgliedschaft, selbst wenn du seit fünf Jahren keinen Golfschläger mehr in der Hand gehalten hast. Als Dritter kann ich die Diskrepanz leicht erkennen, dass du 10.000 Euro pro Jahr zahlst, aber seit Jahren nicht mehr golfst. Als Betroffener zögerst du vielleicht, diese Ausgabe zu streichen. Die Idee ist, deine finanziellen Ressourcen sinnvoll zu nutzen und unnötige Ausgaben zu vermeiden. Grob lässt sich sagen: Wenn du 5.000 Euro privat rationalisierst, spart die Firma 10.000 Euro an Ausgaben. 10.000 Euro, die du mit geringerer Steuerbelastung woanders effektiver investieren kannst."

„Verstehe. Zunächst brauche ich also die GmbH und dann sorgen wir gemeinsam dafür, dass so viel Geld wie möglich in der GmbH zur Verfügung steht", fasst Stefan zusammen.

„So in etwa. Wir sorgen zusammen dafür, dass in deinem Unternehmen – oder deiner Unternehmensstruktur, wenn es mehrere sind – mehr Geld übrig bleibt, das dann steuerlich optimiert für dich arbeiten kann. So arbeitet dein Geld endlich für dich und nicht umgekehrt. Im dritten Schritt kommt schließlich die Holding ins Spiel, um Risiko und Vermögen zu trennen – das ist eigentlich der Grundgedanke der Holding. Wenn du lediglich eine GmbH führst, lebst du immer mit dem Risiko, dass du dein Geld nicht mehr aus der GmbH herausbekommst oder doch mal eine Klage auftaucht. Durch die Holding bringst du deine Schafe ins Trockene. Ich erinnere mich an einen Unternehmer, bei dem es tatsächlich zu einer Klage kam. Dieser Unternehmer war vor unserer ITHAKA-Strategie in seiner GmbH gefangen. Viel zu viel Geld lag ungenutzt auf seinen GmbH-Konten. Das Geld hatte er jahrelang nicht angerührt, da dies aus seiner Sicht zu hohe Steuern gekostet hätte. Wir haben dann in Windeseile im Rahmen von ITHAKA eine Holding darüber gesetzt und das Geld ausgeschüttet, mit einem Steuersatz von knapp 1,5 Prozent auf die Ausschüttung. – Ja, diese Steuern fallen an, aber die nahm der Unternehmer gerne in Kauf, weil er dadurch das Risiko in seiner Betriebs-GmbH minimieren kann. Wenig später rief er mich aufgeregt an und erzählte mir, dass ihn ein ehemaliger Gesellschafter auf über sieben Millionen Euro verklagt hatte. Die Chancen, dass der Kläger recht bekommen hätte, waren zwar sehr gering, allerdings hätte der Unternehmer vor ITHAKA wohl keine ruhige Nacht mehr gehabt. So war zumindest ein

Großteil seines Geldes vor dem Zugriff der Klage sicher. Es war eine heikle Situation, da im schlimmsten Fall die GmbH durch die Zahlung dieser Summe in Mitleidenschaft gezogen worden wäre. Das Wichtige dabei ist, dass das Umsetzen der ITHAKA-Strategie dir als Unternehmer Sicherheit gibt, um ruhig schlafen zu können. Mit der ITHAKA-Strategie kannst du gelassen an die Sache herangehen, denn selbst wenn der Kläger erfolgreich ist, ist es halb so schlimm. Denn du verlierst nicht alles von heute auf morgen, was du dir über die Jahre aufgebaut hast. Natürlich wäre es schlimm, deine GmbH zu verlieren, aber du würdest eben nicht alles verlieren. Die Holding ist nahezu unantastbar. Dafür dient in erster Linie die Holding – zur Absicherung des Risikos. Du kannst Geld aus der GmbH mithilfe deiner Holding beinahe steuerfrei in Sicherheit bringen. Das bedeutet, dass jegliches überschüssige Geld aus der GmbH genommen wird, es sei denn, es wird als sogenanntes „Working Capital" benötigt."

„Und wenn man sich verkalkuliert und auf einmal zu wenig Kapital in der GmbH zur Verfügung hat?", wundert sich Stefan.

„Auch dafür gibt es natürlich eine Lösung", antwortet Zacharias. „Wenn die GmbH zusätzliches Geld benötigt, kann die Holding dir ein Darlehen gewähren. Das ist zwar möglich, macht die Dinge allerdings komplizierter. Daher lautet unsere Empfehlung, wenn beispielsweise 500.000 Euro zum Ausschütten vorhanden sind, sollte nicht die gesamte Summe ausgeschüttet werden, sondern vielleicht nur 400.000 oder 300.000 Euro, je nach Bedarf. Auf diese Weise bleibt immer ein gewisser Puffer und Arbeitskapital in der GmbH, falls sie in der Zukunft zusätzliches Kapital benötigt. Und keine Sorge, wir haben da genügend Erfahrung, um dir stichhaltige Empfehlungen zu geben, wie viel Geld du sicherheitshalber in der GmbH belassen solltest. Solltest du trotzdem plötzlich mehr Geld benötigen, kannst du dir ein Darlehen von deiner Holding holen. Allerdings ist auch hier Fingerspitzengefühl gefragt, damit du dieses Geld nicht unachtsam deiner Betriebs-GmbH gewährst. Denn wenn die Firma nicht gerettet werden kann, geht auch dieses Darlehen verloren. Du musst als Unternehmer entscheiden, ob du zusätzliches Kapital in die Firma investierst und damit womöglich gutes Geld schlechtem Geld hinterher wirfst oder ob du sie aufgibst. Das ist ein weiterer großer Vorteil einer GmbH: Der Abstand zwischen deinem persönlichen Vermögen und deinem Geschäftsvermögen kann oft helfen, die Situation objektiver zu betrachten und zu erkennen, dass das Unternehmen möglicherweise nicht mehr funktioniert. In solchen Fällen bist du eher bereit, kein weiteres Geld in das Unternehmen zu investieren. Bei einer Einzelfirma hängt oft auch dein persönliches Vermögen in der Haftung mit drin und du neigst dazu, jeden Cent in das Geschäft zu stecken, selbst dein Eigenheim. Das ist bei einer GmbH in der Regel nicht der Fall."

„Spricht klar für die GmbH und die Holding", erkennt Stefan. Jetzt, da er über all diese Risiken der Einzelfirma im Bilde ist, möchte er eigentlich so schnell wie möglich wechseln. Wenn sein Betrieb tatsächlich in Schieflage geraten würde, wäre aktuell sein Haus auch mit dran.

„Du sagst es", bekräftigt Zacharias. „Die Holding ist wie ein Schiff mit mehreren Masten, bei dem im Sturm höchstens mal einer bricht. Das Boot ist sicher und stabil, selbst wenn in einem Teil deines Unternehmens Probleme auftreten, kannst du neue Segel setzen. Im Gegensatz dazu ist die GmbH wie ein Einmaster mit porösem Rumpf. Bricht dieser eine Mast, bist du manövrierunfähig, und bekommt dein Rumpf ein Leck, gehst du schnell unter. Wenn du dein gesamtes Vermögen in eine GmbH steckst, besteht das Risiko, dass Probleme in einem Bereich sich auf das gesamte Unternehmen auswirken können und es in die Tiefe ziehen. Eine GmbH birgt ein höheres Maß an Risiko und Unsicherheit, da sie nicht die gleiche Trennung und Schutz bietet wie eine Holdingstruktur."

„Und das Einzelunternehmen ist wahrscheinlich ein Ruderboot, das der Unternehmer durch eigene Kraft vorwärtsrudert?", führt Stefan die Metapher weiter.

„Genau", grinst Zacharias. „Unter Umständen muss der Unternehmer zwischendrin auch noch Wasser aus dem Boot schöpfen, weil es sonst unter der Last des eigenen Gewichts untergeht. Der Einzelunternehmer hat alle Hände voll zu tun, sein Bötchen irgendwie an der Oberfläche zu halten. Dabei käme er so viel schneller voran, wenn er nicht eigenhändig rudern, sondern die Kraft des Windes nutzen würde."

In ihren eigenen Segeln knattert der Wind und die Gischt spritzt hoch, wenn sie einen Wellenberg durchschneiden.

„Wie gesagt kommt es allerdings auf die individuelle Situation an – wenn man ohnehin noch in ruhigeren Gewässern unterwegs ist, kann auch das Einzelunternehmen zunächst die richtige Wahl sein. Langfristig bietet sich aber meistens eine GmbH mit Holding an. Damit kannst du dann auch den Atlantik überqueren. Oder zum Südpol segeln. Was auch immer dir vorschwebt, mit der Kombination aus GmbH und Holding fährst du sicher und liegst schnittig im Wind."

Stefan schaut auf die Küste zu ihrer linken Seite, die nur schemenhaft zu erkennen ist.

„Verstehe. Je nach Segelroute sucht man sich eben das passende Boot. So ein Katamaran wie dieser fühlt sich auf jeden Fall sehr komfortabel an!"

„Möchtest du ihn mal steuern und selbst die Dinge in die Hand nehmen?", schlägt Zacharias spontan vor.

Stefan fühlt sich wagemutig.

„Na klar, ich bin ausgebildeter Ruderboot-Kapitän und angehender Katamaran-Experte für jeden Wellengang!"

Zacharias muss lachen.

„Lass uns nach vorne gehen!", sagt er und geht voraus zum großen Steuerrad.

Zeit ist die Herausforderung

Stefan klettert Zacharias hinterher. Inzwischen hat er sich an das Schaukeln gewöhnt und fühlt er sich trittsicherer. Beim Steuerrad angekommen sieht er, dass die anderen Unternehmer sich auf den Sitzbänken gemütlich gemacht haben und eifrig miteinander plaudern. Ianna steht breitbeinig am Steuer. Sie trägt eine sportliche Sonnenbrille und eine marineblaue Cap. Auch der Rest ihres Outfits ist in maritimen Blau- und Weißtönen gehalten und bietet einen sommerlichen Kontrast zu ihrer tief gebräunten Haut. Zacharias ruft ihr zu: „Stefan hat angeboten, dich mal abzulösen, Ianna! Magst du ihn kurz einweisen?"

Ianna freut sich über sein Interesse und erklärt Stefan im Schnelldurchgang, auf was er zu achten hat. Ihre Einweisung lässt keinen Zweifel daran, dass sie schon dutzenden Segelanfängern die Grundlagen erläutert hat. Navigationspfeile im Blick behalten, dicht am Wind segeln und dafür sorgen, dass die Segel nicht herunterhängen.

„Alles klar", denkt Stefan, „So schwer scheint das ja nicht zu sein."

Zum Glück bietet der Ozean den perfekten Spielplatz – ein paar Meter links oder rechts führen weder zu Schrammen noch zu wütenden Hupern anderer Verkehrsteilnehmer. Vielmehr ist der Ozean im Vergleich zur Straße ein geduldiger Lehrer und Autofahren hat Stefan schließlich auch gelernt. Ianna überlässt ihm das Ruder und setzt sich schräg hinter ihn, sodass sie eingreifen kann, wenn nötig.

Stefans Blick wandert emsig zwischen dem Navigationsbildschirm, den Segeln und dem Horizont hin und her, um alles im Blick zu behalten. Er probiert aus, was passiert, wenn er ein bisschen nach rechts oder links steuert. Was für ein berauschendes Gefühl, wenn er das Schiff noch dichter an den Wind lenkt und sie spürbar schneller vorankommen! Nach ein paar Minuten entspannt er sich und spitzt die Ohren, um über das Tosen des Windes auch die Unterhaltung der anderen Unternehmer mitzubekommen.

„... und dann habe ich auf einmal gemerkt, was für eine Doppelarbeit das war!", sagt Tom gerade. „Natürlich erledige ich längst nicht mehr die operativen Aufgaben, weil unser Produktionsmanager das viel besser kann. Aber es fiel mir doch schwer, Aufgaben komplett abzugeben. Ich war teilweise weiter involviert, stand im CC, las jede Mail und mischte mich ein, nur um eben das Gefühl zu haben, die Kontrolle zu behalten. Das führte dann dazu, dass sowohl mein Produktionsmanager als auch ich die Produktionsmengen für das kommende Jahr schätzten, anstatt dass ich die Ergebnisse seiner Schätzungen überprüfe, nur um beim selben Ergebnis zu landen. Komplette Zeitverschwendung. Beim ersten Mal ergab das vielleicht noch Sinn, aber ich hätte doch schneller merken können, dass wir tatsächlich jedes Mal als Team doppelt so viel Zeit auf diese Aufgabe verwendeten als eigentlich nötig."

„Aha", notiert Stefan mental. „Es geht also um das altbekannte Thema, inwieweit man seinen Mitarbeitern Verantwortung überlassen sollte."

Unwillkürlich verstärkt er seinen Griff um das Steuerrad. Er steht lieber selbst am Steuer, das ist einfach so. „Wie hast du dich dazu durchringen können, diese Doppelarbeit nicht mehr auszuführen? Mir fällt das auch schwer", hakt Markus nach.

„Der erste Schritt bestand darin, mein Ego ein bisschen zurückzubürsten", gibt Tom zu. „Wenn man einmal genauer darüber nachdenkt, gibst du dem Mitarbeiter sonst ja zu verstehen, dass du dich für kompetenter in dessen Job hältst. Wodurch sich auch der Mitarbeiter nicht motiviert fühlt, die Verantwortung voll und ganz zu übernehmen. Auch wenn ich das vor anderen nicht gesagt hätte, waren diese Gedanken doch unterbewusst tief in mir verankert. Ich war der festen Überzeugung, dass ich im Endeffekt der beste Mitarbeiter für alle anfallenden Aufgaben sei. Dass ich die Brötchen am besten backen würde, den Einkauf am effektivsten planen könnte, am besten verkaufen könnte und dass ich nur aus Zeitmangel nicht alles selbst erledigen konnte. Als ich allerdings mehr und mehr darüber nachdachte, sah ich allerdings ein, dass dem nicht so war und ist. Dass ich aktiv Mitarbeiter einstellen muss, um mir Zeit für die Aufgaben freizuschaufeln, in denen ich wirklich der Beste bin. Und das ist ja auch gut so! Denn warum stellte ich diese Mitarbeiter ein, wenn ich nicht von der Qualität ihrer Arbeit überzeugt war?"

„Das hast du gut auf den Punkt gebracht", bekräftigt Finn. „Mir ging das ganz genauso. Ich habe meine Mitarbeiter jahrelang so sehr kontrolliert, dass sie ihre Flügel nicht ausbreiten konnten. Sie haben sich aufgrund meines Mikromanagements nicht getraut, voll und ganz zu in ihren Verantwortungsbereiches aufzugehen. Erst als ich anfing, ihnen wirklich zu vertrauen, und ihnen die Verantwortung nicht nur formell, sondern auch faktisch übergab, konnten sie ihr wahres Potenzial ausleben. Ich arbeite immer noch daran, besser darin zu werden, Verantwortung an mein Team zu übergeben."

„Das beruhigt mich. Ich habe meine ersten Mitarbeiter gerade erst eingestellt und kämpfe damit, ihnen nicht nur einzelne Aufgaben, sondern komplette Verantwortungsbereiche zu übertragen. Habt ihr da Tipps, wie ich das am besten anstelle?", schaltet sich Mona ein.

Daraufhin prasseln die Vorschläge von allen Seiten auf sie herein.

„Übergib ihnen schrittweise mehr Verantwortung, sodass sie daran wachsen können", rät Tom.

„Mach ihnen klar, dass du immer ein offenes Ohr für ihre Fragen hast. Wenn sie mit Fragen oder Problemen zu dir kommen, frag sie zunächst, wie sie die Situation selbst lösen würden und präsentiere ihnen erst danach deinen Vorschlag – wenn er dann überhaupt noch nötig ist", wirft Finn ein.

„Frag sie selbst, in welchen Bereichen sie sich mehr Verantwortung zutrauen würden", schlägt Lorena vor.

Tom und Jakob werfen gleichzeitig den Unternehmer-Schnelltest in den Raum.

„Hast du den TEMP®-Unternehmertest schon gemacht?", fragt Tom, während Jakob anschließt:

„Und wenn ja, dann arbeite mit diesen Erkenntnissen und du wirst dich und dein Unternehmen ständig verbessern. Ich kenne keine bessere Methode als diese TEMP®-Methode, die dir so schnell und einfach einen Spiegel vorhält."

Stefan fühlt sich wie in einer Klasse voller Streber. Alle ziehen am selben Strang und scheinen eine ähnliche Philosophie zu teilen. Und alle scheinen mit dieser Strategie bisher auch sehr gut gefahren zu sein. Wenn er diese Vorschläge beherzigt, könnte er ja wirklich öfter so einen Segeltrip mitmachen und sich mit strategisch relevanten Themen statt dem Tagesgeschäft befassen. Also vermutlich. Wahrscheinlich würde er erstmal mehr Zeit mit seinen Töchtern verbringen, wenn er nicht mehr den ganzen Tag im Betrieb hocken müsste. Zacharias – dem ja wohl in dieser Konstellation die Rolle des Lehrers zufällt – ergreift nun zum ersten Mal das Wort und lobt seine Schüler:

„Ich könnte euch nicht mehr zustimmen. Wir haben nun einmal alle mehr Ideen, als wir alleine umsetzen können. Sobald wir uns Mitarbeiter an Bord holen, denen wir auch wirklich einen Teil des Unternehmens in die Hände legen, geht alles so viel schneller voran. Klar, es ergeben sich dadurch gerade am Anfang auch Abstimmungsdifferenzen, aber es geht ja um den langfristigen Erfolg. Und langfristig betrachtet ist ein gut koordiniertes Team zweifellos stärker als eine Einzelperson, die ihr Team durch ihren restriktiven Führungsstil ausbremst."

„Harte Worte", denkt Stefan. Er würde sich ungern als Ausbremser bezeichnen lassen. Aber gleichzeitig würde er auch nur ungern als unsichtbarer Zuhörer miterleben müssen, wie seine Mitarbeiter wohl seinen Führungsstil beschreiben, wenn er nicht im Raum ist.

Daher beschließt Stefan nun zum x-ten Mal, seit er das Flugzeug bestiegen hat, den Schnelltest zu machen, sobald er die Zeit dazu hat. Auf das Ergebnis ist er schon mehr als gespannt.

„Es geht ja nicht nur um die Mitarbeiter, knüpft Jakob an. „Es geht doch vielmehr um Arbeitsteilung im Allgemeinen! Das betrifft auch Unternehmenspartner, Mitgründer und andere Beteiligte."

Ein paar der anderen nicken heftig.

„Ein klassisches Beispiel ist das Immobiliengeschäft“, sagt Jakob. „Von Peter und meiner neuen Partnerschaft habe ich euch ja bereits erzählt.“

Er klopft seinem Peter stolz aufs Knie.

„Ich hätte ja allein nie im Leben so viele Immobilien erwerben, geschweige denn verwalten können, wie wir das jetzt gemeinsam tun!“

Nun fühlt sich Stefan vollends wie der Neuling in einer Klasse voller Lieblingsschüler. Partner hatte er noch nie in seinem Unternehmerleben. Am Nächsten kommen dem vielleicht noch sein Vater oder seine Frau, die ihn ja beide umfassend beraten, wenn wichtige Entscheidungen anstehen.

„Das ist wirklich ein klassisches Beispiel. Ich habe so viele Unternehmer kennengelernt, die zu mir in die Beratung kommen und mir vorschwärmen, wie gerne sie in Immobilien investieren“, steuert Zacharias bei. „Und dass sie so gerne noch mehr machen würden, aber einfach nicht die Zeit dafür haben. Da sage ich immer direkt: Musst du wirklich auch Hausverwalter spielen, wenn du die Immobilie schon gekauft hast? Such dir doch jemanden, der das für dich übernimmt und konzentrier dich auf die weniger zeitintensiven Aspekte! – Das markiert nämlich den Unterschied zwischen jemandem, der ein oder zwei Immobilien besitzt und sich über den organisatorischen Aufwand beklagt, und jemandem, der Dutzende Immobilien besitzt und sich nicht einmal groß darum kümmern muss!“

„Eben, mit dem richtigen Partner kann man sich die Rosinen herauspicken, sodass man nur die Aufgaben übernimmt, für die man die Kapazitäten hat und die einem Spaß bereiten!“, bekräftigt Peter und nimmt genüsslich einen Bissen von der Nektarine, die er in der Hand hält. „Klar, so ein Partner kostet dich Geld oder Anteile, aber so ist das nun mal im Leben: Du musst für Dinge bezahlen, die einen Wert haben, doch am Ende erzielst du ja ein viel besseres Ergebnis. Du kannst mit jemandem zusammenarbeiten, der das wirklich professionell macht, der Ahnung hat und weniger Fehlentscheidungen trifft, als du sie als Laie oder Halblaie unvermeidlich treffen würdest. Denn in den Fehlentscheidungen liegt ja das größte Potenzial auf finanzielle Rückschläge.“

Wieder nicken sie alle reihum. Ianna tippt Stefan an und zeigt nach vorn, worauf er das Steuerrad stärker greift und den Kurs korrigiert. Vor lauter Zuhören hat er ganz vergessen, sich aufs Steuern zu konzentrieren. Die anderen werden zur Seite gelehnt und müssen sich festhalten. Er schenkt ihnen ein entschuldigendes Lächeln.

„Fassen wir also zusammen: Delegieren ist der Hebel, um die Wirkung des eingesetzten Kapitals zu verstärken!“, doziert Zacharias. In dem Moment realisiert Stefan, dass in dem Fall ja er an das Steuern delegiert wurde, während die anderen sich dem Gespräch und sich dem Ausblick widmen können. Jetzt weiß er also, wie sich das von der anderen Seite anfühlt. Er wäre lieber auf der Seite, die delegiert. Es macht zwar Spaß, mal das Steuerrad in der Hand zu halten, aber allmählich möchte er sich gerne wieder hinsetzen und einfach die Aussicht genießen.

„Ianna, das hat richtig Spaß gemacht! Möchtest du wieder übernehmen?“, fragt er sie daher. „Klar!“

Damit übernimmt sie wieder das Steuer und Stefan setzt sich zwischen die anderen Unternehmern auf die Holzbank. So lässt sich das Seglerleben doch wesentlich mehr genießen!

Mit Plan und Verstand in Immobilien investieren

Stefan juckt es nun selbst in den Fingern, sich mit Immobilien mehr auseinanderzusetzen. So, wie die Unternehmer hier über Immobilien reden, scheint es ja wirklich ein Leichtes, sich nicht nur ein oder zwei Immobilienobjekte zuzulegen, sondern das sogar mit vermeintlich geringfügigen Mitteln groß aufzuziehen! Er hat sich strategisch direkt neben Peter gesetzt, sodass er ihn zu dem Thema befragen kann.

„Peter, du kennst dich ja mit Immobilien bestens aus", beginnt er das Gespräch. „Für mich ist das Neuland, im großen Stil in Immobilien zu investieren. Was sollte ich denn beachten, wenn ich mich mehr mit dem Thema befassen möchte?", fragt er ihn.

Peter freut sich sichtlich über sein Interesse und gibt ihm gerne eine ausführliche Antwort:

„Bei Immobilieninvestitionen ist es essenziell, deine individuellen Ziele als Investor und die spezifischen Eigenschaften der Immobilie zu kennen, bevor du loslegst. Also, ob du hauptsächlich auf Mietrendite, Wertentwicklung oder Renovierung abzielst. Einige kaufen vielleicht, weil sie glauben, ein Schnäppchen zu machen, ohne sich Gedanken darüber zu machen, was sie eigentlich mit der Immobilie vorhaben. Wenn dein Plan bereits feststeht – beispielsweise eine Immobilie zu erwerben, Renovierungen durchzuführen, die steuerlich geltend gemacht werden können, und sie nach zehn Jahren oder mehr zu verkaufen – ist die Antwort auf die Frage, wohin die Immobilie gehört, klar: in so einem Fall gehört sie ins Privatvermögen. Die Renovierung kannst du steuerlich mit bis zu 50 Prozent absetzen, wenn du den Spitzensteuersatz zahlst, und der Verkauf geht nach der zehnjährigen Haltefrist steuerfrei vonstatten. Wenn du allerdings eine Immobilie für 20 Jahre oder länger halten möchtest oder sogar gar nie verkaufen möchtest und keine Wertsteigerung erwartest, ist es sinnvoller, die Immobilie in eine GmbH zu packen. Das meine ich damit, dass es von der Art der Immobilie abhängt, welche Struktur Sinn ergibt."

Er macht eine kurze Pause, um sicherzustellen, dass Stefan ihm folgt.

„Es gibt also keine Einheitslösung für Immobilien. Die optimale Struktur hängt von den individuellen Umständen und der Immobilie selbst ab. Deshalb ist es wichtig, dass du dir vorher genau überlegst, was du als Investor erreichen möchtest und welche Art von Immobilie du betrachtest. Nur so kannst du die beste Entscheidung für deine Situation treffen. Denn sobald du die Immobilie gekauft hast, hast du sie erst einmal an der Backe. Eine Immobilie ist nicht etwas, dass du nach dem Kauf an die Wand hängst wie ein teures Gemälde und dort bleibt es dann hängen, bis du es gewinnbringend verkaufst. Eine Immobilie ist wie ein Unternehmen. Sobald du sie in deinen Besitz gebracht hast, musst du darauf achten, dass du sie richtig steuerst. Du kannst da viel falsch machen, wenn du einfach ins Blaue hinein handelst. Ich bin selbst oft genug auf die Schnauze gefallen, um zu wissen, wovon ich spreche. Du kannst beispielsweise leicht Fristen verpassen, wie die Dreijahresfrist bei Renovierungsarbeiten. Diese Renovierungskosten dürfen 15 Prozent des Kaufpreises nicht übersteigen, wenn du sie steuerlich optimal absetzen möchtest. Das war ja die Frist, die ich einmal übersehen und mich dadurch finanziell ins Unglück geritten habe. Mittlerweile weiß ich: Ich behandle meine Immobilien vor allem am Anfang wie ein Baby. Ich betreue sie mit vollem Einsatz und habe ein Auge darauf, wie sie sich steuerlich und generell entwickeln. Und vor irgendeiner Art von Entscheidung kontaktiere ich sowieso Zacharias."

„Das klingt zeitintensiv – du kannst dich ja schlecht um alle deine Immobilien so aufmerksam kümmern?", wundert sich Stefan.

„Das stimmt. Bei ein oder zwei Immobilien ist das noch machbar, ab einer gewissen Anzahl an Immobilien übersteigt das deine Kapazitäten als Einzelperson", bestätigt Peter. „Sobald du 50 Wohnungen besitzt, bist du komplett überfordert. Da brauchst du dann ein geeignetes System. Daher empfehle ich eben, deine Immobilientätigkeit als Unternehmen zu sehen. Beim Unternehmen machst du auch nicht die Buchhaltung selbst, aber du verstehst die Zahlen. Du weißt, wie die Bilanz funktioniert, ohne sie selbst geschrieben zu haben. Bei der Immobilie ist es ähnlich. Du musst nicht alles selbst erledigen, aber du musst dieses Grundwissen haben und den Überblick behalten. Steuern sind Chefsache – nicht in der Durchführung, aber im Verständnis. Und im besten Fall teilst du dir diese Beobachterrolle natürlich mit jemandem wie Zacharias. Zacharias und sein Team haben sich auch in diesem Bereich etwas sehr besonderes und in meinen Augen etwas einmaliges einfallen lassen. Mit einem System „Aktive Beratung" wirst du mit pdfs, also kleinen Broschüren zu unterschiedlichen Themen wie Immobilien, den Zaster-Weg, die GmbH, die Holding, die PUK, die Stiftung usw. informiert. Das sind aber keine lieblosen pdfs und keine klassischen langweiligen Info Schreiben, wie du sie vielleicht bisher kennst. Bei jeder Broschüre wirst du mit Fragen und eigenen Videos von Zacharias zu wichtigen Themen herangeführt. Die pdfs funktionieren alle nach dem gleichen Muster. Es werden dir Fragen gestellt und zu jeder Frage kannst bzw. solltest du dir das passende Kurz-Video ansehen. Die Fragen sollen dich zum Nachdenken anregen und mit den kleinen Videos nutzt du die Möglichkeit der Selbstinformation. Mit diesem Wissen kommst du selbst auf eine andere Ebene und bist mit dem Team von Zacharias auf Augenhöhe. Im Dialog und einem eventuellen Beratungsgespräch mit einer Person aus Zacharias Team, die sich auskennt, entstehen ganz neue Lösungen. ‚Wo man sich austauscht, fliegen Ideen', sage ich immer."

„Das klingt ja klasse und ich kann nachvollziehen, dass so ein Dialog dann viel zielführender für alle Beteiligten ist. Vielen Dank für diese Einblicke, die ich sehr spannend finde."

„Da fällt mir noch eine Frage zur Immobilie ein. Was ist, wenn es einmal nicht nach Plan geht? Wenn ich statt nach 20 Jahren doch nach zwei Jahren verkaufen möchte?", wirft Stefan ein.

„Das geht natürlich immer, es kostet dich eben Steuern", gibt Peter zurück.

„Verstehe. Kann ich aber grundsätzlich davon ausgehen, dass eine Immobilie langfristig am besten in der GmbH aufgehoben ist und mittelfristig besser im Privatvermögen?", möchte Stefan wissen.

„Nun ja, das kommt auch auf die Mietrendite an. Teilweise ist die Mietrendite in bestimmten Toplagen sehr niedrig. Wenn du ein Prozent Mietrendite erhältst, kannst du froh sein. So eine Immobilie ist in der Regel nicht für eine GmbH geeignet. Ich habe in meiner Immobilien-GmbH einen Steuersatz von 15 Prozent. Wenn ich nur ein Prozent Mietrendite erziele, kommt da steuerlich am Ende nichts dabei heraus."

„Und warum ist die Mietrendite so niedrig?"

„Weil Immobilien in solchen Toplagen üblicherweise eine Wahnsinnswertentwicklung hinlegen. In den Großstädten kenne ich teilweise Leute, die eine Immobilie für 500.000 Euro gekauft haben und sie zwölf Jahre später für drei Millionen verkaufen konnten. Steuerfrei, versteht sich, sofern sie sie im Privatvermögen untergebracht hatten. Wenn sie die Immobilie in ihrer Immobilien-GmbH platziert hätten, hätten sie 30 Prozent oder zumindest 15 Prozent auf die Veräußerung gezahlt. Und bei einer Mietrendite von einem Prozent und 15 Prozent Steuern auf alle Mieteinnahmen wäre auch während dieser zwölf Jahre nicht wirklich etwas hängen geblieben. Reicht dir das bis hierhin oder möchtest du noch mehr wissen?"

„Also, wenn du noch mehr Tipps hast, würde ich sie liebend gern erfahren."

„Okay, du sagst einfach Bescheid, wenn es dir zu viele Zahlen werden, ja?"

„In Ordnung!"

„Also: Viele wissen nicht, dass sie auch in der sogenannten ‚vermögensverwaltenden GmbH', also in der GmbH, in der sie nur 15 Prozent Steuern bezahlen, auch Immobilien verkaufen dürfen, auf deren Verkaufsgewinn sie dann auch nur 15 Prozent Steuern bezahlen. Dazu musst du nur einiges beachten: Zum Beispiel darfst du nicht gewerblich tätig werden. Sonst solltest du die Immobilie lieber über deine Fix-und-Flip-GmbH abwickeln."

„Das heißt, selbst eine Immobilie mit einer niedrigen Mietrendite könnte in der 15-Prozent-GmbH besser aufgehoben sein?"

„Richtig, nämlich dann, wenn diese Immobilie innerhalb von kurzer Zeit eine beachtliche Wertentwicklung hinlegt oder das zumindest wahrscheinlich ist. Nehmen wir an, du hast ein Haus für 300.000 Euro gekauft und dann kommt jemand, der dir 500.000 Euro dafür bietet. In deinem Privatbereich würdest du nicht verkaufen, weil dich die hohe Steuern auf den Verkauf nerven würden, aber in deiner Immobilien-GmbH zahlst du ja nur 15 Prozent Steuern. In so einem Fall würdest du gerne verkaufen, um dein Vermögen zu mehren."

„Und wie weiß ich, ob ich gewerblich tätig bin oder nicht?"

„Dafür ziehst du im Zweifelsfall jemanden wie Zacharias zurate, weil es echt kompliziert werden kann. Eine Regel ist zum Beispiel, dass du deine Immobilie nicht schon mit der Absicht des Weiterverkaufs erwerben darfst. Und du kannst praktisch schon mit einem einzigen Immobilienverkauf gewerblich tätig werden. Auf der anderen Seite gibt es dann noch die Drei-Objekt-Grenze im Laufe von fünf Jahren. Die gilt übrigens auch im Privatbereich. Doch soviel ich weiß, ist auch diese Grenze nicht eine fixe Grenze, sondern auslegbar, aber zumindest bieten diese drei Objekte einen konkreten Hinweis für deine Gewerblichkeit. Ein anderer Punkt, mit dem ich mich ziemlich intensiv auseinandergesetzt habe, denn diesen haben Zacharias und sein Team in meiner ITHAKA-Strategie extra für mich gestaltet: Wenn du die letzte Immobilie in deiner GmbH verkaufst, bist du sofort bei 30 Prozent Steuern für den Verkauf. Du musst also strategisch dafür sorgen, dass es nicht deine letzte Immobilie ist. Im Zweifel zählt in diesem Sinne auch eine Garage als eine Immobilie. Es kommt zumindest nicht auf den Wert der Immobilie an, die in deiner GmbH bleiben sollte.

Immobilien-Verluste gehören ins Privatvermögen

„Wow! Das ist ganz schön ausgefuchst!", staunt Stefan.

„Ja, oder?", freut sich Peter über das Lob.

„Aber das mit dieser Mietrendite klingt ziemlich kompliziert. Heißt das, die Vermietung von Immobilien ist nicht so lukrativ wie deren Verkauf, oder wie?", fragt Stefan.

„Nicht ganz. Aber ja: Die Mietrendite ist ausschlaggebend und wird von vielen unterschätzt. So kann die Abwicklung von Immobilien über das Privatvermögen auch die richtige Entscheidung sein, wenn die Mietrendite niedrig ist und die Immobilie Verluste macht. Wenn du beispielsweise eine Immobilie besitzt, die Verlust erzeugt, weil die Mietrendite niedrig ist, machst du unter Umständen 50.000 Euro Verlust in der GmbH. Bei der GmbH geht dieser Verlust nicht verloren, er bleibt an ihr haften wie ein Tintenfleck. Macht die GmbH dann irgendwann mal 10.000 Euro Gewinn, musst du diese 10.000 Euro zwar nicht versteuern, weil die Verluste das aufwiegen, aber bei manchen Immobilien kann das Jahre dauern. Bei einer niedrigen Mietrendite erzielst du unter Umständen sehr lange keinen Gewinn. Dieser anfängliche Verlust von 50.000 Euro bleibt also sehr lange in der GmbH, wie ein unerwünschter Gast, der einfach nicht gehen möchte."

„Und wenn ich die Immobilie privat gekauft habe, kann ich diesen ungebetenen Gast einfach vor die Tür setzen?", wirft Stefan ein.

„Genau", grinst Peter. „Im Privatvermögen darfst du diese 50.000 Euro mit deinen anderen Einkünften verrechnen. Wenn du als Geschäftsführer zum Beispiel 100.000 Euro im Jahr verdienst, kannst du diese 50.000 Euro Verlust direkt im ersten Jahr abziehen. Und sparst dadurch Steuern in diesem Jahr. Aus einem ungebetenen Gast ergibt sich so ein Steuervorteil."

Der steuerliche Lebenszyklus einer Immobilie

„Das bedeutet, ich kann Verluste besser abfedern und zusätzlich nach zehn Jahren steuerfrei verkaufen, solange ich die Immobilie privat erworben habe?", fasst Stefan die Vorteile privater Immobilienkäufe zusammen. Sein Haus haben sie erst vor kurzem gekauft und seine Wohnung besitzt er auch noch keine zehn Jahre. Aber die Zeit vergeht schnell und die Aussicht, beispielsweise die Wohnung – die mittlerweile schon etwas im Wert gestiegen ist – steuerfrei zu verkaufen, erscheint ihm verlockend. Er wirft einen Blick zum Horizont. Die Sonne steht schon recht tief, während der Katamaran ruhig über das Wasser auf sie zusteuert.

„Exakt", bestätigt Peter. „In zehn Jahren kann allerdings auch viel passieren. Zacharias und ich sagen immer, dass eine Immobilie drei Lebensphasen durchläuft: Zuerst erfolgt der Kauf, dann die Renovierung beziehungsweise die Instandhaltung und anschließend der Verkauf, entweder an externe Dritte oder natürlich im Idealfall innerhalb deiner Familie, was auch über eine Familienstiftung geschehen kann. All diese Lebensphasen kannst du natürlich steuerlich für dich nutzen."

„Wenn wir mal bei der ersten Lebensphase bleiben, worauf sollte ich beim Kauf achten? Und woher weiß ich, ob ich besser privat kaufe oder über meine GmbH?", will Stefan wissen.

„Nun, die erste Frage für dich ist: In welcher Unternehmensstruktur kaufst du, also ob die Immobilie im Privatvermögen landet oder von deinem Unternehmen erworben wird. Damit du die zweite Möglichkeit überhaupt erst hast, ist es entscheidend, dass du über eine entsprechende Unternehmensstruktur verfügst, die dir solche Investitionen erlaubt. Wenn du keine Immobilien-GmbH besitzt, kannst du nur privat kaufen."

„Logisch."

„Eine Immobilien-GmbH ist wiederum vor allem dann sinnvoll, wenn du eine Holding darüber gebaut hast. Und so beginnt der ganze Prozess... und von Zacharias habe ich eingebläut bekommen, dass ich vor einem Kauf – egal, ob privat oder in einer meiner GmbHs – unbedingt das Team von Zacharias kontaktiere. Da hilft mir heute auch das angesprochene System „Aktive Beratung". Damit wird sichergestellt, dass ich nichts Wichtiges vergesse oder verpasse. Denn bereits vor dem tatsächlichen Kauf beim Notar kannst du deine Steuern optimieren. So kannst du in bestimmten Fällen sogar der Renovierungsgrenze von 15 Prozent bei den Steuern aus dem Weg gehen. Das Schöne ist, dass du und ich gar nicht alles wissen müssen, solange wir uns an ein paar Regeln halten. Die wichtigste Regel ist in meinem Fall, Zacharias bei neuen Ideen so früh wie möglich ins Boot zu holen."

„Da wären wir also wieder", denkt Stefan. Jedes Mal, wenn er in diesem Steuer-Labyrinth meint, einen Ausgang gefunden zu haben, ist er in Wirklichkeit nur wieder tiefer in das Dickicht eingedrungen. Und in der Mitte des Labyrinths scheint er immer wieder auf den gleichen Punkt zu stoßen, GmbHs und Holdings. Vielleicht muss er wirklich bis zum Mittelpunkt vorstoßen, um den Schatz zu finden. Also gibt er schließlich seinen Widerstand auf und nimmt sich vor, sich auf die Immobilien-GmbH-und-Holding-Geschichte einzulassen. Sich also nicht nur mit dem Gedanken einer Immobilien-GmbH anzufreunden, sondern auch mit der Aussicht, eine Holding zu gründen. Mal sehen, was er von Peters Erfahrung mit GmbHs und Holdings lernen kann!

Die Holding mit der Immobilien-GmbH

„Inwiefern macht es denn Sinn, mit der Immobilien-GmbH auch gleich die Holding zu gründen?“, fragt er Peter.

„Es ist schwierig, eine GmbH, die Immobilien besitzt, in eine Holding zu integrieren“, antwortet Peter. „Das ist viel aufwendiger als andersherum. Und aufwändig bedeutet in diesem Fall auch, dass du steuerliche Nachteile inkauf nehmen musst. Deswegen ist es besser, wenn du erst eine Holding gründest und anschließend eine Immobilien-GmbH darunter schiebst.“

„So etwas habe ich mir schon gedacht“, kapituliert Stefan. Dann gibt es die Immobilien-GmbH und Holding wohl am besten im Doppelpack – und in der richtigen Reihenfolge.

„Und was ist mit den Immobilien, die ich bereits privat besitze? Kann ich die dann immerhin in meine neue Immobilien-GmbH einbringen oder ist das dann nicht mehr sinnvoll?“

„Das habe ich Zacharias auch schon einmal gefragt. Seine Antwort war stets: ‚Die Immobilie ist generell dort am besten aufgehoben, wo sie sich befindet.‘“

„Dann hat sich die Überlegung also erledigt“, denkt Stefan. Schön wäre es gewesen. „Das Verschieben von Immobilien geht eben nicht so einfach, wie wir das gerne hätten. Wenn du eine Immobilie vom Privatvermögen in Betriebsvermögen überführen willst, stellt das einen Verkauf dar. Das bedeutet, alle negativen steuerlichen Konsequenzen kommen als Rattenschwanz hinterher. Ich weiß, dass Zacharias den Fall schon hatte und in Spezialfällen ergibt das wohl auch Sinn, aber meistens eben eher weniger. Es fällt unweigerlich Grunderwerbsteuer an, die man mit gewissen Tricks optimieren kann, doch ganz vermeiden kannst du sie nicht. Diese Grunderwerbsteuer sparst du dir folglich, wenn du die Immobilie an Ort und Stelle lässt. Allerdings gibt es natürlich Situationen, die dir keine andere Wahl lassen. Beispielsweise wenn du schnell an Geld gelangen musst, weil du dich scheiden lassen hast oder sich sonst etwas Grundlegendes in deiner Lebensplanung geändert hat. Es ist immer möglich, die Immobilie zu verschieben, es kostet eben Lehrgeld. Das ist der Grund, warum es so entscheidend ist, dir vor dem Immobilienkauf wirklich ausführlich Gedanken zu machen, auf welchem Wege du die Immobilie am besten erwirbst.“

Stefan nickt. Das sind klare Worte. Dann sollte er also vermutlich seine bestehenden Immobilien nicht anrühren und stattdessen sein neues Wissen dafür nutzen, in weitere Immobilien zu investieren.

„Wenn ich nun plane, weitere Immobilien zu kaufen, was sollte ich in dieser ersten Phase – der Kaufphase – sonst noch beachten?“

„Naja, eine weitere wichtige Frage in diesem Stadium ist die der Beteiligung – also, ob du die Immobilie alleine erwerben oder beispielsweise deine Ehefrau involvieren möchtest. Du kannst auch Immobilien mit Freunden oder Unternehmenspartnern gemeinsam erwerben wie Jakob und ich. Das hat unter anderem den Vorteil, dass du nicht alles Kapital alleine aufbringen musst. Es kann auch vermögensmäßig sinnvoll sein, dass beispielsweise deine Frau die Immobilie kauft, besonders wenn du bisher den Großteil des Vermögens besitzt.“

Die Familie einbeziehen

Stefan kann sich durchaus vorstellen, weitere Immobilien gemeinsam mit Anna zu erwerben. Ihr Haus haben sie ja auch zusammen gekauft. Allerdings gibt er damit natürlich einen Teil der Entscheidungsfreiheit ab. Mal schauen, was Peter dazu sagt. Und natürlich müsste er erst einmal herausfinden, was Anna von so einer Idee hält.

„Welche Möglichkeiten gibt es denn, wenn ich gemeinsam mit meiner Frau investieren möchte? Welche Risiken siehst du?"

„Nun ja, in so eine Entscheidung spielen natürlich nicht nur steuerliche Aspekte hinein, sondern auch zivilrechtliche", gibt Peter zurück. „Lapidar gesagt, ob du das wirklich möchtest, dass deiner Frau die Hälfte der Immobilie gehört und ihr alle Entscheidungen hinsichtlich dieser Immobilie gemeinsam trefft. Das musst du dir natürlich gut überlegen."

„Klar, da müsste ich mir erst einmal Gedanken dazu machen. Auch wenn ich mir das spontan gut vorstellen kann", erwidert Stefan. „Und wie kann man das steuerlich am besten gestalten, wenn wir gemeinsam in eine Immobilie investieren wollen?"

„Wenn du gemeinsam mit deiner Partnerin kaufst, solltest du das immer in Form einer GbR tun. Dadurch bekommst du als Ehemann die Hälfte der Anteile und deine Ehefrau erhält die andere Hälfte. Das heißt, diese Anteile kannst du später auch verkaufen, ohne dass gleich die gesamte Immobilie veräußert werden muss. Wenn ihr dagegen wie die meisten Paare privat als Bruchteilsgemeinschaft kauft, kannst du nicht einfach die Hälfte verkaufen. Bei einer Bruchteilsgemeinschaft gehört dir von jedem Quadratmeter der halbe Quadratmeter. Wenn dann einer verkaufen möchte, ist das natürlich nicht so einfach auseinander zu rechnen."

„Das heißt, wenn wir gemeinsam als Ehepaar kaufen, sollten wir es als GbR tun, um keine Nachteile zu haben?"

Wenn er das gewusst hätte, hätten sie ihr Familienhaus niemals auf die konventionelle Art und Weise gekauft. Wenn er nur schon früher mit Peter geredet hätte! Oder besser noch mit Zacharias schon eher in Kontakt gekommen wäre! „Keine Sorge, bei deinem Eigenheim gelten auch noch andere Regeln", kommentiert Peter sein Stirnrunzeln. „Du kannst das auch jederzeit steuerfrei verkaufen, da du es bisher mit deiner Frau selbst bewohnt hast. Auch eine Schenkung deiner Hälfte an deine Frau ist möglich. Bei vermieteten Objekten ist eine GbR jedoch sinnvoll. Das ist ein kleiner Kniff, der euch viele Vorteile bringen kann. In der GbR habt ihr mehr Flexibilität und könnt besser planen, besonders wenn es später um den Verkauf oder andere finanzielle Entscheidungen geht. Beispielsweise könntet ihr auch jederzeit einen Teil der Anteile an eure Kinder verkaufen.

„Clever", denkt Stefan. „Das macht das Ganze viel attraktiver, wenn man so viel Spielraum in der Gestaltung der Eigentümerschaft genießt."

Die Denkmalimmobilie als Steuersparmodell

„Was ist eigentlich mit ‚Denkmalimmobilien'? Da hatte ich erst neulich einen Flyer mit großen Steuersparvorteilen in meinem Briefkasten. Wie sieht es denn damit aus?“, möchte Stefan wissen.

„Viele entscheiden sich für Denkmalimmobilien aufgrund der hohen Abschreibungsmöglichkeiten. Die Abschreibung sollte aber nie dein Hauptgrund sein, warum du eine denkmalgeschützte Immobilie erwirbst. Du solltest sozusagen immer einen zweiten Grund als einen Plan B in der Hinterhand haben. Dieser Grund kann zum Beispiel darin bestehen, dass du die Sanierungskosten steuerlich optimieren möchtest. Wenn du eine denkmalgeschützte Immobilie kaufst und vermietest, profitierst du von steuerlichen Vergünstigungen für die Sanierungskosten. Diese Kosten kannst du über zwölf Jahre als Werbungskosten in der jährlichen Einkommensteuererklärung geltend machen. Stell dir vor, du entdeckst ein attraktives Grundstück mit einer heruntergekommenen Denkmalimmobilie. Derzeit hat das Gebäude keinen Wert und beim Kaufpreis von 300.000 Euro zahlst du hauptsächlich den Wert des Grundstücks. Du investierst insgesamt 1,5 Millionen Euro in die Sanierung dieses Gebäudes. Die Sanierungskosten kannst du über die nächsten zwölf Jahre vollständig abschreiben und die Immobilie dann für mehr als zwei Millionen Euro verkaufen. In den ersten zwölf Jahren gestaltest du die Zahlungsströme geschickt, auch mit Darlehen von dir selbst, und profitierst anschließend von einem steuerfreien Verkauf. Dies ist ein anschauliches Beispiel dafür, wie du deine Steuern für den Aufbau von Vermögen nutzen kannst. Bei Denkmalimmobilien besteht zudem der erhebliche Vorteil, dass du diesen steuerlichen Nutzen auch bei Selbstnutzung genießen kannst – du musst die Immobilie also nicht zwingend vermieten. Du solltest jedoch beachten, dass nur die Sanierungskosten begünstigt sind – die Anschaffungskosten der Immobilie musst du wie bei jeder anderen Immobilie auf 50 oder 40 Jahre abschreiben. Doch selbst bei der Abschreibung gibt es seit neustem steuerliche Kniffe. Mit einem entsprechenden Nutzungsdauergutachten kannst du die Abschreibungsdauer verkürzen. Das habe ich selbst bei einem meiner Objekte in Anspruch genommen und somit statt auf 50 Jahre nur noch auf 20 Jahre abschreiben müssen. In meinem Fall habe ich statt 20.000 Euro Abschreibung jetzt 50.000 Euro Abschreibung. Ohne weiteres Zutun habe ich damit meine Liquidität um 15.000 Euro erhöht und gleichzeitig meine Steuerzahlung um 15.000 Euro reduziert.“

„Und das war so einfach möglich?“

„Das Objekt war natürlich kein Neubau, sondern Baujahr 1952. In solchen Fällen kannst du mit einem Nutzungsdauergutachten, welches die Voraussetzungen deines Finanzamtes erfüllt, deine Abschreibung reduzieren. Den

Tipp habe ich, wie sollte es auch anders sein, aus einer Aktiven Beratung von Zacharias. Dabei habe ich mich zuerst dagegen gesträubt. Schließlich musst du erstens das Gutachten bezahlen und zweitens dachte ich in meiner Naivität, dass ich meine Steuern dadurch nur verlagere. Mehr Abschreibung heute, bedeutet weniger Abschreibung in der Zukunft. Doch jetzt kommt der Clou, in 5 Jahren ist das Objekt abgeschrieben, was werde ich dann tun?"

„Hilf mir auf die Sprünge, ich habe keine Ahnung. Mehr Steuern willst du auf das Objekt wohl nicht bezahlen, oder?"

„Das wäre natürlich auch eine Lösung. Doch es geht viel besser. Ich werde ich in den kommenden 2 Jahren einiges renovieren. Somit meine Steuerzahlungen drücken und als weiteren positiven Effekt den Wert meines Objektes erhöhen. Mein Finanzamt unterstützt mich dabei, indem diese Kosten sich in meiner Steuererklärung voll als Werbungskosten auswirken. Danke liebes Finanzamt. Doch der noch viel bessere Teil ist, dass ich mein Objekt nach Ablauf der Abschreibung an meine Ehepartnerin verkaufe."

„Clever und damit hat deine Frau wieder eine neue Abschreibung und wahrscheinlich machst du dann erneut ein neues Nutzungsdauergutachten, um die Abschreibung von 50 Jahren wieder zu reduzieren, habe ich recht?"

„Richtig, das Finanzamt wird das bestehende dann nicht mehr akzeptieren, aber vielleicht bekomme ich die Nutzungsdauer mit einem erneuten Gutachten dann von 50 auf 35 Jahre reduziert."

„Lieber Peter ich bin baff und beeindruckt. Vielen Dank für diesen kleinen Nutzungsdauer- und Abschreibungs-Exkurs. Das muss sich bei mir kurz setzen. Spannend. Das werde ich mir merken. Aus welchen anderen Gründen könnte eine Denkmalimmobilie interessant sein, falls ich nicht vorrangig auf die steuerlich optimierte Sanierung setzen möchte?"

„Zum Beispiel, wenn du sie später in deine eigene gemeinnützige Stiftung einbringen kannst. Wenn du deine Denkmalimmobilie zur Vermietung genutzt hast, ist dies nach zehn Jahren steuerfrei möglich. Du spendest die Immobilie also an deine Stiftung. Dabei kannst du dir maximal einen Spendenabzug von einer Million als Lediger beziehungsweise zwei Millionen Euro als Ehepaar sichern, abhängig vom Wert deiner Schenkung und deinem Familienstand. Dies ist möglich, weil der Denkmalschutz als gemeinnütziger Zweck gilt."

„Das heißt allerdings, dass ich die Denkmalimmobilie dann nicht mehr verkaufen darf?"

„Das stimmt, das ist der wesentliche Unterschied. Diese Option könnte ideal sein, wenn du deine Denkmalimmobilie ohnehin nicht verkaufen möchtest, weil du eine starke emotionale Verbindung dazu aufgebaut hast. Die notwendige Liquidität erhältst du dann über die Steuererstattung. Den erhaltenen

Spendenabzug kannst du innerhalb der nächsten zehn Jahre flexibel in deiner Steuererklärung verteilen. Auf diese Weise kannst du mögliche höhere Steuerbelastungen durch den steuerpflichtigen Verkauf anderer Immobilien oder Abfindungszahlungen ausgleichen und dir Steuervorteile sichern. In jeder ausgewogenen Steuerstrategie sollte eigentlich eine Denkmalimmobilie integriert sein. Eine Denkmalimmobilie ist nicht nur eine Investition, sondern eine Herzensangelegenheit mit dem erheblichen Vorteil, ein echtes Steuersparmonster zu sein. Dies geschieht zu Beginn durch geschickte und optimierte Sanierungsabschreibungen und später durch die Schenkung an die eigene gemeinnützige Stiftung. Bei einer hochwertigen Denkmalimmobilie besteht die Möglichkeit, dass du über einen bestimmten Zeitraum die gesamten Kosten über die Steuern zurückbekommst. Gleichzeitig behältst du über die Stiftung die Kontrolle über deine Denkmalimmobilie."

„Das klingt wirklich attraktiv. Welche Nachteile bringt eine Denkmalimmobilie mit sich? Also worauf sollte ich achten?"

„Zum einen sind Sanierungskosten oft schwer abzuschätzen und du darfst auf keinen Fall die Auflagen unterschätzen – beides halten oft unangenehme Überraschungen bereit, die dich erst im Laufe der Jahre treffen. Und wenn du eine bereits sanierte Denkmalimmobilie kaufst, sind die Preise häufig übertrieben hoch. Die Unternehmen, die auf Denkmalimmobilien spezialisiert sind, nutzen die Steuervorteile oft zu ihrem eigenen Vorteil. Viele Käufer erwerben auf diese Weise überbewertete Immobilien und bemerken dies erst nach zehn oder mehr Jahren, wenn sie versuchen, ihre Denkmalimmobilie steuerfrei zu verkaufen. Natürlich sparen sie sich die Steuer, aber unter Umständen erhalten sie ihr Anfangsinvestment nicht in dem Umfang zurück, den sie sich erhofft haben."

Der perfekte Mix: Immo GmbH & Privatvermögen

„Das war jetzt verdammt viel Theorie, aber anders als erwartet, alles andere als trocken", denkt Stefan überrascht. Jetzt hat er jede Menge Trümpfe in der Hand, die er zu einem beliebigen Zeitpunkt ausspielen kann. Wenn Plan A nicht funktioniert, hat er einen Plan B in der Hinterhand. Und einen Plan C in der Hosentasche. Nun möchte Stefan wissen, wie Peter seine Unternehmensstruktur selbst aufgebaut hat.

„Du hast mir bei unserer Unterhaltung am Gepäckband erzählt, dass du selbst in eine Vielzahl an Immobilien investiert hast, sowohl mit deiner Frau als auch über eine Immobilien-GmbH und Holding. Wie gehst du vor, wenn du über deine GmbH und Holding investierst?"

Peter grinst schelmisch.

„Tatsächlich besitze ich nicht nur eine Immobilien-GmbH über die Holding, sondern sogar zwei."

Stefan kann an diesem Punkt nichts mehr überraschen. Wenn man eine GmbH besitzt, wieso sollte man sich dann nicht gleich eine zweite zulegen? Eine Antwort auf die Frage nach dem Warum hätte er allerdings schon gerne.

„Und wofür brauchst du ausgerechnet zwei GmbHs?", hakt er also nach.

„Nun ja, die eine GmbH ist meine klassische Immobilien-GmbH, über die ich meine Immobilien verpachte und vermiete und dabei nur 15 Prozent Steuern zahle", antwortet Peter. „Und die andere GmbH ist eine sogenannte Fix-und-Flip-GmbH – ich hatte sie vorhin schon mal kurz erwähnt. Diese GmbH verwende ich ausschließlich dafür, Immobilien zu erwerben, mit meinem Baumaterialienbetriebs zu sanieren und direkt wieder mit Gewinn zu verkaufen. Dabei handelt es sich stets um recht kurze Zeiträume, die zwischen An- und Verkauf vergehen. Daher ist es nicht sinnvoll, sie privat zu erwerben, da ich ja zehn Jahre auf die Steuerfreiheit warten müsste."

„Das heißt, du nimmst Steuern in Kauf, kannst dafür aber schneller verkaufen?", fragt Stefan.

„Richtig. Ich zahle zwar Steuern, aber weniger, als wenn ich die Immobilie vor Ablauf der zehn Jahre privat verkauft hätte. In meiner Fix-und-Flip-GmbH zahle ich nämlich nur 30 Prozent Steuern. Das ist immer noch günstiger, als wenn ich diese Verkäufe privat mit bis zu 50 Prozent versteuern müsste. Der Clou dieses Konstrukts ist, dass ich extrem flexibel bin. Ich kann bei jedem Immobilienkauf entscheiden, wo ich sie platzieren möchte – in der Fix-und-Flip-GmbH, der Immobilien-GmbH oder im Privatvermögen. Abhängig von meinen Zielen und steuerlichen Überlegungen kann ich so jede Immobilie strategisch unterbringen. Ich bin nicht mehr gezwungen, eine Immobilie privat zu kaufen, weil ich schnell zuschlagen möchte und keine Zeit habe, eine entsprechende Unternehmensstruktur aufzubauen, so wie ich das früher gemacht habe. Nur um dann zu merken, dass ich sie ja sanieren und schnell wieder verkaufen möchte. Wodurch mir steuerliche Nachteile entstehen, die ich in der Fix-und-Flip-GmbH hätte vermeiden können. Es ist wie ein Schachspiel, bei dem ich ja auch verschiedene Spielfiguren wählen kann. Wenn ich diagonal einmal über das ganze Schachfeld rauschen möchte, nehme ich den Läufer, während der Springer über andere Figuren springen und über die Ecke schlagen kann."

„Ich bin dann wohl der Bauer, der immer nur ein Feld pro Runde vorwärts kommt", denkt Stefan die Metapher weiter. Wenn er nicht gerade geblockt wird. Da hätte er natürlich auch gerne mehr Figuren zur Auswahl!

Er kommt nicht dazu, dem Gedanken weiter zu folgen, da sie in eine Bucht einlaufen. Er vereinbart mit Peter, dass sie ihr Gespräch morgen fortführen. Während das Team an Bord das Abendessen vorbereitet, gehen sie noch eine Runde schwimmen. Stefan legt sich auf den Rücken und lässt sich treiben. Trotz des Gefühls, dass die anderen Unternehmer im Voraus sind, beflügelt ihn die Vorstellung, welche Möglichkeiten sich ihm eröffnen, wenn er sein frisch erworbenes Wissen in die Tat umsetzt. So leicht hat er sich schon lange nicht mehr gefühlt.

Die Zeit vergeht im Nu, die Sonne verschwindet hinter dem Horizont und Stefan ist erfüllt von jeder Menge Eindrücke, die er erst einmal verarbeiten möchte. Nachdem er sich vergewissert hat, dass es Anna und den Mädchen bestens geht, schläft er innerhalb von weniger als einer Minute ein.

Ein großes Vermögen mit Immobilien aufbauen

Am nächsten Morgen springt Stefan direkt vom Katamaran ins Wasser und kann sein Glück kaum fassen: Was für ein Luxus, den Tag mit einem Sprung ins kühle Nass zu beginnen! Nach dem Frühstück nehmen sie Kurs aufs offene Meer und Stefan greift sich Peter für eine Fortsetzung ihres Gesprächs.

Während seiner Schwimmrunde hat er sein neu erworbenes Wissen Revue passieren lassen. Seine Überlegungen drehen sich nun vor allem darum, wie er mithilfe einer Holding und einer Immobilien-GmbH relativ zügig ein großes Immobilienvermögen aufbauen könnte. Wenn er die Gewinne aus seiner „Stefan Mayer Sanitärinstallationen e. K." – sobald er sie in eine GmbH umgewandelt hat – kontinuierlich steueroptimiert in weitere Immobilien investiert, müsste das recht schnell ablaufen! Die Vorstellung berauscht ihn. Der innere Kritiker fordert zwar noch konkrete Anleitungen, aber die Fraktion der Begeisterten hat schon mal die Luftballons ausgepackt, um seine neuen Erkenntnisse zu feiern. Peter hat sich entspannt zurückgelehnt und schlürft voller Hingabe an seinem zweiten Kaffee. Dieser Mann weiß, wie man genießt! Der Wellengang hat sich gelegt, eine leichte Brise zieht sie gemächlich übers Meer, sodass der Kaffee nicht überschwappt. Auch die anderen Unternehmer und Zacharias haben sich größtenteils wieder auf dem Deck versammelt, sie lesen ein Buch oder genießen den Ausblick. Am Handy hängt niemand, wie Stefan zum ersten Mal erstaunt bemerkt. Scheinbar haben sie ihre Geschäfte so gut unter Kontrolle, dass sie ihren Urlaub unbeschwert genießen können.

„Wir waren gestern beim Thema Immobilien-GmbH und Privatvermögen stehen geblieben. Deine Erklärungen haben mich ungemein motiviert, das einmal selbst auszuprobieren", beginnt Stefan. „Könntest du mir da einmal Schritt für Schritt erklären, wie dieses Spiel mit den verschiedenen GmbHs, der Holding und meinem Privatvermögen aussehen könnte?"

„Nichts lieber als das. Ich will es zumindest versuchen, aber vergiss nicht, dass jeder Einzelfall individuell ist. Zum Beispiel habe ich bisher in meinem Konstrukt noch keine Stiftung berücksichtigt. In naher Zukunft könnte das jedoch der Fall sein. Mal schauen, was da noch alles kommt. Doch erstmal zu deiner Frage, wie das mit den verschiedenen GmbHs, der Holding und dem Privatvermögen im Detail aufeinander aufbaut. Unterstellen wir mal, du hättest einige Schritte schon erledigt. Mit Zacharias Hilfe geht das ja auch echt schnell. Du hast also eine Holding gegründet, dein Einzelunternehmen in eine GmbH verwandelt und die wirft jetzt stetig Gewinne ab, die in die Holding hochwandern. Gleichzeitig hast du ein gewisses Privatvermögen zur Verfügung. Damit befindest du dich schon auf der Spielwiese, wo sich dir insbesondere in Bezug auf Immobilien die verschiedensten Möglichkeiten bieten", beschreibt Peter. „Nun eröffnet sich für dich die Möglichkeit, Geld aus der Holding als Darlehen für einen privaten Immobilienkauf zu erhalten. So kannst du wieder auf das Geld zugreifen, das du ursprünglich in der GmbH als Gewinn erwirtschaftet hattest! Du erstellst einfach einen Darlehensvertrag, mit dem du Zinsen an deine Holding zahlst. Du kannst auch eine Tilgung vereinbaren, Zacharias empfiehlt aber meist ..."

„... die Tilgung für zehn Jahre auszusetzen", beendet Zacharias selbst den Satz.

Stefan war so vertieft in ihre Unterhaltung, dass er gar nicht bemerkt hat, dass er ihnen gegenüber mit hochgelegten Beinen auf der Sitzbank Platz genommen und offensichtlich ihrem Gespräch gelauscht hat.

„Da die Holding deine eigene Bank ist, kannst du das frei entscheiden", schiebt Zacharias hinterher. „Wichtig ist dabei immer nur, dass du dich selbst nicht zu sehr bevorteilst, die Bedingungen also ‚fremdüblich' sind – so der Fachjargon' – und der Darlehensvertrag tatsächlich auch wie vereinbart durchgeführt wird. Klingt so einfach, doch genau daran scheitert es oft."

„Genau", stimmt Peter wieder ein. „Nehmen wir jetzt an, die Holding verfügt über zwei Millionen und du willst davon eine Immobilie kaufen. Wäre es jetzt klug, diese zwei Millionen als Darlehen zu nehmen und damit im Privatvermögen eine Immobilie zu erwerben?"

Zacharias weiß natürlich schon, worauf Peter hinaus will, während Stefan noch im Dunkeln tappt.

„Das kann auch unter gewissen Umständen sinnvoll sein. Du zahlst zum Beispiel fünf Prozent Zinsen oder mehr und kannst Tilgungsfreiheit vereinbaren. Und das Darlehen zum Beispiel auf zehn Jahre endfällig vereinbaren, sodass du den Betrag erst am Ende der Laufzeit bezahlen musst. Je nach Situation kann es aber auch klüger sein, das geringstmögliche Darlehen von deiner Holding aufzunehmen und das restliche Kapital vorerst in der Holding zu lassen. Gegenüber einer fremden Bank ist das Darlehen von deiner Holding Eigenkapital und kein Fremdkapital. So verfügst du über einen wirkungsvollen Hebel gegenüber deiner Bank."

Soweit war Stefan mitgekommen. Wieso aber sollte er zusätzlich die Bank einschalten, wenn er über die Holding bereits ausreichendes Kapital zur Verfügung hat?

„Angenommen, deine Bank verlangt 15 Prozent Eigenkapital", übernimmt Zacharias das Wort, als hätte er Stefans Gedanken geahnt. „Also gewährst du dir von der Holding ein Darlehen über 300.000 Euro. Durch diesen Hebel hast du nun aus Sicht deiner Bank 300.000 Euro in deinem Privatvermögen.

Wenn du zur Bank gehst und einen Kredit für die verbleibenden 1,7 Millionen Euro beantragst, hast du immer noch 1,7 Millionen in der Holding."

„Die ich für weitere Immobilieninvestitionen nutzen kann", entfährt es Stefan. „Das ist wirklich raffiniert!"

„Und zusätzlich kannst du die Zinskosten steuerlich geltend machen", setzt Zacharias noch einen drauf.

Sie grinsen sich einen Moment zu dritt an wie Abenteurer, die gerade Eldorado entdeckt haben.

„Wenn der Zinssatz des Darlehens an dich selbst beispielsweise fünf Prozent beträgt, sind das 15.000 Euro pro Jahr ", rechnet Peter vor. „Der Clou dabei: Die 15.000 Euro kannst du bei einem privaten Steuersatz von 50 Prozent steuerlich absetzen und auf der anderen Seite musst du nur 30 Prozent Steuern darauf in der Holding zahlen. Das Ergebnis? Du hast keine Belastung, sondern erzielst eine Rendite. Zwar mag die Rendite auf die 15.000 Euro mit 20 oder 15 Prozent relativ gering erscheinen, aber bei 20 Prozent wären das 3.000 Euro im Jahr. Du verfügst also über zusätzliche 3.000 Euro. Ist das nicht genial? Du gibst dir selbst ein Darlehen und hast dann durch den Zins eine wunderbare Geldvermehrung, also eine feste Rendite auf deinen Zins und das können 20 Prozent sein oder mehr. Mehr nämlich dann, wenn du auf der Einnahmenseite noch weniger als 30 Prozent, z.B. 15 oder sogar 0 Prozent bezahlen musst. Das bekommst du nirgends, zumindest nicht mit dieser Sicherheit. Wenn du die 15.000 Euro Zinsen an einen Dritten zahlst statt an deine Holding, bleibt nichts übrig. Ganz im Gegenteil, in der Summe verlierst du circa 7.500 Euro – denn du zahlst die 15.000 Euro Zinsen ja an die Bank – die 50 Prozent steuerliche Anrechnung im Privaten bleibt davon natürlich unberührt, deswegen nur 7.500 Euro miese. Der Unterschied zwischen minus 7.500 und plus 3.000 Euro zeigt, welche Vorteile dir diese Vorgehensweise bietet. An diesem einfachen Beispiel kannst du sehen, dass die Entscheidung, wie viel Kapital du aus deiner Holding nimmst, gar nicht so einfach ist. Wenn du in dem gleichen Beispiel die kompletten zwei Millionen aus deiner Holding nimmst, zahlst du jährlich 100.000 Euro – also fünf Prozent – Zinsen an deine Holding und erzielst bei 20 Prozent eine feste Rendite von 20.000 Euro. Bei der fremden Bank hast du minus 50.000 Euro, das ergibt sich aus den minus 100.000 Euro Zinsen, wovon du 50.000 Euro vom Finanzamt erstattet bekommst. In der Summe macht das einen Unterschied von 120.000 minus 50.000, also 70.000 Euro, die du zusätzlich zur Verfügung hast, und das jedes Jahr. Ein weiterer Pluspunkt: Du hast zwar eine dritte Bank im Boot, aber der Clou besteht darin, dass deine Holding sofort die Tilgung gegenüber deiner Bank übernehmen kann. Voraussetzung ist natürlich, dass deine Holding das notwendige Kapital auch hat."

Eine weitere Wendung, die Stefan nicht vorhergesehen hat.

„Das heißt, ich habe im Privatbereich gar keine Belastung?"

„Genau, weil es der Bank nämlich egal ist, woher sie ihr Geld bekommt", bestätigt Zacharias. „Unterstellen wir mal, die fremde Bank verlangt für 1,7 Millionen 5.000 Euro Tilgung im Monat. Diese 60.000 jährliche Tilgung im Jahr zahlt deine Holding und erhöht gleichzeitig deine Verbindlichkeit gegenüber deiner Holding um 60.000 Euro, da du bei deiner Holding eben nicht tilgst. Die Konsequenz ist, dass du am Ende in deiner Holding eine Forderung an dich von zwei Millionen Euro stehen hast und du jedes Jahr mehr Zinsen an deine Holding bezahlst. Ist das schlimm? Nein, wie du gerade erfahren hast, ist der Zins an deine Holding eine hohe und garantierte Rendite ... Du hast mit zwei Millionen aus der Holding eine Immobilie für zwei Millionen in deinem Privatvermögen gekauft. Nach zehn Jahren oder mehr kannst du die Immobilie steuerfrei verkaufen, damit deinen Kredit bei der Holding tilgen und die Gewinne aus dem Immobilienverkauf steuerfrei in deinem Privatvermögen behalten. Selbst wenn du sie nicht verkaufst, ist das nicht schlimm. Denn du kannst diesen Vertrag mit deiner Holding immer um zehn Jahre verlängern, immer tilgungsfrei. Du tilgst nie."

„Fordert das Finanzamt nicht irgendwann die Tilgung ein?", fragt Stefan ungläubig.

„Das Finanzamt hat ja den Gegenwert – die Sicherheit auf deine private Immobilie", entgegnet Zacharias. „Das ist auch das Umdenken für dich: Wenn du das Spiel weitertreibst, hast du irgendwann womöglich zehn Millionen Verbindlichkeiten gegenüber deiner eigenen Holding. Das ist aber nicht schlimm, im Gegenteil. Du hast auf der anderen Seite auch zehn Millionen Vermögen in Form von Immobilien."

„Das ist die Gedankenumstellung, die stattfinden muss, um extrem schnell Vermögen aufzubauen. Es hat bei mir auch gedauert, bis ich mich daran gewöhnt hatte", wirft Peter ein. „Du hast sozusagen ‚gute Schulden'. Es mag wie ein Paradox erscheinen, aber es gibt tatsächlich gute und schlechte Schulden. Diese Verbindlichkeiten gegenüber deiner eigenen Holding sind gute Schulden. Weil du sie gehebelt hast und zu deinem Vorteil einsetzt."

Stefan ist erneut beeindruckt. In seinem Kopf arbeitet es gerade richtig. Gerade wenn er beginnt, einen geschickten Schachzug zu durchschauen, eröffnet ihm Zacharias eine völlig neue Dimension.

„Was ist mit der Bank – spielt die da einfach mit?"

„Auch die Bank versteht das System", erklärt Zacharias. „Sie sieht vor allem, dass du viel mehr Geld und Sicherheiten zur Verfügung hast! Du verfügst über erheblich mehr Geld, als wenn du alles über den Privatbereich machst, in dem du zunächst hohe Gewinne erzielen musst, bevor du bei der Bank tilgen kannst. Mit der Holding könntest du theoretisch mehr tilgen – musst aber nicht. Dennoch hat die Bank eine größere Sicherheit. Es zählt allein, dass du mehr tilgen könntest. Die Bank spielt bei diesem Spiel gerne mit. Du siehst, wie wunderbar du das alles kombinieren kannst. Wir betonen stets, dass im Privatbereich Steuersätze von 50 Prozent möglich und vollkommen in Ordnung sind. Solange alles, was zusätzlich optimiert wird, in niedrigeren Steuersätzen landet. Die Möglichkeit ist entscheidend, diesen Unterschied zu den hohen Steuersätzen auszunutzen. Je größer die Differenz zwischen unterschiedlichen Steuersätzen ausfällt, desto mehr profitierst du.

Ihr habt doch anfangs von Stiftungen gesprochen, nicht wahr? – Da wird es noch bunter. Denn du kannst bei einer Stiftung die Rendite auf deine eigenen Zinsen nochmals um 15 Prozent erhöhen. Warum? Weil die Stiftung, in dem Falle die Familienstiftung, nur 15 Prozent Steuern bezahlt. Doch ich glaube, dein Kopf hat jetzt erst mal genug von Zahlen, Stefan. Insgesamt ist das Spiel sehr komplex und benötigt auch Zeit. Das ist nichts, was du mit einem Coaching oder einem Buch gleich verstehen kannst. Aber dafür gibt es ja unsere hauseigene ITHAKA-Strategie", schließt Zacharias mit einem Lächeln ab. Stefan kann ihm nur zustimmen, fürs Erste schwirrt ihm von den ganzen Zahlen der Kopf.

Die Holding: Ein Gerüst, was dich zum Wachsen anregt

Eine Frage, auf die er noch keine abschließende Antwort erhalten hat, liegt Stefan aber noch auf der Zunge, bevor er die Sache ruhen lassen kann:

„Wie ist das mit der Holding – brauche ich die Holding auf jeden Fall oder kann ich sie zumindest am Anfang irgendwie umgehen?"

„Wahrscheinlich ahnst du mittlerweile meine Antwort", geht Zacharias darauf ein. „Mir ist immer wichtig, dass ein Unternehmenskonstrukt mit einer Holding in Form einer GmbH oder sogar Stiftung nicht das Allheilmittel ist. Auch hier ist es immer individuell. Wenn du und/oder wir gemeinsam in deinem Fall zu dem Schluss kommen, dass die Holding das richtige Konstrukt ist, dann ist es natürlich sinnvoll, diese Holding auch zu gründen, bevor du weitere Immobilien anschaffst. Als Unternehmer kann die Holding für dich besonders relevant sein, nicht nur aus der Perspektive der Immobilien. Wenn du dich ausschließlich mit Immobilien beschäftigst, könnte die Immobilien-GmbH möglicherweise ausreichen. Einige Investoren sammeln ihr gesamtes Vermögen in einer solchen Immobiliengesellschaft, aber ich kann es nicht unbedingt empfehlen. Aber auch das ist keine pauschale Empfehlung, sondern hängt immer von individuellen und persönlichen Verhältnissen, deinen Zielen und Wünschen ab. Mit Immobilien als direktem Besitz hast du tendenziell weniger Risiken, da du nicht so anfällig für Klagen von fremden Dritten bist wie als Unternehmer. Auch kann deine Immobilie in der Familienstiftung oder sogar in einer gemeinnützigen Stiftung perfekt aufgehoben sein. In der gemeinnützigen Stiftung könnte gerade eine Denkmalimmobilie das perfekte Match für dich sein. Doch das ist ein ganz anderes Thema, jetzt erstmal zurück zur Holding. Die bietet auf jeden Fall eine zusätzliche Sicherheitsschicht und du minimierst dadurch deine Risiken. Auch wenn die Holding Kosten verursacht, sind diese in der Regel im Vergleich zu den Vorteilen vernachlässigbar. Die Holding ist ein wichtiges Instrument, um deine Investitionen zu schützen, deine Risiken zu minimieren und deine Geldflüsse steuerlich optimal zu gestalten."

„Vor allem ist die Flexibilität, die dir die Holding verleiht, wirklich unbezahlbar" stimmt Peter mit ein. „Stell dir vor, du kannst nicht nur in Immobilien investieren, sondern auch in aufstrebende Unternehmen oder andere renditestarke Vermögenswerte. Die Holding gibt dir die Freiheit, dein Portfolio gezielt zu gestalten und breit zu fächern. So bist du nicht nur auf einen Markt oder eine Branche beschränkt, sondern kannst Chancen in verschiedenen Sektoren nutzen. Das eröffnet ganz neue Horizonte für dein Vermögenswachstum und reduziert gleichzeitig das Risiko."

Stefan muss zugeben, dass er schon immer davon geträumt hat, nicht nur Einzelunternehmer zu sein, sondern vielleicht auch als Investor tätig zu werden. Was ihn bisher abgeschreckt hat, ist vor allem das Risiko und seine Unerfahrenheit auf dem Gebiet. Mit Zacharias an seiner Seite könnte er sich allerdings in diesen Bereich vortrauen. Peter ist unterdessen in seiner Schwärmerei nicht aufzuhalten:

„Und ist das nicht das höchste der Gefühle, seine eigene Holding zu besitzen? Jedes Mal, wenn ich den Namen in einem Dokument auftauchen sehe, freue ich mich. Allein schon der Name – ‚PM Holding' habe ich meine genannt, nach meinen Initialen. Stell dir das mal vor, eine ‚SM Holding' oder eine ‚Stefan Mayer Invest Holding'!"

„Das wäre natürlich eine Nummer", denkt Stefan. Wobei er bei der Abkürzung SM schmunzeln muss, das könnte missverstanden werden. Er kommt sich wieder vor wie im Klassenzimmer mit dem Streber und dem engagierten Lieblingslehrer, als Zacharias jetzt auch noch einstimmt.

„Diesen positiven Effekt kann ich bestätigen. Ich habe das selbst erlebt mit meiner Holding und sehe es regelmäßig bei den Unternehmern, die wir betreuen. Es ist ein fantastisches Gefühl, seine eigene Holding zu erschaffen. Die Entwicklungsmöglichkeiten sind schier endlos. Vielleicht konzentrierst du dich zunächst auf Immobilien, aber plötzlich entdeckst du neue Geschäftsbereiche für dich und möchtest deine Ausrichtung ändern. Die Holding ist wie ein Katalysator für dein Wachstum – deine Ambitionen und Möglichkeiten werden durch sie geradezu provoziert. Vor allem aber bildet sie das Gerüst, auf dem du deine Expansionspläne aufbauen kannst. Ohne dieses Gerüst würdest du vielleicht niemals auf die Idee kommen, Immobilienunternehmer zu werden oder in andere Unternehmen zu investieren. Sobald die Holding da ist, siehst du Möglichkeiten, die du vorher nicht mal im Ansatz in Betracht gezogen hast, sie legt gewissermaßen den roten Teppich für dein Wachstum aus. Dabei geht es nicht nur um Vermögens- oder Umsatzwachstum, sondern auch um persönliches Wachstum durch die Herausforderungen, die du meisterst."

„Das klingt irgendwie zu schön, um wahr zu sein."

„Ist es nicht, glaub mir. Du meintest vorhin, dass du dich Schritt für Schritt vorwagen möchtest – das ist mehr als vernünftig und nachvollziehbar. Wandel zuerst dein Einzelunternehmen in eine GmbH um und setz anschließend die Holding drüber, danach gibst dir aus dieser Holding heraus Immobiliendarlehen. Du kannst allein schon in dieser Zweierkonstellation von einigen grandiosen Vorteilen profitieren. Zum Beispiel könntest du auch deinen Kindern oder deiner Frau ein Darlehen geben."

„Wow, so langsam verstehe ich, wofür ich meine Holding alles einsetzen könnte. Dazu käme dann noch die Immobilien-GmbH, nicht wahr?"

„Das würde in deinem Fall der darauffolgende logische Schritt, genau", bemerkt Zacharias. „Wir ermuntern Unternehmer oft dazu, Immobilien zu erwerben, die sie bisher mieten. Wenn die GmbH das finanziell stemmen kann, lohnt es sich immer. Es ist Teil beinahe jeder ITHAKA-Strategie, die wir erstellen. Statt deine Bürogebäude und Lagerhallen zu mieten, erwirbst du sie über die Immobilien-GmbH. Selbst bei Internetunternehmen wie Monas Firma, die aktuell noch keine physischen Räumlichkeiten benötigt, ist das eine attraktive Lösung, die wir demnächst umsetzen. Denn wer weiß, ob sie nicht morgen doch ein Büro benötigt? In der Zwischenzeit kann Mona die Büroräume an Start-Ups vermieten, an denen sie sich beteiligt. Auch bei der Bank wird das für Mona vollkommen neue Finanzierungsmöglichkeiten eröffnen. Die Bank unterstützt das, wenn du dein Vermögen vermehrst und nicht an externe Dritte zahlst. Generell ist Flexibilität der Kern der ITHAKA-Strategie. Selbst wenn du die Immobilie für dein eigenes Unternehmen irgendwann nicht mehr benötigst – sei es, weil du expandierst und eine größere Halle benötigst – kannst du sie an externe Unternehmen vermieten. Die Vermietung erfolgt weiterhin zu einem attraktiven Steuersatz von 15 Prozent. Diese Strategie ermöglicht nicht nur die optimale Nutzung der Immobilien, sondern auch eine kontinuierliche Einnahmequelle durch die Vermietung an Dritte."

„Notiert", denkt Stefan. Also braucht er sowohl die Holding als auch die Immobilien-GmbH. Damit sollte er für den Anfang gerüstet sein.

„Das Beste ist aber, dass du durch die Immobilien-GmbH die Miete, die du für deine Büroräume oder Lagerhallen zahlst, in etwas Positive verwandelst!", fügt Peter hinzu, wobei ihm vor Aufregung fast der Kaffee aus der Tasse schwappt. „Weil du sie an dich selbst zahlst. Ich habe gerade einen Anbau an mein Büro geplant und ich freue mich schon darauf, die Miete zu verdoppeln, wenn er fertig ist. Lass dir das mal auf der Zunge zergehen: Wenn ich die Immobilie mieten würde, hätte ich stets Sorge, dass der Vermieter die Miete erhöht. So aber freue ich mich über jede Mieterhöhung, denn sie bringt weiteres Steueroptimierungspotenzial mit sich! Ich kann 30 Prozent meiner Mietausgaben bei der Steuer absetzen, während ich in der Immobilien-GmbH meine Gewinne nur mit 15 Prozent versteuere. So erhalte ich Jahr für Jahr eine hohe, kalkulierbare Rendite in der eigenen Vermietung an mich selbst. Stark vereinfacht bedeutet das konkret: 200.000 Euro Mieteinnahmen kosten mich in der Immo-GmbH 30.000 Euro Steuern und gleichzeitig kann ich in meiner Betriebs-GmbH 30 Prozent Steuern auf meine Mietausgaben von 200.000 Euro, also 60.000 Euro absetzen. Jedes Jahr vermehre ich meinen Gewinn mit Hilfe meines Finanzamtes also um 30.000 Euro. Mittlerweile hat das bei mir dazu geführt, dass ich mein Finanzamt liebe, weil das so ein massiver Beschleuniger für meinen Vermögensaufbau darstellt! Das ist ein extremer Hebel, vor allem für mein Unternehmen, da wir viele Lagerhallen und Gebäude benötigen. Ich bin so froh, meine Mietausgaben nicht mehr einfach zu verschwenden, weil sie in fremde Hände fließen, sondern sie selbst kontrollieren zu können."

„Das ist mehr als praktisch", denkt Stefan. „Davon würde ich bei dem Platzbedarf meines Unternehmens auch enorm profitieren."

„Hast du schonmal etwas von einer Pension für den Geschäftsführer gehört?", fragt nun wieder Zacharias, wie um Peters euphorische Ausführungen zu ergänzen.

„Nein, ich glaube nicht."

„Grundsätzlich ist eine Pension in deiner Betriebs-GmbH heute nicht zu empfehlen, da du dir hier mehrere Probleme in deine GmbH holst, doch eine Pension in deiner Holding als Geschäftsführer kann wieder ein enormer Hebel sein. In deiner Holding stört die Pension niemanden, da du grundsätzlich keinen Verkauf deiner Holding planst. Gleichzeitig stellt die Holding an deine GmbH eine Rechnung für diese Geschäftsführertätigkeit – auf Basis eines sogenannten ‚Geschäftsbesorgungsvertrags'. Wie du siehst, sind deine Möglichkeiten in der Tat grenzenlos und genau das macht in meinen Augen ein Holding-Konstrukt so enorm wertvoll."

„Das heißt, dass ich erstens bei der Vermietung an mich selbst beim zukünftigen Platzbedarf meines Unternehmens profitieren und zweitens meine eigene Versorgung mit der Pension und/oder PUK auf ganz neue Füße stellen kann", fasst Stefan zusammen.

„Jetzt hast du es erfasst, mein Freund!", klopft ihm Peter auf die Schulter.

6
Gefährliche Steuer-Glaubenssätze, die Unternehmen das Genick brechen

Steueroptimierung ist langfristig

Stefan glaubt nach diesem erhellenden, wenn auch inhaltlich fordernden Gespräch erneut ein Klicken in seinem Kopf zu hören, als wenn ein Zahnrad einrastet. Gleichzeitig brummt sein Schädel von den ganzen neuen Informationen und Ratschlägen, die er zukünftig beachten will. Daher fühlt er sich eher zentnerschwer als federleicht – im Gegensatz zu den anderen Anwesenden offensichtlich. Er möchte diese Leichtigkeit erreichen, die alle anderen Unternehmer an Bord ausstrahlen. Wie machen die das nur? Weil er noch keine Antwort auf diese Frage weiß, beschließt er ins kalte Wasser zu springen und Zacharias weiter mit Fragen zu löchern. Der hat offenbar nichts dagegen.

„Wie schnell kann ich das mit eurer Hilfe umsetzen, eine Holding und eine Immobilien-GmbH zu gründen und mein Unternehmen steuerlich zu optimieren?", fragt Stefan Zacharias direkt.

Zacharias freut sich sichtlich über Stefans neue Entschlossenheit.

„Zunächst erstellen wir eine vollständige ITHAKA-Strategie für dich. Sobald du mit dem Konzept zufrieden bist, schicken wir dir ein Angebot für die Umsetzung. In der ITHAKA-Strategie gibt es natürlich Schritte, die du sofort umsetzen kannst. Du kannst zum Beispiel direkt in die GmbH gehen. Das bedeutet, wenn du zuvor 50 Prozent Steuern gezahlt hast, zahlst du ab morgen nur noch 30 Prozent."

„Oh, das ist wirklich schnell!", denkt Stefan.

„Die Holding zu gründen, steht dir ebenfalls sofort als Option zur Verfügung und am besten gründest du sie wie besprochen vor der GmbH. Allerdings schüttest du nicht gleich in die Holding aus, da die GmbH erst Geld verdienen muss, das du anschließend in die Holding überführen kannst, in der Regel erfolgt die Ausschüttung erst ein Jahr später. Daher solltest auch hier das Timing im Auge behalten. Die konkrete Umsetzung kann also sofort beginnen und die ersten steuerlichen Vorteile kannst du recht schnell abgreifen, aber die Planung ist langfristig angelegt. Bei Immobilien haben wir beispielsweise im Privatvermögen die Zehn-Jahresfrist im Blick. Die steuerliche Optimierung zeigt in dem Fall erst nach etwa zehn Jahren ihre größte Wirkung, wenn du die Immobilie verkaufst. Steueroptimierung ist also kein Sprint, sondern ein Marathon. Ich verstehe, dass du alles sofort nutzen und umsetzen möchtest – das geht den meisten so – doch in den meisten Fällen funktioniert das nicht. Du brauchst ein bisschen Geduld, um ein Fundament zu schaffen, mit dem du alle Vorteile nach und nach nutzen kannst: Die Vermietung an dich selbst, deine eigene Pension, dein eigenes Versorgungswerk über die PUK und eine eigene Familienstiftung oder auch eine gemeinnützige Stiftung ergeben sich im Laufe der Zeit. Ein umfassendes Unternehmenskonstrukt ist eine Lebensaufgabe!“

„Das leuchtet mir ein“, sagt Stefan und ihm wird klar: „Da habe ich wohl viel zu eng bisher gedacht.“

Peter hat sich mittlerweile für ein Nickerchen unter Deck verzogen. Jetzt, da sie ruhig dahingleiten und die Gischt weniger hochpeitscht, schlägt Zacharias vor, dass sie zum Bug laufen. Sie setzen sich in die Netze direkt über dem Wasser, während der Ozean tiefblau unter ihnen schimmert.

Es geht nicht um Steuern, es geht um Vermögen

„Es geht nicht um Steuern, es geht um Vermögen", greift Zacharias ihren Gesprächsfaden wieder auf. „Gegen Steuern an sich lässt sich nichts sagen und du solltest am besten auch keinen Groll gegen sie hegen. Steuern zu bezahlen, gehört zum Unternehmerleben dazu. Nur bezahlen die meisten Unternehmer mehr als nötig, weil sie ihre Möglichkeiten nicht kennen – woher auch? Sie konzentrieren sich ja auf ihr Unternehmen, auf das was sie schaffen, Steuern interessieren die meisten nur am Rande. Manche gehen dem Thema auch aus dem Weg, weil sie denken, dass sie nur verlieren können. Aber so ist es nicht, ganz im Gegenteil."

„Ja, klar", denkt Stefan. „Wenn ich nur 30 Prozent und weniger Steuern zahlen müsste, könnte ich mich auch eher damit anfreunden, überhaupt Steuern zahlen zu müssen!"

„Wir haben ganz viele Unternehmer unter unseren Kunden, die tatsächlich gerne Steuern zahlen. Sie sehen das als ihren Beitrag zur Gesellschaft", fährt Zacharias fort. „Wenn du hingegen das Steuersystem sinnvoll einsetzt, kannst du damit dein Vermögen schneller wachsen lassen. Das meine ich damit, dass es uns nicht um Steuern geht, sondern um das Vermögen. Wir setzen die Steuern als Mittel zum Zweck des Vermögensaufbau ein."

Diese Gedanken gefallen Stefan. Seine Motivation, sich mit Steuern auseinanderzusetzen, ist deutlich stärker, wenn er daran denkt, dass es eigentlich um seinen Vermögensaufbau geht und Steuern eben nur die Multiplikatoren auf dem Weg dorthin sind. Wie Abkürzungen, die nur die Einheimischen kennen. „Steuern sparen, bitte einmal hier entlang" könnte auf den Schildern stehen. Jetzt versteht er auch endlich, warum es bei Zacharias immer heißt: „Steuern machen Spaß!". Selbst ohne den Beisatz „Vor allem die, die du nicht bezahlen musst!", ergibt es plötzlich für ihn einen Sinn. Es geht darum, Steuern als Hebel für sein Vermögen zu sehen, erkennt er.

„Es ist so einfach und ich habe es mir selbst immer so kompliziert gemacht", denkt er. „Das hat hiermit ein Ende und in Zukunft lautet mein persönliches Motto: ‚Steuern – Ja, bitte!' statt ‚Steuern – Nein, danke!'. Mit Steuern werde ich in Zukunft mein eigenes Vermögen optimieren und gestalten. Auf diese Zukunft freue ich mich."

Und zum ersten Mal fühlt er eine Leichtigkeit in seiner Brust, eine Leichtigkeit auf seinen Schultern, eine Leichtigkeit in den Gedanken. Ein unbeschreibliches Gefühl.

Mehr als eine sinnvolle Ergänzung

„Zacharias, nutzt ihr diese Produkte und Gestaltungen denn auch alle selbst und wie machst du das privat?“, wendet er sich wieder an den Angesprochenen.

„Ja, das tun wir selbstverständlich. Mein Motto ist ja: ‚In einer Welt des Miteinanders gehen wir mit Herz und Begeisterung neue Wege!‘ Gerne zeige ich dir später das Bild hinter unserer Vision. Viele kleine Geschichten, die wir in einem großen Wimmelbild abgebildet haben. Habe ich als großes Plakat in meiner Kabine.“

„Das ist schon mal gut, zu hören! Ich bin nämlich gespannt, wie die Umsetzung aller Bausteine und Chancen, von denen du und die anderen mir erzählt haben, in der Praxis aussieht.“

„Kann ich mir vorstellen. Sei dir dafür bewusst, dass die Umsetzung auch immer deine Eigeninitiative und Selbstverantwortung erfordert. Die Aktivität sollte im bestenfalls immer von allen Beteiligten ausgehen. Nur dann kann unsere Zusammenarbeit das ganze Potenzial aus deinem Unternehmen rausholen. Füreinander und Miteinander ist für uns keine Floskel, sondern bestimmt unser tägliches Tun. Ich sage unserem Team immer, dass wir uns strafbar machen würden, wenn wir diese Produkte und Dienstleistungen nicht an unsere Kunden verkaufen. Von unserer TEMP®-Unternehmens Methode bis hin zu unserer eigenen PUK, in der jeder Mitarbeiter von uns Mitglied ist. Damit erzielen wir mit unserer PUK 100 Prozent Durchdringung in unserer eigenen betrieblichen Altersvorsorge. Das sagt doch schon alles über die Qualität dieses Produktes. PUK wird bei uns dann noch zusätzlich von unserem NEO-Konzept ergänzt, das wir schon fast inflationär bei uns einsetzen. Doch damit ist noch nicht Schluss, abgerundet wird das alles mit unserem eigenen Persönlichkeitstest, mit dessen Hilfe du dich und andere besser verstehst und mit dessen Unterstützung du perfekt an dir selbst arbeiten kannst. All diese Produkte nutzen wir für uns selbst und wissen daher, welche Mehrwerte diese Produkte erzeugen können. Wir sind davon vollkommen überzeugt. Das macht uns auch in diesen Bereichen authentisch. All diese Dinge werden dann mit unserem individuellem Unternehmenskonstrukt verbunden und zusätzlich ergänzt. Vermietungen, Käufe, Zinsen, Gehälter und Ausschüttungen an uns selbst nutzen wir für unsere eigene steuerliche Optimierung und für unseren eigenen Vermögensaufbau. Zweimal darfst du raten, ob wir unser unter Denkmalschutz stehendes Kanzlei-Gebäude und unseren neuen Anbau anmieten oder im Eigentum haben.“

„Wenn es keine Fangfrage ist, dann mietet ihr das von einer vermögensverwaltenden GmbH an“, antwortet Stefan mit einem Lächeln im Gesicht, weil er richtig stolz ist, dieses Spiel bereits verstanden zu haben.

„Volltreffer! In vielen Dingen, die wir tun, wollen wir auch immer selbst den Zaster-Weg bestreiten. Am meisten Spaß bereitet mir, wenn es uns selbst gelingt, dass wir auf der Ausgabenseite Spitzensteuersatz haben und die Einnahmenseite komplett ohne Steuer davonkommt. Und du würdest nicht glauben, in wie vielen Situationen dir das gelingen kann. Vom Minijob angefangen bis Gestaltungen mit unserer PUK, in dessen Verein alle Einnahmen komplett steuerfrei sind. Das im Detail jetzt zu erklären, würde den Rahmen sprengen. Wissen musst du in diesem Punkt aktuell nur, dass die PUK ein unfassbares Steuersparmonster ist, mit Möglichkeiten, die du dir in Deutschland nie erträumen würdest. Doch es entspricht der Realität in Deutschland und ist kein Märchen aus Tausendundeiner Nacht. Sowohl mit meiner Familie als auch mit meiner Unternehmerfamilie nutze ich möglichst viele Konstellationen, in denen ich unser Geld innerhalb unseres Wirtschaftskreislaufs zirkulieren lasse und sich somit das Vermögen automatisch vermehrt. Da fällt mir ein, wir haben so viel von Immobilien gesprochen, da hab ich den Vermögensaufbau durch Unternehmensbeteiligungen bisher noch gar nicht erwähnt."

„Wie, es gibt noch mehr Möglichkeiten?", kann es Stefan nicht fassen.

Die Welt der Steuern und des Vermögensaufbaus ist eine gefühlt unendliche Spielwiese. Eine Spielwiese, die ich noch gar nicht angesprochen habe. Immer mehr Menschen betreiben Vermögensaufbau auch mit Unternehmensanteilen, damit meine ich keine Firmenbeteiligungen deiner Holding an anderen GmbHs, sondern tatsächlich die Investition in Aktien. Aktien sind nichts anderes als Beteiligungen an anderen Unternehmen, zumindest solltest du das selbst so sehen. Es ist nicht irgendein Papier auf dem ein zufälliger Preis steht, sondern es sind Beteiligungen an anderen Unternehmen. Nicht nur deshalb sind Aktien auch perfekt für den eigenen Vermögensaufbau in deinem Gesamtgebilde geeignet. Du erhöhst und verstärkst mit Aktien deinen Blut-Kreislauf, deinen Geld- und Vermögenskreislauf."

„Für mich war die Börse bisher tatsächlich immer ein rotes Tuch, eine verbotene Zone, das größte Casino der Welt. Mein Vater hat oft genug von seinen Verlusten am Neuen Markt und seine Papiere der Deutschen Telekom erzählt und mir immer von solchen schnellen Geldgeschäften abgeraten."

„Solche Beispiele gibt es zuhauf, ich selbst habe an der Börse schon fast alle Fehler gemacht, die du machen kannst. Trotzdem habe ich der Börse in jetzt knapp 30 Jahren nie den Rücken gekehrt, bin ihr treu geblieben und habe es jetzt auch in meiner und in unsere Familienstrategie eingebaut.

„Das würde ich jetzt aber gerne genauer wissen, wie du das machst bzw. gemacht hast?"

„Also zum einen ist es für Aktien nie zu spät, ob für dich oder für deine Familie und insbesondere für deine Kids. Der erstbeste Moment war Gestern und der zweitbeste Moment für deine Investition in Aktien ist Heute. Du darfst die Börse und deine Anlage in Aktien nicht als Spekulation sehen, sondern eben als Investition. Mit diesem Verständnis solltest du dich mit der Börse beschäftigen. Lass dir die Zeit, die du brauchst, stürze dich nicht blindlings in deine ersten Aktien, sondern informiere dich umfassend. So wie du dich heute und auf diesem Trip über vieles informiert hast, das Wissen regelgerecht aufgesogen hast, musst du dich auch über die Börse informieren. Es ist doch total naiv, wenn du dein Geld ohne Wissen investierst. Wir Menschen verhalten uns oft irrational, je größer die Investition und je größer die Renditeversprechen sind, desto weniger informieren wir uns und vertrauen darauf, dass es schon gut gehen wird. Bis irgendwann das große Erwachen kommt und du frustriert die Investition verteufelst, obwohl es von Anfang an zum Scheitern verurteilt war. Ähnlich wie bei Immobilien, sind auch Aktien individuell. Was für den einen gut ist, taugt für den anderen nichts. Du brauchst eine Strategie, die zu dir und deiner Familie passt."

„Da hast du mich schon fast erwischt, das habe ich mir wohl leichter und schneller vorgestellt", gesteht Stefan ein. „Das soll dich nicht davon abhalten. Aktien sind eine perfekte Ergänzung zu deinem Vermögensaufbau und passen auch zu deiner in der Zukunft geplanten Unternehmensstruktur und wie in vielen anderen Dingen, kannst du auch bei Aktien, bei deinem Depot deine Steuern gestalten und deinen Vermögensaufbau optimieren. Oftmals haben unsere Kunden ihre Aktien und ihr ganzes Depot im Privatvermögen, bevor wir unsere ITHAKA-Strategie aufsetzen. Das heißt, dass sie dieses Vermögen in aller Regel mit versteuertem Geld aufgebaut haben und im Privatbereich weiterhin die Erträge aus ihrem Depot wie Dividenden und Veräußerungsgewinne mit 25 Prozent Abgeltungssteuer versteuern müssen."

„Also begehen sie den Fehler, es doppelt besteuern zu lassen."

„Gut erkannt, doch auch hier gibt es Gestaltungen. Im Detail will ich darauf gar nicht eingehen, nur damit du es gehört hast und in der Zukunft weißt, dass es überhaupt Gestaltungsmöglichkeiten gibt. Du kannst deine Verkäufe im Privatbereich mithilfe einer Depotschaukel optimieren. Du schichtest hier Aktien so um, dass du im Verkauf möglichst wenig Veräußerungsgewinn erzielst, oder du überträgst als Schenkung einzelne Aktien auf deine Kinder, die sie dann eventuell steuerfrei veräußern können. Du könntest in der Zukunft dein Depot in deiner Holding aufbauen, denn aktuell sind Veräußerungsgewinne dort nur mit knapp 1,5 Prozent zu versteuern. Du nutzt also deine Holding, deine Bank, auch für diesen Vermögensaufbau. Du hast dann eventuell zwei Depots, eines im Privatbereich und das andere in deiner Holding. Du kannst damit dann auch unterschiedliche Strategien fahren. Aktien, die eine hohe Dividende einbringen, im Privatbereich und Aktien, mit denen du Veräußerungsgewinne erzielst, in deiner Holding. Ja, es gibt sogar Möglichkeiten, dass du Aktien aus deinem Privatbereich in deine

Holding einbringst, damit du dort dann den Veräußerungsgewinn eben nur mit knapp 1,5 Prozent versteuern musst. Doch diese Entscheidung ist ein Rechenspiel, denn du bringst in diesem Moment Geld aus dem Privatbereich wieder in die Unternehmenssphäre. Doch du kennst ja mittlerweile viele Möglichkeiten, was du mit diesem Geld so alles anstellen kannst und wie du es eben wieder aus deine Unternehmenssphäre bekommst. Du kannst mit dem Geld deiner zukünftigen PUK, Aktien in deiner Holding kaufen oder aber du schenkst Aktien deiner Familienstiftung, die da damit gründest und verkaufst diese dann später mit einem hohen Veräußerungsgewinn, der dich nur knapp 0,8% oder sogar gar keine Steuern kostet. Trading auch mit Derivaten und sonstigen Finanzinstrumenten bietet sich in deiner eigenen Trading GmbH an. Denn nur in der Trading GmbH kommst du um die irrsinnige Verlustbeschränkung herum, die dich im schlimmsten Fall mehr Steuern kosten kann, als du Gewinn erzielst. Doch das ist ein Bereich für sich."

Stiftung: Ein unterschätztes Instrument

„Wow! Sobald ich die verschiedenen GmbHs und Holdings gegründet habe und das alles läuft wie geschmiert, was hat deine Kanzlei dann noch für mich in petto?“, fragt Stefan von den neuen Möglichkeiten beflügelt.

„Wenn alles wie geschmiert läuft und du das Gefühl hast, etwas für die Allgemeinheit tun zu wollen, gibt es eine weitere Möglichkeit, die wir steuerlich verbinden können: die gemeinnützige Stiftung“, schmunzelt Zacharias.

„Eine Stiftung? Ist das nicht etwas für Superreiche?“

„Nein, das ist nichts anderes als ein typischer Glaubenssatz, den du da in dir trägst und der selbstverständlich auch in unseren Medien immer so dargestellt wird. Es ist also typisch, dass dies der erste Gedanke bei Stiftungen ist, doch Stiftungen sind so viel mehr.“

Stefan hat vor lauter Konzentration gar nicht bemerkt, dass sich die Runde vergrößert hat und neben ihm auch Jakob, Finn, Tom und auch Lorena voller Spannung den Worten von Zacharias lauschen. Er selbst kommt sich mittlerweile vor wie ein Entdecker, und im Moment gräbt Zacharias die Goldgrube Stiftungen aus.

„Bei Stiftungen wollen wir jetzt die zwei Hauptstiftungsarten unterscheiden. Es gibt die gemeinnützigen Stiftungen und die Familienstiftungen, die sich beide in ihrer Art und Weise und in der steuerlichen Behandlung komplett unterscheiden. Allein mit diesem Thema könntest du ein eigenes Buch füllen, daher versuche ich mich kurz zu halten und mein Hauptaugenmerk auf die Familienstiftung zu legen. Soviel ich mich erinnern kann, hast du die gemeinnützige Stiftung bei der Denkmalimmobilie bereits kennen gelernt?“

„Ja, ich erinnere mich an dieses Beispiel, sozusagen habe ich bei Denkmalimmobilien einen Plan B in der Tasche“, berichtet Stefan stolz.

„Genau, ein Beispiel, wie du die gemeinnützige Stiftung in Verbindung mit Immobilien und in deinem Unternehmenskonstrukt perfekt für dich nutzen kannst. Einen anderen Fall aus der Praxis in diesem Bereich wollte ich auch noch kurz erwähnen. Wenn du GmbH-Anteile im Privatvermögen hältst und diese verkaufst, dann sind die Gewinne im Teileinkünfteverfahren zu versteuern. Unterstellen wir, du erzielst dabei eine Million Gewinn, dann sind davon 600.000 Euro steuerpflichtig und 400.000 Euro steuerfrei. In diesem Moment spendest du diese 600.000 Euro deiner gemeinnützigen Stiftung, die du natürlich vorausschauend geplant hast und bereits gegründet ist. Eine Gründung einer gemeinnützigen Stiftung erfordert Zeit und dauert oft mehrere Monate. Im Ergebnis bekommt dein Finanzamt dann keinen Cent. Du hast zwar eine Million Euro erhalten, aber die 600.000 Euro, die steuerpflichtig wären, gleichzeitig als Spende geltend gemacht. Es ist in dieser Konstellation sehr einfach diese 600.000 Euro zu spenden, da ja 400.000 Euro bei dir ankommen und auch bleiben. Vielleicht reichen auch schon 550.000 Euro als Spende, damit bei dir keine Steuer entsteht, das ist dann individuell und hängt noch an anderen Faktoren. Wird natürlich auf deine individuelle Situation angepasst. Die maximale Spende von bis zu zwei Millionen wenn du verheiratet bist oder eine Million wenn du alleinstehend bist, kannst du übrigens alle zehn Jahre spenden und beliebig auf diese zehn Jahre verteilen. Die Verteilung ist flexibel und kann den Bedürfnissen des Steuerpflichtigen angepasst werden."

„Das kannst du dir vorstellen wie einen Gutschein gegenüber dem Finanzamt", ruft Peter euphorisch ein, der sich offenbar schon damit auskennt. Lächelnd nickend fährt Zacharias fort.

„Doch damit wollen wir es zumindest für heute mit der gemeinnützigen Stiftung belassen und ich berichte dir noch von der Familienstiftung, die auch gerade in deiner aktuellen Familiensituation eine echte Alternative zu einer Holding in der GmbH darstellen kann."

„Jetzt habe ich mich mit den GmbHs gerade angefreundet und jetzt kommt auch noch eine Stiftung ins Spiel. Das macht die Entscheidung nicht leichter", denkt Stefan.

„Keine Sorge, die Familienstiftung muss kein Entweder-oder sein, sondern kann auch ein Sowohl-als-auch sein. Alles ist möglich, aber nichts ist ein Muss", sagt Zacharias, als hätte er Stefans Gedanken gelesen. „Du kannst es als eine sinnvolle Spielerweiterung zu deiner ohnehin großen Spielwiese sehen. Sie ergänzt dein Portfolio um den Bereich Familie und Absicherung, auch gerade bezüglich deines Erbes. Grundsätzlich ist die Familienstiftung eine Ewigkeitsstiftung. Für dich, für deine Familie und alle Nachkommen in gerader Linie."

„Die eigene Familienstiftung klingt verlockend, aber ab wann lohnt sich denn so eine Stiftung überhaupt und was sind konkret die Vorteile, die ich davon habe", fragt Stefan neugierig.

„Fangen wir von vorne an. Wie kommst du zu deiner Familienstiftung und warum überhaupt Familie? Im Gegensatz zur gemeinnützigen Stiftung, dient die Familienstiftung nicht einem gemeinnützigen Zweck, sondern deiner Familie. Wer begünstigt wird, bestimmt du als Stifter. Der Klassiker ist, dass du, dein Ehepartner und alle Kinder in der geraden Linie begünstigt werden, Also auch deine noch nicht geborenen Enkel und Urenkel usw. In diesem Fall könntest du deiner Stiftung 100.000 Euro als Schenkung zukommen lassen, ohne dass Schenkungsteuer entsteht. Gründest du deine Stiftung mit deinem Ehepartner, was in der Praxis oft der Fall ist, dann kannst du 200.000 Euro steuerfrei schenken. Das ist wichtig, weil du je nach Bundesland zwischen 25.000 und 500.000 Euro für eine Stiftungsgründung benötigst.

Das ist von Bundesland zu Bundesland unterschiedlich. Oftmals reichen 80.000 bis 100.000 Euro für eine Gründung aus. Ein großer Unterschied zur GmbH ist, dass du bei deiner Stiftung kein Anteilseigner bist, die Stiftung gehört nicht dem Stifter, sondern der Stiftung. Doch dieser Unterschied ist es auch, der zahlreiche Vorteile der Stiftung mit sich bringt. Willst du deine Familie absichern und kombinierst deine eigene Familienstiftung mit verschiedenen Gestaltungen und Optimierungen, zeigt sie ihre ganze Stärke. Es ist und bleibt also immer individuell, ob du als Holding eine GmbH vorziehst oder eine Familienstiftung. Darüber hinaus kann deine Familienstiftung auch danebenstehen und auch mehrere Familienstiftungen sind möglich. Auch kannst du eine Familienstiftung gründen, ohne überhaupt sonst Unternehmen zu haben, wenn du privat relativ vermögend bist. Es gibt keine Grenzen. Doch bevor es euch zu theoretisch wird, ein kleines Beispiel wie du mit deiner eigenen Familienstiftung bewegliche Wirtschaftsgüter in deinen Blutkreislauf, in deinen Unternehmerkreislauf integrieren kannst und du mit der Unterstützung deines Finanzamtes dein Geld vermehrst."

„Wir sind gespannt", meint Tom. „Ist ja schließlich unsere Lieblingsbeschäftigung."

„Also, du kaufst in deiner Familienstiftung einen PKW, im besten Fall einen mit wenig Wertverlust. Diesen PKW vermietest du fremdüblich an deine GmbH. Du optierst zur Umsatzsteuer und ziehst die Vorsteuer aus deiner Anschaffung, deine Vermietung findet auch mit Umsatzsteuer statt. Gleichzeitig hast du durch die Anschaffung eine Abschreibung auf den PKW, bei Neuwagen sechs Jahre. Bei 90.000 Euro Netto-Anschaffungskosten beträgt deine Abschreibung 15.000 Euro jährlich. Diesen PKW vermietest du fremdüblich für 1.270 Euro netto monatlich, das sind 15.240 Euro im Jahr an deine GmbH. Somit erzielst du in deiner Familienstiftung einen Gewinn von 240 Euro. Für diese sonstigen Einkünfte gilt eine Freigrenze von 256 Euro. Es entstehen durch diese Vermietung keine Steuern in der Stiftung und in deiner GmbH hast du auf die Miete von 15.240 Euro 30 Prozent Steuern gespart, das heißt 4.572 Euro. Und da haben wir unsere Vermögensmehrung. Aber damit ist das Modell noch nicht zu Ende, denn in der Familienstiftung kannst du deinen PKW jederzeit steuerfrei verkaufen. Denn dort greift die Steuerbefreiung auf bewegliche Gegenstände grundsätzlich nach einem Jahr, bei Gegenständen des täglichen Bedarfs ist diese jedoch auch außer Kraft gesetzt und ein steuerfreier Verkauf ist jederzeit möglich. Bevor dann die Frage nach der Privatnutzung erfolgt, diese ist in deiner GmbH bei dir als Geschäftsführer fällig. Entweder die ein Prozent oder auch weniger bei entsprechenden E-Autos. Da ändert sich also nichts. Wichtig ist auch, dass alle laufenden Kosten von deiner GmbH bezahlt werden. In der Summe ein großartiges Gestaltungsmodell, aber um auch der nächsten Frage von euch zuvorzukommen. Wegen diesem Trick allein macht ihr bitte keine

Familienstiftung."

„Alle Achtung, am liebsten würde ich gleich heute eine Familienstiftung gründen, doch wie bekomme ich denn aus meiner Familienstiftung mein Geld?", fragt Jakob.

„Eine Frage, die ich schon erwartet habe, aber im Vergleich zu einer GmbH verhält es sich hier nicht anders. Du kannst ausschütten, du kannst Darlehen vergeben, selbst ein Gehalt wäre möglich, wobei das wegen den Steuersätzen weniger Sinn macht, da du dein Gehalt in der Stiftung nur knapp 15 Prozent Steuerentlastung bringt und im Privatbereich zahlst du in der Regel mehr Steuern als 15 Prozent auf dein Gehalt. Da bist du in deiner GmbH besser aufgehoben. Ansonsten würdest du unseren Zaster-Weg in die falsche Richtung gehen. Als kleine Erinnerung: Ausgaben dort, wo deine Steuersätze hoch sind und Einnahmen dort, wo deine Steuersätze gering sind. Doch schauen wir uns das Thema Ausschüttungen etwas genauer an. Du hast in deiner Stiftung deinen Ehepartner und deine zwei Kinder begünstigt. Jetzt hast du 100.000 Euro zur Ausschüttung – das Grundstockvermögen darf nicht ausgeschüttet werden – aber als Darlehen, welches Erträge erzielt, darfst du es selbstverständlich einsetzen. Ein großer Unterschied zu einer GmbH ist, dass du als Vorstand deiner Stiftung entscheiden kannst, wer eine Ausschüttung und auch in welcher Höhe erhalten soll. Da du dies mittelbar bestimmst, unterliegt deine eigene Ausschüttung der Abgeltungssteuer von 25 Prozent, die Ausschüttung an deine Kinder und an deinen Ehepartner würden als sonstige Einkünfte in der Privatsphäre versteuert. Für Ausschüttungen gilt grundsätzlich das gleiche wie für die GmbH. Entweder versuchen wir diese grundsätzlich zu vermeiden oder eben bewusst zu steuern und zu planen. Doch bei deiner Familienstiftung sind Kinder, Minderjährige Kinder, diesen kannst du jedes Jahr knapp 18.000 Euro ausschütten. Warum? Weil diese Ausschüttung als sonstige Einkünfte dem Teileinkünfteverfahren unterliegt. Es sind also nur 60 Prozent steuerpflichtig und somit muss dein Kind nur 10.800 Euro versteuern. Existieren jetzt keine weiteren steuerpflichtige Einkünfte bei deinem Kind, dann sind diese durch den Grundfreibetrag steuerfrei. Bei zwei Kindern sind das jedes Jahr 36.000 Euro. Wenn du das 20 Jahre tun kannst, dann hast du 720.000 Euro steuerfrei an deine Kinder ausgeschüttet. Davon bezahlst du Windeln, Essen, Schule, Studium, Urlaub und so weiter und erneut kannst du auf bereits versteuertes Taschengeld verzichten."

„Jetzt verstehe ich auch, warum das Familienstiftung heißt", sagt Stefan.

„Genau, du förderst deine Familie. Übrigens würde ich in diesem Beispiel die restlichen 64.000 Euro nicht ausschütten, sondern in einem Depot in der Familienstiftung anlegen. Dein Geld arbeiten lassen. Dividenden sind dort nur mit knapp 15 Prozent zu versteuern und Aktienveräußerungsgewinne fast steuerfrei. In der Familienstiftung kann dein Geld bestens für dich und für deine Familie arbeiten."

„Wenn ich zusammen mit zwei Freunden eine GmbH mit jeweils 33,33 Prozent besitze, dann ist es mit einer GmbH Holding nicht so einfach, doch ich erinnere mich, dass du mir irgendwann gesagt hast, dass dies bei einer Stiftungs-Holding möglich ist?", fragt Lorena.

„Es kommt darauf an, aber grundsätzlich ist es einfacher. Ob es komplett steuerfrei möglich ist, hängt dann wieder am Einzelfall. Du schenkst deine Anteile deiner Familienstiftung und wenn diese Schenkung steuerfrei ist bzw. unter dem Freibetrag deiner Familienstiftung, dann ist es steuerfrei möglich. So ist es unter Umständen auch möglich, dass du eine Beteiligung von mehreren Millionen Euro steuerfrei in deine Familienstiftung einlegen kannst und damit auch mit einer Minderbeteiligung, also mindestens 25 Prozent, in dein Holdingkonstrukt dann mit deiner eigenen Familienstiftung kommst."

„Und ich hatte schon Angst, dass in dieser Konstellation eine Holdingskonstruktion unmöglich ist. Zacharias das müssen wir in der Heimat gleich angehen", freut sich Jakob.

„Sehr gerne und ob dann die Familienstiftung das passende Konstrukt ist, entscheiden wir dann gemeinsam. Als Stifter behältst du auf jeden Fall die Kontrolle über den Stiftungswillen. In jedem Fall würde ich mit dir gemeinsam überlegen, welche Werte und Ziele für dein Unternehmen wichtig sind. Dann können wir die Struktur und Ausrichtung der Stiftung entsprechend gestalten."

Vorsicht vor der Genossenschaft und insbesondere der EWIV

Wunderbar, bei Zacharias fühlt Stefan sich wie in einem gut sortierten Buchladen, in dem für jede Frage eines von tausend Büchern eine Antwort parat hält. Endlich kann er all seine brennenden Fragen zum Thema Steuern loswerden!

„Ich habe einmal von einer Firma gehört, die sich in einer Genossenschaft organisiert hat und dann haben die Genossenschaftsinhaber sich zur Belohnung direkt jeweils einen Ferrari gegönnt – ist da etwas dran, kann das wahr sein? Und bei einer EW ... Mist, wie war die Abkürzung noch mal?"

„Du meinst EWIV – eine europäische wirtschaftliche Interessenvereinigung?"

„Genau, da habe ich mal gehört, dass private Ausgaben ohne Probleme als Betriebsausgaben abzugsfähig sind, ist da etwas dran?"

Zacharias muss lachen.

„Naja, der Sinn von Genossenschaften liegt eigentlich in ihrem gemeinschaftlichen Zweck, oder? Aber klar, es gibt schwarze Schafe, die diesen Gedanken missbrauchen. Der Gesetzgeber hat diesem Missbrauch teilweise einen Riegel vorgeschoben und heute ist es nicht so einfach mehr möglich, eine herkömmliche Betriebs-GmbH in eine Genossenschaft umzuwandeln. Wir haben uns bewusst von diesem Thema ferngehalten, da wir bereits vor vielen Jahren davon überzeugt waren, dass es mit solchen Genossenschaften im Schafspelz nicht lange gut gehen wird. Der Gesetzgeber ist heute konsequenter und Genossenschaften stehen auf dem Prüfstand. Wir lehnen Anfragen ab, die darauf abzielen, Steuern um jeden Preis zu vermeiden, selbst am Rand der Legalität und Moralität. Bei der EWIV ist es noch schlimmer, da bewegst du dich in vielen Fällen nicht nur am Rande der Legalität, sondern steckst im Sumpf des Illegalen. Was die meisten dabei übersehen: sie verlieren jegliche Kontrolle. Daher halten wir uns davon aus Überzeugung fern. Unsere Kunden teilen unser Miteinander-Füreinander-Mindset und streben nach nachhaltigen Lösungen. Bei ITHAKA legen wir Wert darauf, einen langfristigen Mehrwert zu schaffen. Unsere Vision ist es, gemeinsam für einen umfassenden Gewinn zu arbeiten, anstatt nur eigene Vorteile zu suchen."

Wie komme ich später an meine Früchte?

„Schade, so eine Genossenschaft inklusive Ferrari klang spaßig", denkt Stefan ironisch. Langfristig ist er aber lieber legal unterwegs und auch ohne juristische Grauzonen scheinen Zacharias' Ideen enorme Steuervorteile zu eröffnen. Stefan stimmt daher zu, dass eine Genossenschaft und EWIV nicht seine Absicht ist. Dennoch möchte er natürlich sicherstellen, dass er irgendwann die Früchte seiner heutigen Vermögensbildung ernten kann. Insbesondere hat er die Vision, schöne Urlaube zu genießen und vielleicht sogar mit seiner Frau ein Haus in Italien zu besitzen, wenn er irgendwann einmal weniger arbeitet.

„Der größte Teil meines Vermögens steckt in der Holding, in der GmbH und in meinen Immobilien. Wie komme ich da später einmal ran?"

„Der erste Ansatz ist, Geld aus der GmbH zu holen", erläutert Zacharias. „Während des laufenden Betriebs raten wir wie gesagt immer dazu, nur in die Holding auszuschütten. Das gilt jedoch nur grundsätzlich, wenn du es richtig planst, kannst du auch in deiner aktiven Zeit privat an dich ausschütten, also von deiner Holding an dich."

„Jetzt bin ich verwirrt", wendet Stefan sichtlich überrascht ein. Ich dachte, Ausschüttungen sind extrem teuer und sollte ich vermeiden, oder bin ich da jetzt komplett auf dem falschen Dampfer?

„In dem Fall bist du auf dem richtigen Segelboot", scherzt Zacharias. „Wenn du als Erstes daran denkst, wie du das Geld wieder aus dem Kreislauf ziehen kannst, ist ein optimiertes Konstrukt vielleicht doch nichts für dich und eine umfangreiche Unternehmensstruktur der falsche Weg. Das Geld soll ja für dich arbeiten, oder? Steuerlich privilegiert wirst du nur behandelt, wenn du dich auch dementsprechend verhältst. Frag dich also zunächst, was du lieber willst: Dein Unternehmen wachsen lassen, sodass du langfristig von seiner Größe profitierst oder lieber kurzfristig zum Beispiel einen langen, teuren Urlaub machen? Keine Angst, ich übertreibe mit Absicht. Denn selbstverständlich gibt es auch bei Ausschüttungen steuerliche Gestaltungschancen."

„Jetzt bin ich aber gespannt", meint Stefan.

„Schauen wir uns mal das Thema ‚Ausschüttung' an: Grundsätzlich gilt die Abgeltungssteuer, die dann mit 25 Prozent Steuern zuschlägt. Doch was passiert, wenn du in deinem Privatbereich negative Einkünfte in diesem Jahr hast? Weil du erstens in diesem Jahr auf dein GmbH-Gehalt verzichtest, schließlich hast du durch die Ausschüttung genügend Geld im Privatbereich. Zweitens weil große Renovierungen bei deinen Immobilien im Privatbereich anfallen und oder du 200.000 Euro in eine Photovoltaikanlage oder ein Hausboot investierst. Somit könntest du es also locker auf 300.000 negative

Einkünfte schaffen. Bei 300.000 Euro Ausschüttung und 300.000 Euro Verluste bleibt kein positives zu versteuernden Einkommen übrig. Mit einer sogenannten ‚Günstigerprüfung' kannst du dich von deinem Finanzamt dann individuell besteuern lassen. Schließlich bist du in diesem Jahr in der Summe unter einem persönlichen Steuersatz von 25%. In diesem Fall sogar bei 0%. Und es geht noch besser: Du kannst bei deiner Ausschüttung nämlich wählen, ob du die Abgeltungssteuer oder das Teileinkünfteverfahren in Anspruch nimmst. Beim Teileinkünfteverfahren musst du nur 60 Prozent deiner Ausschüttung versteuern. Bei 300.000 Euro negativen Einkünften könntest du also auch 500.000 Euro ausschütten und müsstest bei diesem Verfahren nur 60 Prozent davon versteuern."

„Weil 60 Prozent von 500.000 Euro 300.000 Euro entsprechen und sich somit deine Verluste und Ausschüttung wieder ausgleichen", rechnet Stefan im Kopf schnell mit.

„Du sagst es! So etwas können wir exakt ausrechnen, wir würden sogar noch mehr ausschütten, da du ansonsten Freibeträge und sonstige Abzüge gar nicht berücksichtigst. Du könntest vielleicht 650.000 Euro ausschütten, ohne einen Cent Steuern bezahlen zu müssen. Wenn jetzt deine Ehefrau noch viel Geld verdient, kann in diesem Jahr auch noch eine ‚getrennte Veranlagung' gewählt werden."

„Aus deinem Mund klingt das so selbstverständlich, ich muss diese zahlreichen Möglichkeiten erst einmal verdauen. Kann ich denn später einfach ausschütten, wenn ich gar nicht mehr aktiv bin?"

„Ja, wenn dein Unternehmen nicht mehr aktiv ist, könnte es sinnvoll sein, auszuschütten. Dabei gibt es verschiedene Optionen: Die erste Möglichkeit besteht darin, eine Ausschüttung vorzunehmen und die steuerlichen Konsequenzen in Kauf zu nehmen. Zu dem Zeitpunkt hast du ohnehin so viele Steuern optimiert, da kannst du dir diese Zahlung leisten. Eine zweite Möglichkeit besteht darin, dass die Ausschüttung, insbesondere im Teileinkünfteverfahren, aufgrund fehlender Einkünfte auf deiner Seite fast keine Steuern kostet. Es kommt immer auf die individuelle Situation an."

„Okay, verstehe."

„Natürlich kannst du dir auch weiterhin ein Darlehen gewähren, wie wir das vorhin für den Immobilienkauf besprochen haben. Oder du lässt dir von der GmbH ein Gehalt auszahlen, selbst wenn du nicht mehr aktiv arbeitest, und kannst dabei steuerlich optimieren. Du kannst auch deiner Ehefrau ein Gehalt bezahlen, wenn du sie steuerlich optimiert als Minijob-Angestellte beschäftigst. Das wäre also Möglichkeit Nummer drei. Die vierte und vielleicht eleganteste Möglichkeit besteht darin, Immobilien an deine GmbH zu verkaufen. Das verdeutlicht noch einmal, warum es so wichtig ist, Immobilien im Privatbereich zu besitzen, die du nach zehn Jahren steuerfrei an deine

Holding GmbH und oder Familienstiftung verkaufen kannst. Du kannst deine private Immobilie zum Beispiel für zwei Millionen Euro an deine GmbH verkaufen und erhältst somit 1,9 Millionen aus der GmbH. Diese 100.000 Euro Verlust musst du als einzigen Nachteil hinnehmen. Das ergibt sich aus den fünf Prozent Grunderwerbsteuer, die aktuell fällig werden, wenn Immobilien vom Privatvermögen in die GmbH wandern. Diesen geringfügigen Verlust kannst du jedoch verschmerzen, wenn du im Gegenzug 1,9 Millionen ansonsten steuerfrei erhältst. Dabei besitzt du die Immobilie weiterhin, nur eben über deine GmbH oder Familienstiftung. Du hast weiterhin die Kontrolle darüber. Nach dem Verkauf kannst du die Immobilie weiterhin vermieten und so laufende Einnahmen generieren, die mit maximal 15 Prozent besteuert werden. Dafür verwandelst du einfach deine GmbH in eine vermögensverwaltende GmbH und in deiner Familienstiftung bist du sowieso nur bei 15% Steuern. Du könntest auch dein Eigenheim verkaufen. Dies ist eine Option, die wir oft sehen, besonders wenn jemand kein großes Immobilienvermögen aufbauen möchte, aber vielleicht ein Einfamilienhaus besitzt. Viele heben das Haus für die Kinder auf. Dabei ist das schenkungstechnisch dasselbe, ob du ein Haus oder Geld erbst. In den meisten Fällen bevorzugen die Kinder sogar Geld. Oftmals verkaufen sie das geerbte Haus ohnehin, weil keines der Kinder tatsächlich darin wohnen möchte. Da kannst du das auch selbst machen. Hinzu kommt, dass die Kinder ohnehin die Holding erben oder die Kontrolle über die Familienstiftung haben, in der diese Immobilie enthalten ist und fremd vermietet wird."

„Das sind spannende Möglichkeiten", stimmt Stefan zu. „Und was ist, wenn ich meine GmbH verkaufen möchte?"

Das wäre eine Option, falls die Kinder kein Interesse an der Nachfolge haben.

„Klar, diese Möglichkeit ist ein absoluter Klassiker. Die hohe Flexibilität bei gleichzeitiger Selbstbestimmung ist für mich der größte Vorteil der Unternehmenskonstrukte, die wir aufbauen. Wenn du 30 Jahren ein Vermögen über diese GmbH aufgebaut, aber im Alter keine Lust mehr darauf hast und alles Geld herausholen möchtest, kannst du das tun. Der Vorteil dabei ist, dass das Geld aus dem Verkauf direkt in deine Holding fließt, ohne steuerliche Belastung. Dieses Geld kannst du dann ausschütten und die dabei anfallenden Steuern verkraften – immerhin war der Verkauf an sich schon steuerfrei. Der Zeitpunkt, zu dem du ausschüttest, ist entscheidend. Selbst wenn du deine GmbH für zehn Millionen Euro verkaufst und 25 Prozent auf die Ausschüttung bezahlst, hast du dir zu diesem Zeitpunkt bereits ein solch beträchtliches Vermögen aufgebaut, dass das kaum ins Gewicht fällt."

Mittlerweile sind sie in eine Bucht eingelaufen, die Stefan noch schöner als die vorherige erscheint, und werfen den Anker aus. Die anderen springen bereits ins Wasser, um mit dem Schnorchel die Unterwasserwelt zu erkunden. Stefan aber hat noch eine Frage, die ihm unter den Nägeln brennt.

Die Familie ohne Druck einbeziehen

„Du hast bereits ein paar Mal am Rande erwähnt, wie ich meine Kinder und Ehefrau in die ITHAKA-Strategie einbeziehen könnte. Ich hatte das vorher noch gar nicht auf dem Schirm, meine Familie mit an Bord zu holen. Was gibt es denn da für Möglichkeiten, die ich auch heute schon nutzen könnte?", richtet Stefan seine Frage an Zacharias.

„Kinder kannst du schon früh in die ITHAKA-Strategie einbeziehen, zum Beispiel im Rahmen eines Verkäuferdarlehens. Angenommen, deine Ehefrau kauft deine Immobilie, und du vergibst ein Verkäuferdarlehen, sodass kein Geld fließt. Diese Forderung kannst du nun deinen Kindern schenken. Das Schenken von Immobilien ist aufwändig, wenn das Kind noch nicht volljährig ist, da das Kind keinen Nachteil haben darf. Aber eine Forderung kannst du ihm schon mit einem Jahr schenken, ohne Nachteil für das Kind. Wenn du zwei Kinder hast, kannst du dir überlegen, wie viel du jedem Kind geldtechnisch schenken möchtest. Diese Forderung wird verzinst. Die Zinseinnahmen sind je nach Alter der Kinder erstmal komplett steuerfrei. Jedes Kind hat außerdem einen Grundfreibetrag von 11.000 Euro jährlich. Es handelt sich sozusagen um eine zeitverzögerte Schenkung, bei der die Kinder in der Zwischenzeit steuerfreie Zinsen erhalten. Und die bezahlten Zinsen sind bei deiner Ehefrau Werbungskosten bei der weiterhin vermieteten Immobilie, dadurch sind sie für dich steuerlich abzugsfähig."

„Gibt es da nicht eine Grenze, wie viel Geld ich steuerfrei an meine Kinder verschenken darf?", hakt Stefan nach.

„Bei Schenkungen solltest du immer den Zehn-Jahres-Zeitraum berücksichtigen", bestätigt Zacharias. „Aktuell sind 400.000 Euro pro Kind und Elternteil alle zehn Jahre steuerfrei. Das bedeutet, wenn beide Elternteile den Maximalbetrag schenken, hat dein Kind mit 20 Jahren bereits 1,6 Millionen Euro steuerfrei erhalten. Wenn es sich geschickt anstellt und zum Beispiel in Aktien investiert, kann dein Kind damit ein großes Vermögen aufbauen. Ohne dass auch nur ein Cent an Steuern angefallen ist."

„Das heißt, am besten fange ich heute schon an, mein Vermögen mit meinen Kindern zu teilen?", fragt Stefan.

„Du kannst, aber du musst nicht", gibt Zacharias zur Antwort. „Es ist nie zu früh, um Vermögensplanung mit deinen Kindern zu starten. Wir empfehlen zum Beispiel, schon bei der Geburt des Kindes einen Aktiensparplan anzulegen. Insgesamt kannst du auch bei Aktien, insbesondere bei hohem Aktienvermögen, vieles steuerlich gestalten. Auch mit Kindern. Dazu zwei kleine Beispiele: Du hast in deinem aktuellen Depot eine Aktie mit einem Buchgewinn von 10.000 Euro. Du willst diese Aktie am liebsten verkaufen, weil du ihr keine weitere positive Wertentwicklung mehr zutraust, dann könntest du diese Aktie deinem Kind schenken und dein Kind verkauft diese Aktie, ohne 25 Prozent Abgeltungssteuer bezahlen zu müssen, da eben der Grundfreibetrag noch nicht ausgenutzt ist. Und am Rande erwähnt: Du könntest später auch deiner Stiftung Aktien schenken und in der Stiftung den Veräußerungsgewinn nur mit 0,75 oder sogar 0 Prozent versteuern. Das und noch viel mehr ist mit Aktien möglich. Bei deinen Kindern solltest du daher frühzeitig über Schenkungen nachdenken – vorausgesetzt, alle Beteiligten fühlen sich wohl dabei. Auch deinen Enkeln kannst du übrigens bis zu 200.000 Euro über einen Zeitraum von zehn Jahren steuerfrei schenken. Wenn du allerdings an Geschwister, Neffen, Eltern oder andere weiter entfernte Familienangehörige Geld schenken möchtest, liegt die steuerfreie Grenze bei 20.000 Euro. Der Zeitpunkt ist bei diesen Schenkungen an Kinder oder Enkelkinder natürlich entscheidend, denn je früher du beginnst, desto flexibler und umfangreicher können die Übertragungen insgesamt erfolgen. Wenn du erst anfängst, wenn dein Kind bereits 50 Jahre alt ist, wird es eng. Da kannst du nicht mehr viel verschenken. Umgekehrt gilt: Steuern zu sparen, macht Spaß, aber wenn du ein schlechtes Gefühl dabei hast, deinen Kindern Geld zu schenken, lass es sein. Du hast nichts davon, 400.000 Euro zu verschenken und danach ein ungutes Gefühl zu haben, weil du befürchtest, dass dein eigenes Polster für die Altersvorsorge nicht mehr ausreicht."

„Das ist ein guter Punkt. Vielen Dank Zacharias! Was hältst du davon, dass wir auch ins Wasser hüpfen?", schlägt Stefan vor. Ihm raucht der Kopf vor lauter Ideen, er braucht eine Abkühlung. Zacharias ist sofort dabei und springt auf.

„Absolut, auf geht's!"

Ein paar Minuten später taucht Stefan kopfüber in das kühle Nass und ist überwältigt von der maritimen Schönheit um ihn herum. Prustend taucht er auf. In diesem Moment fällt ihm auf, dass er den ganzen Tag noch kein einziges Mal an seine E-Mails oder die Projekte gedacht hat, die in der kommenden Woche in seinem Betrieb anfallen werden. Er kann nicht verhindern, dass sich ein Grinsen auf seinem Gesicht ausbreitet. Er fühlt sich wie ein neuer Mensch. Ein neuer Typ Unternehmer, der mit allen Wassern gewaschen ist, anstatt sich angesichts der Forderungen des Finanzamts nur knapp über Wasser halten zu können. Er taucht erneut unter und überlässt sich dem Gefühl der Schwerelosigkeit unter Wasser.

7 Deine Reise in die steuerliche Leichtigkeit

Das Ziel der Reise

Nach der ausführlichen Schnorchelrunde wartet bereits ein vorzüglicher griechischer Salat auf dem gedeckten Tisch auf die Unternehmer. Nach dem Mittagessen setzen sie wieder die Segel und steuern auf das offene Meer zu. Angesichts der Mittagshitze gönnt Stefan sich ein erholsames Schläfchen unter Deck.

Als er aufwacht, fühlt er sich klar und elektrisiert – jetzt, da er all dieses Wissen besitzt, wie er sein Unternehmen steuerlich optimieren und gestalten kann, möchte er am liebsten sofort loslegen! Er schnappt sich Zacharias und sie setzen sich wieder in die Netze am Bug, wo sie das vor ihnen liegende Ziel genau im Auge haben.

„Ich habe nur noch eine Frage, Zacharias: Wie schnell können wir anfangen?"

„Das hängt von dir ab", antwortet Zacharias mit einem breiten Lächeln. „Einer unserer Kunden hat innerhalb von zwei Jahren zehn Firmen hochgezogen. Normalerweise würde ich sagen, lass dir Zeit, einen Schritt nach dem anderen, führe die PUK ein, kümmere dich um die Nettoentgeltoptimierung und so weiter. Aber er hat alles in nur zwei Jahren geschafft. Er hat ein beeindruckendes Immobilienportfolio aufgebaut und betrachtet sich heute vorrangig als Immobilienunternehmer. Er hatte sehr schnell sehr viel Geld in seiner Holding angesammelt und es eben direkt genutzt, allerdings ist das nicht der Regelfall. Du kannst dein eigenes Tempo wählen, auch abhängig von deiner Ausgangslage. Für uns ist es am einfachsten, eine ITHAKA-Strategie für jemanden mit einer bestehenden GmbH zu erstellen, da er bereits ein Verständnis für die GmbH hat. Da du vom Einzelunternehmen zur GmbH wechselst, sind größere Umbrüche zu bewältigen. Als Einzelunternehmer, der die GmbH kaum kennt, benötigst du etwas mehr Zeit, um die ITHAKA-Strategie zu verstehen, aber keine Sorge, wir sind bei jedem Schritt der Umstellung an deiner Seite. Wir werden einiges besprechen müssen, um sicherzustellen, dass du die ITHAKA-Strategie bis ins letzte Detail verstanden hast und keine Unklarheiten bestehen – da kommen wir um ein paar Meetings nicht herum. Sobald du die ITHAKA-Strategie erhalten hast, geben wir dir Zeit zur Reflektion. Natürlich verändert sich für dich einiges, wenn du auf einmal angestellt bist. Wir begleiten den gesamten Prozess und haken die einzelnen Schritte nacheinander ab. Der Vorteil ist, dass du in der GmbH nicht so viel falsch machen kannst. Außerdem wächst jeder Unternehmer mit seinen Aufgaben, das ist immer wieder erstaunlich. Den Standardeinstieg bilden die Holding und die GmbH und von da aus entwickelst du dich weiter, indem du beispielsweise eine Immobilien-GmbH gründest. Der Prozess ist recht einfach: Du gehst mit deiner Holding zum Notar und die Holding gründet die Immobilien-GmbH. Und bei jedem Notartermin, bei jedem wichtigen Meilenstein und bei allen kleinen Fragen dazwischen, sind wir an deiner Seite.“

So geht die Reise

Stefan möchte es noch konkreter wissen. Er möchte direkt anfangen, sobald Zacharias und er von ihrem Segeltörn zurückgekehrt sind.

„Kannst du mir das noch genauer beschreiben? Womit fangen wir an?"

„Gerne", antwortet Zacharias. „Wir starten mit einer Ist-Aufnahme und einem Budgetplan, gefolgt von der Erstellung der ITHAKA-Strategie. Die ITHAKA-Strategie dauert etwa sechs bis zehn Wochen, wobei wir oft auch schneller sind. Wir stellen dir die ITHAKA-Strategie vor und dann entscheidest du, ob du sie umsetzen möchtest beziehungsweise welche Teile du davon umsetzen möchtest. Wenn du sofort beginnen möchtest, bekommst du ein detailliertes, individuelles Angebot für alles, was wir umsetzen sollen. Sobald du das Angebot bestätigt hast, kümmern wir uns um die rechtlichen Schritte mit dem Rechtsanwalt und dem Notar. Dieser Prozess dauert in der Regel drei bis sechs Monate, abhängig von verschiedenen Faktoren. Anschließend folgen weitere Entwicklungsschritte, wie die Einführung einer PUK, die Gründung einer neuen Immobilienfirma oder die spätere Gründung deiner Stiftung – je nach deinen Plänen. Deine individuelle ITHAKA-Strategie beinhaltet viele weitere Bausteine wie Investitionen in Photovoltaikanlagen, dein Aktienvermögen, die Einbeziehung deiner Familie und natürlich unsere Altersvorsorgelösung PUK. Alles Bausteine, die in deinem Fall erst in der Zukunft deine Steuern optimieren. Selbst unseren ausführlichen Persönlichkeitstest bauen wir in unserer Strategie mit ein, weil wir wissen, dass dieses Wissen ein Game Changer für dich und für dein Unternehmen sein kann. Und selbstverständlich spielt auch der TEMP®-Unternehmertest bei deiner ITHAKA-Strategie eine wichtige Rolle. Davon hast du hier ja auch schon einiges gehört und ich bin sehr gespannt auf deine erste Note."

Jetzt fühlt sich Stefan erneut wie in einer Schulklasse, nur dass er aufgrund der Einblicke der letzten Tage inzwischen wohl zu den coolen Kids gehört. Hoffentlich bestätigt das der TEMP®-Unternehmertest.

Was du einpacken musst

„Verstehe. Du meintest, dass ihr für die Ist-Aufnahme und Budgetplanung nur wenige Dokumente von mir benötigt, die ich einfach beschaffen kann. Welche Unterlagen benötigt ihr im weiteren Verlauf von mir, um die ITHAKA-Strategie umzusetzen?“

„Nachdem wir die ITHAKA-Strategie entwickelt haben, benötigen wir eigentlich keine zusätzlichen Unterlagen von dir“, antwortet Zacharias. „Eventuell fragen wir bestimmte Bilanzen an, die wir in der Regel jedoch von deinem vorherigen Berater erhalten.“

Stefan stellt sich kurz das Gesicht von Herrn Vogel vor, wenn er ihm Zacharias als seinen neuen Berater vorstellt. Da werden Welten aufeinanderprallen.

„Der Prozess konzentriert sich dann auf die technische und steuerliche Umsetzung, aber von dir als Kunden brauchen wir im Grunde genommen keine weiteren Unterlagen. Die Digitalisierung ist bei uns im Prozess echt Gold wert“, fährt Zacharias fort, während Stefan die Sonne bewundert, die sich schon wieder dem Horizont deutlich näher geschoben hat. Wie schnell die Zeit vergeht, wenn man spannende Gespräche führt!

„Du kannst alles bequem digital hin- und herschicken“, erläutert Zacharias. „Alle erforderlichen Verträge kannst du elektronisch unterschreiben. Tatsächlich leben mittlerweile 95 Prozent unserer Unternehmer in ganz Deutschland verteilt, daher haben wir Erfahrung mit der digitalen Abwicklung. Persönliche Termine vereinbaren wir natürlich auch gerne jederzeit. Oftmals lässt sich ein digitaler Termin allerdings schneller und einfacher koordinieren als ein persönliches Treffen vor Ort, daher nutzen wir diese Möglichkeit ausgiebig. Wenn es mal schnell gehen muss, erreichst du mich auch jederzeit telefonisch.“

„Prima“, denkt Stefan. Das klingt wirklich so einfach wie ein Spaziergang im Park. Und wenn sich auf dem Weg ein Graben auftut, baut Zacharias ihm eine Brücke drüber.

Dein Reiseführer

„Sobald ich der ITHAKA-Strategie zugestimmt habe, bist du also mein persönlicher Ansprechpartner?“, fragt Stefan.

„Genau“, bestätigt Zacharias. „Du wirst sogar mehrere Ansprechpartner haben, Spezialisten für verschiedene Bereiche. Wir stehen alle regelmäßig im Dialog. Wir melden uns, um sicherzustellen, dass alles reibungslos läuft, gehen Fragen und Unsicherheiten deinerseits durch und sind offen für neue Ideen. Mit unserem System der „Aktiven Beratung“ stellen wir sicher, dass wir uns auch immer im Dialog befinden, dass unser Austausch auf Augenhöhe erfolgen kann. Mit diesem System fordern wir auch dich und sorgen dafür, dass du dich mit unseren Fragen beschäftigst, unsere eigens dafür produzierten Videos anschaust und auch die Möglichkeit unserer Live-Webinare nutzt. Wir sehen uns als Reisebegleiter und möchten gemeinsam die beste Lösung finden. Wir arbeiten gern mit Kunden, die ebenfalls den Austausch und Dialog lieben. Ich finde den Austausch mit anderen Unternehmern – wie er auch hier auf dem Boot stattfindet – ausgesprochen spannend. Unsere Kunden inspirieren auch uns. Wenn du als Unternehmer neue Ideen einbringst, kommen wir schneller voran. Als unser Kunde sollst du denken: ‚Ich habe eine verrückte Idee, jetzt melde ich mich bei Zacharias und seinem Team und dann prüfen wir gemeinsam deine Idee und setzen diese dann um.‘ Das Prinzip ‚Kunde ist König‘ haben wir durch das Augenhöhen-Prinzip ersetzt. ‚Füreinander und Miteinander‘ oder auch ‚Miteinander und Füreinander‘ ist unser Motto. Gemeinsam können wir viel mehr erreichen und tatsächlich Mehrwerte für dich und für uns schaffen. Unsere Vision: ‚In einer Welt des Miteinanders gehen wir mit Herz und Begeisterung neue Wege.‘ Aus deiner Schwere in die Leichtigkeit!“

„Das klingt zu gut, um wahr zu sein“, geht es Stefan wieder einmal durch den Kopf. Wenn er nicht bereits aus erster Hand erfahren hätte, dass Zacharias diese Denkweise auch vorlebt, könnte er es kaum glauben.

Es geht um dein Leben!

„Jede ITHAKA-Reise ist auch eine Persönlichkeitsreise – für dich wie für uns“, fährt Zacharias fort. „Du entwickelst dich praktisch mit dieser Strategie. Das ist genau das, was wir erreichen wollen. ITHAKA steht für Freiheit und Selbstreflexion. Du gewinnst mehr Zeit für dich selbst. Du solltest die Zeit nicht für noch mehr Projekte nutzen, wobei du das natürlich tun kannst, wenn du unbedingt möchtest. Aber unsere Empfehlung lautet ganz klar: Nutze die Zeit für dich. ITHAKA hat auch für mich den Startschuss zu einer Persönlichkeitsreise dargestellt, wie ich dir bereits ausführlich erzählt habe. Genau wie dieser Segeltörn ein Startpunkt einer neuen Phase in deinem Unternehmerleben und für dich persönlich darstellt. Du bestimmst selbst, wohin diese Reise geht – ob es nur eine kurze Fahrt oder eine lebenslange Reise ist – und wie tief du die Eindrücke wirken lässt. Es geht nicht nur um die reine Steuer- und Vermögensoptimierung, sondern um das gesamte Unternehmerleben. Heute magst du dich vielleicht als Cash Cow der Nation oder als Kindermädchen für jeden fühlen, doch es geht auch anders. Wir möchten erreichen, dass du aus voller Überzeugung sagen kannst: ‚Deshalb bin ich Unternehmer geworden – weil ich nach Selbstbestimmung strebe.‘ ITHAKA ist für uns ein Instrument, das sicherstellt, dass du als Unternehmer mehr Selbstbestimmung erfährst und lebst. Es geht darum, dass du dich von der ständigen Fremdbestimmung befreist und deine Steuerlasten ins Positive verkehrst. Dadurch schaffst du in deinem Kopf Platz für neue Ideen und bist nicht länger an das Tagesgeschäft gefesselt.“

„Ihr bekommt mich noch dazu, dass ich tatsächlich gerne Steuern zahle. Dass ich mehr Geld verdienen möchte, um mehr optimieren zu können. Anstatt Angst davor zu haben, wie viel mehr Geld das Finanzamt abzwackt, wenn meine Gewinne steigen“, wirft Stefan ein.

„Genau das ist unsere Absicht“, bestätigt Zacharias. „Bisher hast du nur einen kleinen Abschnitt des unternehmerischen Ozeans erkundet. Mit unserer Hilfe kannst du den gesamten Ozean besegeln, ohne die Angst, dass jeder zusätzliche Euro sofort ans Finanzamt geht. Das hier ist natürlich nur der erste Schritt. Unsere Gespräche ersetzen keine steuerliche Beratung. Meine Absicht ist vor allem, dass du das Potenzial verstehst, das dir dein Unternehmerleben bietet. Das Leben, nicht nur dein Unternehmerleben ist Veränderung. In vielen Bereichen dreht sich gefühlt die Zeit schneller als früher. Ich glaube es ist an der Zeit, alte Muster, vertraute Gewohnheiten aufzubrechen. Viele Unternehmer, aber auch Arbeitnehmer verschließen sich davor. Lass die Veränderung in dein Leben. Ich kann mich noch erinnern, wie ich selbst gedacht habe, dass Gefühle und Emotionen nichts am Arbeitsplatz, in meinem Unternehmen verloren haben. Heute sehe ich das komplett anders. An erster Stelle sollten die Gefühle stehen, diese wahrzunehmen und anzuerkennen und alles andere entsteht drumherum. Unseren sozialen Gefühle wie Wut, Angst, Trauer, Scham und Freude müssen wir in der Zukunft viel mehr Raum geben. So wie du die Verantwortung über deine eigenes Leben trägst, so liegt jedes dieser Gefühle auch in deiner Verantwortung. Es sind nicht die Anderen, die für dein Gefühl verantwortlich sind. Jemand oder etwas, ob das Finanzamt, deine Hausbank, die Politik oder ihre Politiker, ja sogar dein Steuerberater kann der Auslöser sein, doch das dadurch in dir entstehende Gefühl liegt ganz allein in deiner Macht. Es wird Zeit, dass wir die Verantwortung über unsere Gefühle übernehmen. Wenn wir dazu bereit sind, brauchen wir uns alle keine Angst um Morgen machen. Können die Schwere hinter uns und die Leichtigkeit in unser Leben einziehen lassen. Unsere Kanzlei, unser Unternehmen und ich haben sich auf diesen Weg begeben. Das ist ein nie endender Weg, doch ein Weg, den es sich lohnt zu gehen. In Zukunft und das ist ein großer Teil unserer Vision, wollen wir anderen Unternehmer und Unternehmen die Brücke sein. Wollen sie auf diesem Weg begleiten und unterstützen. Jeder muss dabei jedoch seinen eigenen Weg finden, du kannst keinen anderen kopieren, das würde scheitern. Was wir allerdings können, ist dir unseren vergangenen Weg aufzuzeigen und wie er aktuell aussieht. Auf diese Zukunft und auf diesen gemeinsamen Weg mit unseren Kunden freue ich mich. Wenn du Teil davon werden willst, dann besteht der nächste Schritt darin, dass wir offiziell unsere Zusammenarbeit beginnen und die Zukunft gemeinsam bestreiten."

Stefan kann es kaum erwarten. Mit der frischen Abendbrise im Gesicht fühlt er die Vorfreude in sich aufsteigen, wenn er an all die Projekte denkt, die er mit Zacharias gemeinsam umsetzen möchte. Er kann die unternehmerische Freiheit am Horizont erahnen. Stefan freut sich jetzt schon auf den morgigen Tag – einen Montag. Er wird direkt Herrn Vogel informieren, dass bei ihm ein neuer Steuerberater einziehen wird.

Gefühle:

ITHAKA:

Zacharias Zasters (Steuer)Welt

Zacharias Zaster:

Besuche Zacharias auf seiner eigenen Internetseite! Dein Startpunkt zum Zaster-Podcast, zu unserem Video/Youtube-Kanal und selbstverständlich wenn du Nachschub bei deinem Zaster-Buch benötigst.

ITHAKA-Strategie:

Du willst deine eigene ITHAKA-Reise beginnen, dann steuer mit uns in ein freies, unabhängiges und selbstbestimmtes Leben. Setze jetzt gemeinsam mit uns deine Segel neu. Komm zusammen mit uns auf eine spannende Reise. Eine Reise, die nicht nur deine Steuern komplett verändern wird, sondern dein ganzes Leben. Lass dich jetzt kostenfrei beraten und mache es wie Stefan und hole dir deine kostenlose Ersteinschätzung.

Budgetplan ITHAKA:

Erfasse mit unserem einfachen Budgetplan deine Einnahmen und Ausgaben und bekomme einen ersten Überblick über deine Finanzen und Liquidität. Dieser Budgetplan dient dir auch dazu, um zu ermitteln wie viel Liquidität du in deinem Privatbereich benötigst. Das ist dann die Basis, um die Höhe deines Geschäftsführergehaltes in deiner GmbH zu ermitteln.

NEO:

Erfahre in unserem für dich kostenlos zur Verfügung gestelltem NEO-Magazin mit mehr als 30 NEO-Bausteinen, welche zahlreichen Möglichkeiten dir der Gesetzgeber bei der Nettolohnoptimierung gewährt. Sicher dir jetzt deinen Download und optimiere deine Gehälter in der Zukunft wie Stefan.

Die passenden Mitarbeiter fallen nicht vom Himmel. Du kannst nicht einen Schalter umlegen und alles ist gut. Es ist ein Prozess, ein langwieriger und auch steiniger Weg, aber ein Weg der sich für dich und für alle Beteiligten lohnt. Auch dafür haben wir vor längerer Zeit eine eigene Internetseite aufgesetzt. Ein kleiner Mosaikstein, ein kleines Puzzlestück für das große Ganze.

Mitarbeiter:

Du hast diesen Test im Verlaufe des Buches noch nicht gemacht, dann wird es jetzt höchste Zeit dafür. Mit keinem mir bekannten Unternehmer-Test bekommst du so ein schnelles und einfaches Bild über dich und dein eigenes Unternehmen. Ein Tool, welches wir seit 2017 in unserer Kanzlei einsetzen und die Basis, Grundgerüst für unserer Entwicklung darstellt. In diesen sieben Jahren hat sich unsere Kanzlei, unser Unternehmen von einer 3,65 auf aktuell 1,79 verbessert. Und genau so fühlt es sich heute auch an.

TEMP®-Schnelltest:

Mit Spaß an Steuern dein Vermögen vermehren und deine größte Ausgabe reduzieren. Steuerberater Zacharias Zaster aka Johannes Lemminger und Unternehmer Maurice Bork zeigen dir, dass Steuern Spaß machen können. Vor allem die, die du dann aufgrund des Podcasts nicht mehr bezahlen musst.

Podcast Apple:

Jede Folge bietet für sich einfache und umsetzbare Steuertipps. Locker, flockig und witzig, so ganz ohne Schlips und Kragen. Steuern wie für dich gemacht, damit in Zukunft mehr Geld für dich übrig bleibt und du dem Finanzamt die lange Nase zeigen kannst. Garantiert, abonnieren lohnt sich!

Podcast Spotify:

YouTube-Kanal:

Auf unserem YouTube-Kanal ist neben mir Johannes alias Zacharias auch unser komplettes SocialMedia-Team für dich im Einsatz und es gibt viele unterschiedliche spannende Themen. Schau vorbei und lass uns ein Abo da.

Lemminger Internetseite:

Der Klassiker und für viele potentielle Kunden die erste Anlaufstelle. Dort findest du unsere Kontaktdaten, unser komplettes Team, unser alle 2 Monate erscheinendes Kanzlei-Magazin AKZUEL&L, unsere eigene App und vieles mehr.

Insight Persönlichkeitstest:

Für mich und für unsere Kanzlei ein absoluter Game-Changer. Zu wissen wie du und besonders auch andere ticken. Mein größtes Learning: Früher dachte ich immer, dass ich andere so behandle, wie ich gerne behandelt werden will. Heute weiß ich, dass es entscheidend ist, den anderen so zu behandeln, wie er gerne behandelt werden will. Mache jetzt diesen Persönlichkeitstest und erfahre wie du tickst und welches Verbesserungspotential dein EQ dir zeigt. Hole dir jetzt exklusiv und kostenlos deine kleine Info-Broschüre.

Unsere Werte:

Im Jahr 2022 von unserem gesamten Team entwickelt. Ausgehend, wie wir seit 2017 ticken und nicht wie wir in Zukunft gerne sein wollen. Unsere 5 Hauptwerte sind unsere Orientierung. Diese Werte[2] geben uns die richtige Richtung vor. Diese vorzuleben und danach zu handeln, ist die Aufgabe jedes einzelnen Teammitglieds. Gleichzeitig prägen diese auch das Füreinander und Miteinander mit unseren Kunden.

[2] Werte und Vision: Markus Querengässer, I-HAVE-A-TEAM.de Visionsdesign, Graphic Recording & Workshops

„In einer Welt des Miteinanders gehen wir mit Herz & Begeisterung neue Wege!" Gemeinsam im Team haben wir unsere Vision entwickelt. Das Ergebnis ist ein großes Wimmel-Bild geworden. Ein Bild, in dem viele kleine Geschichten erzählt werden. Ganz bewusst bietet unser Bild einen großen Interpretationsspielraum. Es gibt immer wieder Neues zu entdecken und auch du selbst wirst dich in unserer Vision vielleicht finden oder sehen. Wir wollen die Brücke für deine und unsere neue Welt sein. Wir freuen uns auf diesen gemeinsamen Weg.

Unsere Vision:

Der Wunsch nach „Aktiver Beratung" ist groß und unser größtes Ziel neben unserer Vision ist diesem Wunsch gerecht zu werden. Viele Kollegen behaupten, dass Aktive Beratung in unserer Branche eine Illusion ist. Das glauben wir nicht und haben eigens dafür für unsere Kunden ein besonderes System entwickelt. Exklusiv für dich, findest du die Art und Weise wie wir aktiv beraten an einem kleinen Beispiels-PDF zum Download. Neben diesem Informations-System ist es jedoch auch sehr hilfreich, wenn du dich als Kunde vorab informierst. Dazu stehen dir unser YouTube-Kanal und unser Podcast zur Verfügung. Auch sind wir der Meinung, dass Aktive Beratung nur unter Einhaltung unserer Spielregeln bestens funktionieren können.

Aktive Beratung:

Aufgrund unserer entwickelten Werte und Vision haben wir auch passend zu unserem Füreinander und Miteinander Spielregeln aufgestellt. Aktive Beratung ist keine Einbahnstraße und funktioniert nur, wenn wir zusammen an einem Strang ziehen. Nur wenn wie auf unserer Übersicht die Punkte 1-5 funktionieren, können wir die Punkte 6-8 gemeinsam mit dir entwickeln und komplett neue Wege gehen.

Spielregeln:

111 Mitarbeiter Benefits:

In einer kleinen Broschüre haben wir die zahlreichen Benefits und Vorteile, die du als Teammitglied bei L&L bekommst, zusammengestellt. Hole dir mit unserer Benefit-Broschüre Inspirationen für dich und für dein Unternehmen und vielleicht hast du demnächst selbst so ein ähnliches Magazin.

Exceltool Photovoltaik:

Mit unserem eigenen Berechnungstool kannst du verschiedene Szenarien für deine geplante Investition in Photovoltaik selbst berechnen. Zusätzlich findest du in unserem Excel-Tool auch unser pdf „Aktive Beratung“ zur Photovoltaikanlage, unsere Youtube-Videos zu diesem Thema und viele weitere Infos und Tools.

Zaster Ko-Fi Shop:

Dort findest du zahlreiche „Aktive Beratungen“ von uns. Neben einem Magazin zur „Holding“, findest du dort auch ein Magazin „BaV mit der PdUK“ und viele weitere Themen wie z.B. „Abschreibungsdauer von Gebäuden verkürzen!“, „Steueroptimierte Gestaltung mit deinem PKW!“ usw. Schau dich um und lade runter was dir gefällt und was dich anspricht.

Gefühle:

Du alleine bist für deine Gefühle verantwortlich. Lies in unserem pdf „Gefühle“ wie du mit den sozialen Gefühlen WUT, ANGST, TRAUER, SCHAM und FREUDE die Kontrolle hast und wie du diese Urkräfte für dich und dein zukünftiges Leben einsetzen kannst. Mit diesen sozialen Gefühlen kannst du in der Zukunft ein anderes Leben führen. Für mich sind diese 5 meine treuen Lebensbegleiter geworden. Sie haben eine wichtige Rolle auf meinem Weg aus der Schwere in die Leichtigkeit gespielt.

Dein Weg!

Wo auch immer **dein** Weg in Zukunft hinführt, ein solides Fundament ist immer wichtig. Deswegen freut es mich sehr, dass du bis zum Ende dieses Buches gekommen bist und damit eben ein solches Fundament bauen kannst. Ich hoffe, dass ich mit meinem Zaster-Buch einen großen Teil dazu beitragen konnte. Das Geschenk, das du dir hiermit selbst machst, ist unbezahlbar: Eigenverantwortung, Selbstbestimmung und somit wahre Freiheit. Denn wahre Freiheit entsteht immer durch die Arbeit an dir selbst und die Bereitschaft dazu hast du jetzt definitiv bewiesen. Und wenn du merkst, dass du diesen Weg nicht alleine gehen möchtest, stehen wir, dein Lemminger & Lemminger Team, dir gerne zur Seite und unterstützen dich. Wir sind deine Reisebegleiter und segeln mit dir zusammen in eine andere Welt. Eine Welt voller Freiheit, Sicherheit und Wohlstand.

Du kannst den Wind zwar nicht ändern, aber du kannst jederzeit deine Segel anders setzen. Dabei unterstützen wir dich gerne und stehen an deiner Seite. Wir freuen uns auf dich. Und egal, ob wir uns jemals persönlich kennenlernen oder nicht: Ich wünsche dir nur das Beste auf deinem Weg. Auf dass all deine Wünsche in Erfüllung gehen und Fülle ein ständiger Begleiter in deinem Leben ist.

Auf ganz bald.

Dein Johannes Lemminger alias Zacharias Zaster & Team

Zacharias Website:

Schreib mir:

Über den Autor

Mein Name ist Zacharias Zaster, im echten Leben Johannes Lemminger, geboren 1975, verheiratet und Vater von drei Töchtern. Vor meiner persönlichen Reise in die unternehmerische und steuerliche Leichtigkeit fühlte ich mich wie ein Gefangener meines eigenen Steuersystems. Nach einem 20-jährigen beruflichen Werdegang, darunter ein Studium, die Zulassung als Steuerberater im Jahr 2005 und die Gründung meiner eigenen Steuerberatungskanzlei 2008, zunächst mit meinem Vater, heute mit meinem Bruder Philipp, waren Steuern für mich mehr als nur ein notwendiges Übel: Sie waren eine Last und eine ständige Belastung in meinem Leben. Dies hat sich seit 2017 völlig verändert, weshalb ich heute ein Leben mit mehr Leichtigkeit und Spaß an meinem Tun führen darf!

ForwardVerlag

amazon
Bestseller

Titel:	Keine Zeit - bin im Stress
Untertitel:	Stress verstehen, beherrschen und vermeiden
Autor(en):	Rainer Kapellen
ISBN:	978-3-947506-88-0

Du bist beruflich oder privat voll engagiert, Aufträge und Projekte fordern deine ganze Aufmerksamkeit, aber du bist zunehmend erschöpft und müde? Die Zeit läuft dir davon - und um alles zu bewältigen müsste dein Tag eigentlich 48 Stunden haben?

Deine To-Do Liste platzt aus allen Nähten und wird immer größer anstatt kleiner? Du befürchtest, auszubrennen und es machen sich allmählich Ängste breit, dem eigenen und dem Anspruch Anderer nicht mehr gerecht zu werden? Auf die Frage „Wie geht´s?“ antwortest du immer öfter mit „Bin im Stress!“?

Dann ist dieses Buch für dich goldrichtig!

Rainer Kapellen klärt auf amüsante und hintersinnige Art darüber auf, wie Stress entsteht und warum wir es uns so schwer machen, erfolgreich zu sein. Du findest in diesem Buch viele kleine nützliche Tipps und Strategien, die du schnell und mühelos in deinen Alltag übernehmen kannst, ohne weitere endlose To-Do's auf deiner Liste.

ForwardVerlag

Titel:	Vermögensaufbau durch Aktien-Sparpläne
Untertitel:	Wie du mit Aktien und ETFs monatlich Dividenden kassierst
Autor(en):	Vitali Arnt alias Finanzkroko
ISBN:	978-3-98755-081-2

Geld ist sicherlich nicht alles im Leben, aber es macht alles im Leben einfacher. Warum kümmern sich dann nicht mehr Menschen um ihre Finanzen und arbeiten daran, ein Vermögen aufzubauen? Eine mögliche Antwort: Weil man uns stets einredet, dass es sich nicht lohnen würde, nicht funktioniert, zu kompliziert ist oder nur für Menschen infrage kommt, die bereits reich sind.

Dieses Buch beweist eindrucksvoll das Gegenteil! In kompakter und klarer Form wird hier der einzige Weg zum eigenen Vermögen beschrieben, der nachweislich und garantiert funktioniert: Der langfristige Vermögensaufbau an der Börse!

Über 150.000 Menschen vertrauen bereits seiner Expertise und machen ihn zu einem der erfolgreichsten Finanz-Creator im deutschsprachigen Raum. Also worauf wartest du noch? Zeit deine finanzielle Zukunft auf Kurs zu bringen!

ForwardVerlag

manager magazin
Bestseller

amazon
Bestseller

Titel:	Anstand statt Ellbogen
Untertitel:	Wie Sie zu dem Menschen werden, dem Sie selbst gern begegnen möchten
Autor(en):	Birte Steinkamp und Clemens Graf von Hoyos
ISBN:	978-3-98755-053-9

Wir sind Kniggetrainer und haben die Schnauze voll! Davon, dass uns von allen Seiten, von unseren Eltern, von der Unternehmensseite, von Freunden, Kollegen oder auch einfach nur von jemandem hinter uns in der Schlange an der Supermarktkasse erzählt wird, wie wir uns zu verhalten und benehmen haben – ganz gleich, ob das einer überzogenen Erwartungshaltung oder persönlichen Glaubenssätzen entspringt.

Dieses Buch ist unsere Handreichung für einen bewussten und guten Umgang mit Menschen. Nicht um jeden Preis, aber aus eigener Überzeugung. Mithilfe unseres 4i-Modells – Ideale, Image, Interaktion und Instrumente – wird ein authentisch-professionelles Auftreten für Sie zur Selbstverständlichkeit.

ForwardVerlag